石油炼制工程实验

王从岗　涂永善　杨朝合

石油大学出版社

内容简介

本书是与《石油炼制工程》(一)相匹配的实验课程用书,含50余项实验,是石油加工工程专业教材,也可供石油生产、加工及科研部门的有关人员参考。

图书在版编目(CIP)数据

石油炼制工程实验/王从岗编.—东营:石油大学出版社,1997.8(2004.4重印)

高校教材

ISBN 7-5636-0977-6

Ⅰ.石... Ⅱ.王... Ⅲ.石油炼制-实验-高等学校-教材 Ⅳ.TE62-33

中国版本图书馆CIP数据核字(2004)第026405号

书　　名:石油炼制工程实验
作　　者:王从岗　涂永善　杨朝合
出 版 者:石油大学出版社(山东 东营,邮编257061)
网　　址:http://sunctr.hdpu.edu.cn
电子信箱:upcpress@mail.hdpu.edu.cn
印 刷 者:石油大学印刷厂
发 行 者:石油大学出版社(电话　0546—8391797)
开　　本:185×260　印张:13.875　字数:373千字
版　　次:1997年8月第1版第1次印刷　2004年4月第1版第2次印刷
印　　数:1001~2000册
定　　价:18.00元

前　言

石油炼制工程是一门实践性很强的课程，实验课是该课程的重要组成部分。本书收录了与《石油炼制工程》(一)有关的原油评价和油品性质的实验方法。关于《石油炼制工程》(二)中燃料和润滑油生产的有关实验均未列人。

全书共包括50余项实验。考虑到目前国内情况及今后发展的需要，实沸点蒸馏既介绍了ASTM D2892和ASTM D5236方法，也保留了目前国内常用方法。考虑到不同油品在不同条件下选用实验方法的需要，对于同一性质的测定介绍了不同的方法，例如关于密度介绍了密度计法和比重瓶法；关于馏程介绍了GB/T 255和GB/T 6536方法；关于运动粘度同时介绍了石油产品和深色石油产品的实验方法等等，可根据实验内容的需要及现有实验设备条件组织实验。

由于石油和油品是烃类和非烃类组成的复杂混合物，它们的一些物理化学性质和组成数据随测定方法不同而结果相异。为便于使用和对比，北京石油化工科学研究院统一规定了我国原油评价的内容和方法，国家标准局及主管部门颁布了油品试验标准方法，严格规定了每个试验方法的仪器、操作条件等，具有一定的法规性。不按照标准方法测定的结果是无效的。

本书根据教学大纲要求，在1990年石油大学炼油工程教研室编写的《石油炼制工程(一)实验讲义》的基础上，参照最新的《原油评价方法》和《石油及石油产品试验方法》(GB或SH等)编写而成，供石油加工工程专业及其他有关专业学生学习之用，也可供石油厂矿生产、科研有关人员参考。

本书在编写过程中得到了石油大学炼油教研室全体同志的帮助和支持，寿德清教授等对本书的取材提出了许多宝贵意见，在此表示衷心的感谢。另外，本书的出版得到石油大学教务处和石油大学出版社的支持和帮助，在此表示感谢。

限于水平，书中难免有错误之处，恳请读者批评指正。

编　者

1996年9月

目　录

第一章　原油评价方法

石油化学工业近年发展较快，主要前提是石油工业的发展。随着勘探开发技术的进步，不同油田所生产的各种原油，性质差别很大，有相当一部分为稠油或重质原油，并混输进入各炼油厂，以致某些炼油厂加工的原油性质变化较大。为了合理利用石油资源，配合各类型炼油厂和石油化工厂的设计和加工的需要，必须进行大量的原油评价工作。

原油评价，一般是指在实验室采用蒸馏和分析方法来全面掌握原油性质，以及可能得到的产品和半产品的收率和其一些基本性质。通过对原油评价结果的分析，判断原油加工所适宜的产品方案和有效加工手段，以取得最佳的经济效益。

本章所参照的石油化工科学研究院 1973 年编写的《原油评价方法》和中国石油化工总公司原油科技情报站 1988 年《原油评价方法》修订版等[1-5]，是我国原油评价的统一方法。随着炼油工艺的不断发展和现代仪器分析方法的不断进步，原油评价的内容和手段亦将不断得到补充和发展。关于近代物理分析方法在石油工业中的应用可参考有关文献[6]。

第一节　原油评价的内容

为适应不同需要，把原油评价方案分为下列 4 类：

一、原油性质分析

目的：在油田勘探开发过程中，及时了解单井、不同层位、集油站、油井及进厂原油的一般性质，以掌握原油性质变化的规律和油田发展的动态。

内容：对未脱水的原油首先分析水分、盐含量。对含水量低于 0.5%（质量分数）的原油，分析内容是：密度（20 ℃）、运动粘度（50 ℃、70 ℃）、凝点或倾点、残炭、硫、氮、酸值、灰分、金属镍、钒及馏程。并根据需要，分析蜡含量、沥青质、胶质及本单位认为有必要的其他项目。

需要油样数量：1～2 L。

二、原油的简单评价

目的：初步确定原油的类型和特征，以用于原油的普查，尤其对地质构造复杂、原油性质变化较大的产油区，为不同类型的原油合理利用，进一步达到分输、分炼提供依据。

内容：

1. 原油性质分析见“一”。

2. 原油简易蒸馏：以 300 mL 的样品，一般切取相隔 25 ℃或 50 ℃的馏分，计算收率，测定密度、粘度、凝点、苯胺点，计算特性因数、相关指数。由 250～275 ℃和 395～425 ℃两个关键馏分的密度确定原油的基属。

需要油样数量：2～4 L。

三、原油的基本评价

目的：为一般炼厂的设计提供数据，或服务于各炼厂进厂原油每半年或一季度的原油评价。

内容：

1. 原油性质除“一”项分析外，还应加上蜡含量、胶质、沥青质含量及原油基属的确定。

2. 原油实沸点蒸馏：按温度切取每 20～30 ℃间隔的馏分和＞500 ℃的渣油并对其性质进行分析，然后将所得窄馏分性质数据绘成曲线，将分析数据以表格方式表示。

切取的每 20 ℃或 30 ℃间隔的窄馏分，主要分析密度、运动粘度（20 ℃、50 ℃、100 ℃）、凝点、苯胺点、酸度或酸值、硫含量、折光指数，并计算各窄馏分的特性因数、相关指数等。

3. 各炼油厂的每半年或一季度的原油评价内容，除原油实沸点蒸馏外，＜350 ℃的馏分应根据炼油厂的生产方案（如重整、航煤方案或重整、分子筛脱蜡方案等），切取适当的馏分进行分析。＞350 ℃的馏分每 50 ℃间隔切割一个馏分，到 500 ℃或 520 ℃为止。具体切割温度如下：

初馏～60 ℃、60～130 ℃（或者～145 ℃、～165 ℃、～180 ℃）、130～140 ℃、140～190 ℃、190～240 ℃、240～300 ℃、300～350 ℃、350～400 ℃、400～450 ℃、450～500 ℃、500～520 ℃和＞500 ℃或＞520 ℃。

4. 由原油实沸点蒸馏曲线查出每 10 ℃馏分的收率，列表。

5. 宽、窄馏分的性质分析内容见表Ⅰ-1-1。

表Ⅰ-1-1 原油评价的基本内容

分析项目 \ 沸点范围 ℃		初馏～140	140～190	130～230	190～240	240～300	300～350	350～400	400～450	450～500	500～520	350～500或520	＞500	＞350
收率/$w\times10^2$		*	*	*	*	*	*	*	*	*	*	*	*	*
密度/$g\cdot cm^{-3}$	（20 ℃）	*	*	*	*	*	*	*	*	*	*	*	*	*
	（70 ℃）							*	*	*	*	*	*	*
凝点/ ℃					*	*	*	*	*	*	*	*		*
运动粘度/$(mm^2\cdot s^{-1})$	（−40 ℃）			*										
	（20 ℃）			*	*	*	*							
	（50 ℃）					*	*	*	*	*	*	*	*	*
	（80 ℃）							*	*	*	*	*	*	*
	（100 ℃）												*	*
馏程/ ℃		*	*	*	*	*	*	*	*	*	*	*		
腐蚀（铜片）		*	*	*	*	*	*							
酸度/（mgKOH/100mL）		*	*	*	*	*	*							
酸值/（mgKOH/g）								*	*	*	*	*	*	*
$w_{硫}\times10^2$			*		*	*	*	*	*	*	*	*	*	*
$w_{氮}\times10^2$			*		*	*	*	*	*	*	*	*	*	*
$w_{残炭}/\times10^2$												*	*	*
苯胺点/ ℃					*	*	*	*	*			*		
柴油指数					*	*	*							
十六烷指数					*	*	*							
折光指数 n_D^{70}（或 n_D^{20}）		*	*		*	*	*	*	*	*	*	*		

续表 Ⅰ-1-1

分析项目 \ 沸点范围℃	初馏~140	140~190	130~230	190~240	240~300	300~350	350~400	400~450	450~500	500~520	350~500或520	>500	>350
相对分子质量							*	*	*	*	*	*	*
结晶点/℃			*										
$w_{芳烃}\times10^2$			*										
碘值/(gI/100g)			*										
$w_{沥青质}\times10^2$												*	
$w_{碳}\times10^2$												*	*
$w_{氢}\times10^2$												*	*
金属含量/$w\times10^6$ Fe											*	*	*
Ni											*	*	*
Cu											*	*	*
V											*	*	*
Pb											*	*	*
Na												*	*
软化点/℃												*	
针入度/0.1 mm												*	
延度/cm												*	
结构族组成 $w_{C_P}\times10^2$							*	*	*	*	*		
$w_{C_N}\times10^2$							*	*	*	*	*		
$w_{C_A}\times10^2$							*	*	*	*	*		
R_A							*	*	*	*	*		
R_N							*	*	*	*	*		
相关指数		*	*	*	*	*	*	*	*	*	*		
特性因数		*	*	*	*	*	*	*	*	*	*		

四、原油的综合评价

目的：为石油化工型加工厂提供拟定生产方案的参考数据，为新区拟定原油资源合理利用方案提供依据。

1. 原油性质分析

密度(20 ℃)、运动粘度(50 ℃、70 ℃)、凝点或倾点、硫及氮含量、含盐量、酸值、残炭，蜡、胶质、沥青质含量，金属(Fe、Ni、V、Pb、As)含量，闪点及原油基属的确定。

2. 原油实沸点蒸馏及窄馏分性质的分析

密度、运动粘度(20 ℃、50 ℃、100 ℃)、凝点、轻质馏分的酸度、重质馏分的酸值、苯胺点(柴油馏分)，硫及氮含量，折光指数(n_D^{20} 或 n_D^{70})、柴油指数，十六烷指数、粘重常数、相关指数、特性因数。

3. 计算每 10 ℃馏分的质量和体积收率。

4. 分析 2～3 个汽油馏分及重整原料的性质(宽、窄馏分)

密度、馏程、酸度、辛烷值、硫含量和铜片腐蚀等。

5. 分析 1～2 个喷气燃料的性质

密度、运动粘度(20 ℃、－40 ℃)、结晶点、酸度、馏程、芳烃含量、碘值、铜片腐蚀、烟点、辉光值、硫含量。

6. 分析两个以上的煤、柴油馏分的性质

密度、运动粘度(20 ℃)、馏程、苯胺点、凝点、浊点、硫含量、无烟火焰高度、柴油指数、十六烷指数。

7. 350～500 ℃(或～520 ℃)之间每一馏分性质的分析

密度(20 ℃、70 ℃)、运动粘度(40 ℃或 50 ℃、100 ℃)、凝点、折光指数(n_D^{20}、n_D^{70})、相对分子质量、残炭，硫、氮、碳、氢含量，计算结构族组成、特性因数、相关指数。

8. 350～500 ℃(或～520 ℃)宽馏分性质的分析

密度、运动粘度(80 ℃、100 ℃)、凝点、残炭、折光指数、相对分子质量，硫、氮含量，馏程，计算结构族组成、相关指数、特性因数，金属(Ni、V)含量。

9. 重油(＞350 ℃或＞370 ℃)及渣油(＞500 ℃或＞520 ℃)性质的分析

密度、运动粘度(80 ℃、100 ℃)、凝点、残炭，碳、氢、硫、氮含量，相对分子质量、四组分分析、金属(Ni、V、Fe、Cu、Pb)含量。根据密度法计算结构参数，并根据原油的特点开展沥青方面的研究工作。

10. 350～400 ℃、400～450 ℃、450～500 ℃、500～520 ℃馏分，进行－15 ℃脱蜡，并进行脱蜡油性质的分析。

分析内容为密度、运动粘度(40 ℃、100 ℃)、凝点、折光指数(n_D^{20})，相对分子质量，计算粘度指数、粘重常数、结构族组成。

另外，需要补充的是，关于原油中各馏分的组成分析未列要求，根据各单位具体分析手段而定。上述仅为一个基本内容，在实际工作中，可根据具体情况增加或减少。例如第 7 项可选择作为裂解原料或润滑油分析之用，第 10 项是专为考察脱蜡后润滑油性质而提出的，没有这些要求时，可以不做。但是当原油适合生产液蜡或石蜡时，就需要另外增加一些分析内容。

第二节 原油的分类

石油的组成极为复杂，对原油确切分类是很困难的[3]。概括来说，原油可按地质、化学、物理及工业的观点来区分，一般倾向于石油的化学分类。原油的化学分类中，有特性因数(K 值)分类、关键馏分特性分类、相关指数(Correlation index)分类、原油指数(Crude oil index)分类及结构族组成分类法等。其中以前两种分类法应用较广泛。

一、特性因数分类法

特性因数 K 的确定方法与窄馏分的 K 的确定方法相同。原油按其 K 值大小分为石蜡基($K>12.1$)、中间基($K=11.5\sim12.1$)和环烷基($K=10.5\sim11.5$)三类。

二、关键馏分特性分类法

用汉柏(Hempel)的半精馏装置，在常压下蒸得 250～275 ℃的馏分为第一关键馏分，残油用不带填料的蒸馏瓶，在 40 mm 汞柱的压力下减压蒸馏取 275～300 ℃馏分(常压下为 395～425 ℃)为第二关键馏分。测定以上两个关键馏分的密度，对照表Ⅰ-2-1 所列密度，决定两个关键馏分的基属。最后按照表Ⅰ-2-2，确定该油的类别。

关键馏分的取得，根据我国原油的特点，按第五节简易蒸馏或实沸点蒸馏得到的 250～275 ℃和 395～425 ℃馏分分别作为第一和第二关键馏分。

表Ⅰ-2-1 关键馏分分类的指标

关键馏分	石蜡基	中间基	环烷基
第一关键馏分(轻油部分)	ρ_{20} 在 0.820 7g/cm³ 以下 比重指数(API) > 40 (K 值 > 11.9)*	ρ_{20} 在 0.820 7 ～ 0.856 0g/cm³ 之间 比重指数(API)33 ～ 40 (K 值 11.5 ～ 11.9)	ρ_{20} 在 0.856 0g/cm³ 以上 比重指数(API) < 33 (K 值 < 11.5)
第二关键馏分(重油部分)	ρ_{20} 在 0.872 1g/cm³ 以上 比重指数(API) > 30 (K 值 > 12.2)	ρ_{20} 在 0.872 1 ～ 0.930 2g/cm³ 中间 比重指数(API)20 ～ 30 (K 值 11.5 ～ 12.2)	ρ_{20} 在 0.930 2g/cm³ 以上 比重指数(API) < 20 (K 值 < 11.5)

* 表中括号内的 K 值根据关键馏分的中沸点和比重指数查图而得，以便比较，不是分类指标。

表Ⅰ-2-2 关键馏分特性分类

编号	轻油部分的类别	重油部分的类别	原油的类别
1	石蜡(P)	石蜡(P)	石蜡(P)
2	石蜡(P)	中间(I)	石蜡-中间(P-I)
3	中间(I)	石蜡(P)	中间-石蜡(I-P)
4	中间(I)	中间(I)	中间(I)
5	中间(I)	环烷(N)	中间-环烷(I-N)
6	环烷(N)	中间(I)	环烷-中间(N-I)
7	环烷(N)	环烷(N)	环烷(N)

从前，曾用过特性因数对原油进行分类，对有些原油(如克拉玛依原油)得到不恰当的结果。因为，K 值分类法的适用范围是沸点范围较窄的馏分，用于原油这种沸点分布很宽的复杂混合物时，确实存在着不足之处。作为我国统一的原油评价分类方法，推荐采用关键馏分分类法，补充以硫含量的分类法。以实测的原油硫含量为准，<0.5%(质量分数)的为低硫原油，>0.5%(质量分数)的为含硫原油。表Ⅰ-2-3 列出了我国几种主要原油的类别。

表 I-2-3　我国几种原油的分类

原油名称	$w_{硫}\times10^2$	密度 ρ_{20}/g·cm^{-3}	特性因数	特性因数分类	第一关键馏分的密度，ρ_{20}/g·cm^{-3}	第二关键馏分的密度，ρ_{20}/g·cm^{-3}	关键馏分特性分类	建议原油分类命名
大庆（某构造）混合原油	0.11	0.861 5	12.5	石蜡基	0.814（K 值 12.0）	0.850（K 值 12.5）	石蜡基（P）	低硫石蜡基
胜利混合原油	0.83	0.914 4	11.8	中间基	0.832（K 值 11.8）	0.881（K 值 12.0）	中间基（I）	含硫中间基
大港混合原油	0.14	0.889 6	11.8	中间基	0.860（K 值 11.4）	0.887（K 值 12.0）	环烷-中间基(N-I)	低硫环烷-中间基
胜利原油（孤岛）	2.03	0.957 4	11.6	中间基	0.891（K 值 10.7）	0.936（K 值 11.4）	环烷基（N）	含硫环烷基
新疆克拉玛依原油	0.04	0.868 9	12.2～12.3	石蜡基	0.828（K 值 11.9）	0.895（K 值 11.9）	中间基（I）	低硫中间基
玉门混合原油	0.18	0.852 0	12.3	石蜡基	0.818（K 值 12.0）	0.870（K 值 12.3）	石蜡基（P）	低硫石蜡基

值得指出的是，目前采用的各种原油分类方法，均是针对可蒸出组分进行的，未涉及到真空蒸馏不挥发组分的性质。已有研究表明，按目前的分类方法，基属相同的原油，其减压渣油的性质可能相差甚远。针对我国原油可挥发组分少的特点，深入进行减压渣油的物化性质研究是非常必要的，以期得到一种对减压渣油的分类方法。石油大学重质油加工国家实验室正在进行该项工作。

随着勘探开发技术的进步和普通原油储量增长有限，目前大约有占世界产量 5%的密度大、粘度大的重质原油，即稠油得到开发，起到了弥补普通原油不足的作用。根据 1981 年有关资料估算，全世界普通原油资源为 3 600×10^8 t，可采储量为 1 350×10^8 t；而稠油资源有 9 000×10^8 t，可采储量为 1 800×10^8 t。稠油的勘探开发工作在我国已受到重视，稠油的产量逐年提高。由于稠油的特点是粘稠，给原油的输送带来困难，因此各油田均将所采稠油混入一些稀油中，这将给加工带来一些新的问题。根据中国石油天然气总公司勘探开发研究院的推荐，稠油的划分标准如表 I-2-4。

表 I-2-4　稠油的分类

指标 / 种类	动力粘度/(Pa·s)（50 ℃）	相对密度 $d_{15.6}^{15.6}$
稠　油	10^1～10^2	0.934～1.000
沥　青	>10^2	>1.000

第三节　原油的取样和脱水

一、原油的取样

原油取样的代表性，直接影响原油评价结果的实用价值。

原油取样应遵循《石油产品试验方法》GB/T 4756 规定。在矿区取样时，应与有关地质人员联系，根据具体情况，从油井出口取得单井样品，或从集油站取得混合油样，或将单井油样按日产量混对得到相应油井的混合油样。

取样时要详细记载地质和取样情况：油井名称、层位、油层深度、采油方式、平均日产量及取样日期、取样负责人及送样单位等。油桶必须保证清洁、坚固和良好的密封性。油桶上应有明显的标记。

二、原油脱水

原油一般含水，原油含水影响原油的性质分析，因此，对含水量高于 0.5%（质量分数）的原油，除根据要求测定含水原油的性质外，都必须先进行脱水。原油脱水可根据 SY 2051—77 规定的方法进行，也可以采用其他方法。常用方法有以下几种：

1. 高压釜脱水　原油在高压釜内温度保持在 150 ℃左右，压力小于 15 kgf/cm^2*，时间为 4～5 h，也可同时加入 0.5%（质量分数）左右的破乳剂以提高破乳脱水的效果。一般可以把水脱到 0.5%（质量分数）以下。

2. 蒸馏脱水法　将原油置于矮颈蒸馏瓶内，慢慢升温，馏出部位要有适当的保温措施。此时，轻馏分与水分一起被蒸出，然后分去馏出物中的水分，轻馏分倒回蒸馏瓶内冷却后的原油中，混合摇匀即可。蒸馏时气相温度保持在 150～200 ℃，这样，原油中的水分才能脱去。此法的缺点是轻馏分容易损失。因此要注意接口的密封及馏出物的冷却。

3. 静置脱水法　对含水量高、密度较小的原油在高于凝点温度（约高出 10～20 ℃）下静置，待水分沉降后即可分去。该法只能脱去部分水分，静置时要加回流冷凝器，以免轻馏分损失。

4. 热化学脱水法　在分液漏斗中，每 100 g 原油加入若干破乳剂，如 SP169 或 BP169，激烈摇动 5min 后，将其放在 70 ℃水浴中加热沉降 4 h，然后分出沉降于分液漏斗底部的水分，即得脱水原油。此法的缺点是轻馏分易损失，同时，破乳剂对不同原油的效果不同，应选用合适的破乳剂。

5. 闪蒸脱水法　闪蒸脱水装置示意图见图Ⅰ-3-1。含水原油经沉降脱去游离水后，置于原油储管 1 中，由考克 2 进入加热管 3，被加热到 180～220 ℃后进入闪蒸器 4，在闪蒸器中分离为气、液两相，气相经冷凝冷却后得到轻油和水分，分离除去轻油中的水分，把轻油与冷却后液相混合均匀，即得到脱水后原油。

---

* $1kgf/cm^2 = 9.806\ 65 \times 10^4 Pa$，以下同此。

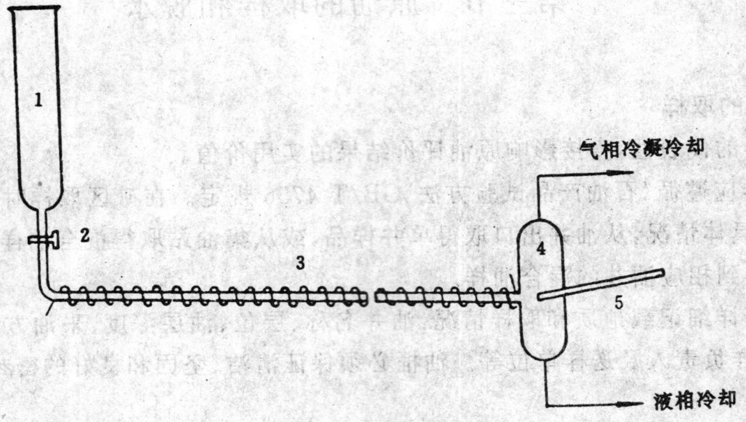

图Ⅰ-3-1　原油闪蒸脱水示意图

1—原油储管；2—考克；3—加热管；4—闪蒸器；5—温度计

第四节　原油一般性质的测定

在进行原油性质的测定时，首先应测定未脱水原油的含水量、含盐量和机械杂质。如果原油含水＞0.5%，应先将原油脱水，然后对脱水原油进行其他项目分析。

对原油一般性质的测定项目见表Ⅰ-4-1。

表Ⅰ-4-1　原油一般性质的测定项目及试验方法

分析项目	试验方法
水分(脱水前、后)	GB/T 2538—88
含盐量(脱水前、后)	GB/T 2538—88,GB/T 6532—86(91)
机械杂质	GB/T 511—88
密度　(20 ℃,50 ℃)	GB/T 2538—88,GB/T 1884—92,GB/T 1885—83(91)
运动粘度　(50 ℃,70 ℃)	GB/T 2538—88,GB/T 265—88,GB/T 1137—89
凝点、倾点	GB/T 2538—88
闪点(开口,闭口)	GB/T 267—88,GB/T 261—83(91)
残炭	GB/T 2538—88
灰分	GB/T 508—85(91)
酸值	GB/T 7304—87
硫含量	GB/T 2538—88、荧光法定硫
氮含量	克氏定氮法,库仑法
沥青质	正庚烷沉淀法
胶质	氧化铝吸附法
蜡含量	氧化铝吸附法,蒸馏法
馏程	GB/T 2538—88
平均相对分子质量	见本节(三)
碳、氢含量	半微量法、元素分析仪分析法
金属含量(镍、钒、铁、铜、铅)	原子吸收光谱法

注：① 经热处理的原油，需放置 48 h 后再测其性质。

② 测馏程时，记录初馏点、100 ℃前馏出量的体积分数，以后，每升高 20 ℃记录总馏出量，至 300 ℃，停止蒸馏。

③ 元素分析仪测定低氮含量[＜1%(质量分数)]时不准确。

④ 蜡含量的测定建议使用吸附法。

由于输油管线的设计及其他设计方面的需要，还应测定原油不同温度下的密度和运动粘度。如果原油在室温下凝固，至少要测两个温度下的液体密度及两个温度下的液体粘度。

表中所列的测定项目，其测定方法大部分可参照《石油产品试验方法》[4,5]一书，但根据原油的特点，某些分析要求不能完全适用于原油，故应作适当修改。这里提出几点注意事项和误差范围的初步意见，供参考。原油在开采及输送过程中，随着热处理条件的不同或放置时间的不同，对原油的凝点会有一定的影响。原来提出在测定原油凝点时，其两次平行试验的差值不得超过 2 ℃，但常不易达到，根据我们的实践及参考国外资料，建议同一操作者，在同一时间内，对同一原油的两次平行试验的差值可允许在 3 ℃以内，而对不同操作者，或在不同时间，测定其差值可在 5 ℃以内。

原油和重油的运动粘度测定可按 SY 2409—75 方法，但有时不易达到所规定的误差的要求，所以建议对逆流法测定运动粘度的误差可暂行规定为不超过算术平均值的 2%。

原油及其产品硫含量测定，平行试验结果的差值不超过其算术平均值的 10%，当试样的硫含量小于 0.1%(质量分数)时，平行试验结果的差值可以允许不超过其算术平均值的 15%。

原油性质测定中的沥青质、胶质、蜡含量，氮含量、相对分子质量，碳、氢元素及微量金属含量等的测定尚无标准试验方法。现将所用的方法包括盐含量测定(GB/T 6532)介绍于后：

(一) 氧化铝吸附法测定原油的沥青质、胶质及蜡含量

一、概　说

原油的沥青质、胶质和蜡含量是评价原油的重要指标，直接影响原油加工方案的拟定。

沥青质、胶质的成分并不十分固定，是很多物质的综合体，由不同测定方法得到的结果是不同的。目前的测定方法大多数是根据沥青质、胶质在不同溶剂中的溶解度不同及不同吸附剂对它们的吸附能力不同和其他物理性质的差异来实施的。

一般，把在室温下呈固态的烃类称为蜡，这些烃类随相对分子质量增大，其熔点由室温升高到 80 ℃左右。对于同一原油，因蜡含量测定方法不同，结果差别很大。所以，只有在同样条件下测定的结果，才能进行比较。

原油中的胶质具有抗凝作用，会影响蜡的结晶，并与蜡一起沉淀，因此，在测定蜡含量之前，需先除去胶质。除去胶质的方法有两类，一类是快速蒸馏法，一类是吸附法。这两类方法所测结果不同。一般，吸附法测得的含蜡量高于蒸馏法，原因是快速蒸馏除去胶质时，可能有部分蜡在高温蒸馏时受热而裂化成小分子的缘故。蒸馏法又称霍特(Holde)法，国外至今仍在使用，可用于数据对比。吸附法所用的吸附剂，过去多为硅胶，近年来采用效果更好的氧化铝。

氧化铝吸附法测定沥青质、胶质和蜡含量，需要两份试样，其中一份试样用正庚烷沉淀出沥青质，并用正庚烷回流除去沉淀中夹杂的油蜡及胶质后，用苯回流溶解沉淀，除去溶剂，得到沥青质的含量；另一份试样经氧化铝吸附色谱分为“油加蜡”及“沥青质加胶质”两部分，其中，“油加蜡”部分以苯-丙酮混合物为脱蜡溶剂，用冷冻析出法测定蜡含量，从“沥青质加胶质”量中减去沥青质含量，得到胶质含量。

二、仪器及设备

1. 沥青质测定器：见图 Ⅰ-4-1，包括 2 个 24 号磨口锥形烧瓶、抽提器及冷凝器。
2. 玻璃漏斗：G_4 孔径 3～4 μm。
3. 电热恒温水浴：两孔。
4. 电热板：0.6～1.8 kW，功率可调。

5. 真空烘箱：264-1 型，ϕ300×320 mm。

6. 吸附柱：见图Ⅰ-4-2。吸附柱外面带循环水夹套。

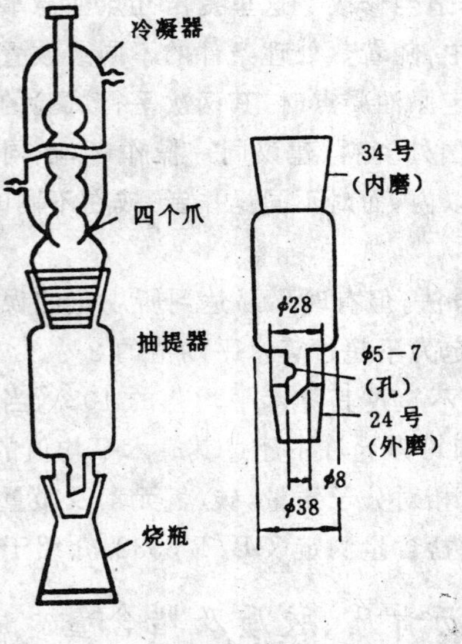

图Ⅰ-4-1　沥青质测定器及抽提器尺寸

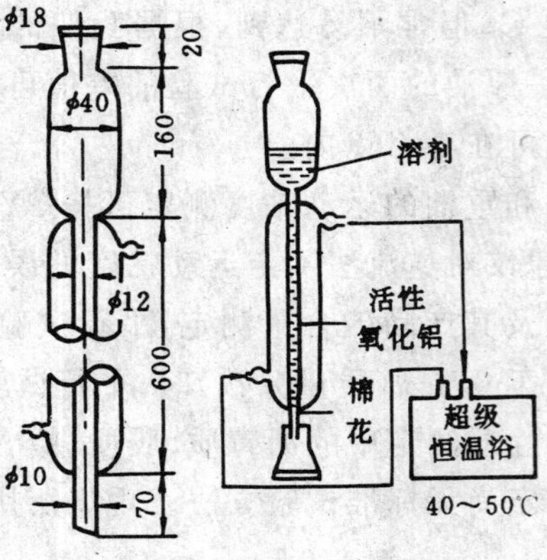

图Ⅰ-4-2　吸附柱尺寸及吸附流程图

7. 吸滤装置：见图Ⅰ-4-3，可用 100 m；锥形烧瓶和玻璃耐酸漏斗 G_3(ϕ38 mm)。

8. 超级恒温水浴。

9. 马福炉。

10. 锥形烧瓶：19 号磨口，100 mL。

11. 天平：可称准至 0.001 g。

12. 水流泵。

13. 保温瓶：两只。

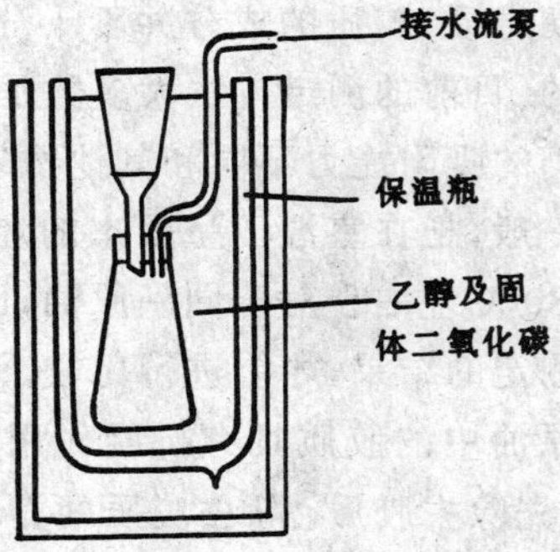

图Ⅰ-4-3　测定含蜡量的吸滤装置

三、试剂和材料

1. 正庚烷：化学纯。

2. 苯：化学纯。

3. 石油醚：60～90 ℃，脱去芳烃。

4. 乙醇：分析纯。

5. 氧化铝：层析用，100～200 目，中性。处理方法如下：于马福炉内在 500 ℃下焙烧 6 h，取出后立即放到带活塞的真空干燥器中，冷至室温后装入已称过质量的细口瓶中，按焙烧后氧化铝质量加入 1%(质量分数)蒸馏水，将塞子塞紧，用力振荡 5 min，静置24 h，备用。

6. 丙酮：化学纯。

7. 脱蜡溶剂：苯、丙酮按 1∶1 体积比混合而成。

8. 干冰。

9. 工业乙醇。

四、测定步骤

1. 测定沥青质含量

1）称取 1～2 g 试样(m_1)于质量恒定的 24 号磨口锥形烧瓶 1 中，按每克试样加溶剂 30 mL 之比例加入正庚烷。

2）按图Ⅰ-4-1，将锥形烧瓶1、抽提器、冷凝器相连，置于电热板上，打开冷凝水，加热回流半小时，使试样与正庚烷混合均匀。

3）停止加热，待溶液冷却后再取下锥形烧瓶1，塞好塞子，在暗处静置1 h，使沥青质沉淀完全。

4）在装有定量滤纸的玻璃漏斗上过滤：先将锥形烧瓶1上部溶液倒入玻璃漏斗，滤液收集于锥形烧瓶2中，然后将沉淀及溶液摇动后倒入漏斗，对于锥形烧瓶1中的残留物再用50～60 ℃的热正庚烷30 mL分三次洗涤，洗涤液一并倒入漏斗。

5）折叠带有沉淀的滤纸并放入抽提器内，将锥形烧瓶2(内装滤液正庚烷)同抽提器、冷凝器相连，在电热板上回流1 h，除去沥青质中夹杂的油蜡及胶质。

6）回流完毕稍冷却，取下锥形烧瓶2，在锥形烧瓶1中加苯30 mL并同抽提器、冷凝器相连，在电热板上回流1 h，使抽提器中的沥青质全部溶于苯中。

7）冷却后取下锥形烧瓶1，在水浴上(85 ℃)蒸馏除去溶剂苯，最后移入真空烘箱内，在105～110℃及53～57 kPa(400～500 mmHg)① 负压下保持1h取出冷至室温，称质量为w_1。

2．测定沥青质加胶质及蜡含量

1）按图Ⅰ-4-2将吸附柱与超级恒温槽相连，恒温槽循环水温保持在40～45 ℃之间，吸附柱下端塞少许棉花，加入氧化铝30 g并轻敲吸附柱，使氧化铝堆积密实，用20 mL石油醚湿润柱子，吸附柱下面用一质量恒定的19号磨口锥形烧瓶(100 mL)接受流出液。

2）称取约1克试样(m_2)于另一锥形烧瓶中，在水浴上加热，试样熔化后加入10 mL石油醚稀释试样，待吸附柱上部石油醚完全进入氧化铝层后，倒入稀释了的试样，并用10 mL石油醚分3次洗涤锥形烧瓶，洗涤液也倒入吸附柱，试样全部进入氧化铝层后，再加入少量氧化铝覆盖在吸附柱上部。

3）加入60 mL苯，冲洗油蜡并收集于柱下的锥形烧瓶内，待苯全部进入氧化铝后，柱下更换另一质量恒定的19号磨口锥形烧瓶，并依次加入1：1(体积比)的苯-乙醇、苯、乙醇各30 mL，冲洗并收集"沥青质加胶质"，冲洗过程中流出液流出速度应保持在2～3 mL/min。

4）流出液分别在水浴上蒸馏，蒸出大部分溶剂后，"沥青质加胶质"部分放到真空烘箱中，在105～110 ℃、53～57 kPa负压下使其质量恒定，称量"沥青质加胶质"质量w_2，油蜡部分按下一步处理。

5）向油蜡部分加入脱蜡溶剂，按每克原油加脱蜡溶剂30 mL计算脱蜡溶剂的加入量，然后在水浴上慢慢加热，待溶液透明后再冷至室温，放到保持在－22 ℃的保温瓶内(以干冰、乙醇为冷冻剂)，冷却过程中要不断搅拌，待混合物达到－20 ℃后，继续保持半小时，仍要不断搅拌。

6）将吸滤装置放到另一个冷浴温度保持在－22 ℃的保温瓶中，将冷却的"5)"中处理的试样混合物全部移到吸滤漏斗上，吸滤干后，用－20 ℃的1：1(体积比)的苯-丙酮洗涤两次，每次用10 mL，洗涤时须把蜡、溶剂充分搅匀后再进行吸滤。

7）吸滤完毕，用热苯将蜡溶于质量恒定的锥形烧瓶内，在水浴上蒸去苯后，在真空烘箱内于105 ℃下使其质量恒定，称量所得蜡的质量w_3。

五、计　算

按下列各式计算沥青质、蜡及胶质含量(质量分数)：

---

① 注：1mmHg＝132.74Pa，以下同此。

$$w_{沥青质}=\frac{w_1}{m_1}$$

$$w_{蜡}=\frac{w_3}{m_2}$$

$$w_{胶质}=\left(\frac{w_2}{m_2}-\frac{w_1}{m_1}\right)$$

式中 w_1——沥青质质量,g;

w_2——沥青质加胶质质量,g;

w_3——质量恒定后的蜡质量,g;

m_1——加正庚烷前的油样质量,g;

m_2——吸附用油样质量,g。

六、精密度

单个试样两次平行测定之差不得超过平均值的10%(质量分数)。

(二)原油氮含量的测定

一、概　说

原油中的氮化合物对原油加工方案的制定和油品性质影响很大,所以原油的氮含量是评价原油的重要指标。

现推荐的测定方法又称克氏法,适用于测定原油、渣油及沥青质的氮含量。其原理是以汞为催化剂,使试样同硫酸、硫酸钾混合物作用,试样中的氮化物转化(称为硝化过程)为硫酸铵,用过量碱同生成的硫酸铵反应,释放出来的气体氨用饱和硼酸溶液吸收,再用硫酸滴定。其中硫酸钾用以提高硫酸沸点,汞是加速硫酸分解的催化剂。

基本反应:(试样以R—NH为例)为

1. 硝化:

$$2H_2SO_4 \xrightarrow[加热]{Hg} 2SO_2\uparrow + 2H_2O + O_2\uparrow$$

$$R-NH + O_2 \longrightarrow CO_2\uparrow + H_2O + NH_3\uparrow$$

$$2NH_3 + H_2SO_4 \longrightarrow (NH_4)_2SO_4$$

2. 反应和滴定:

$$(NH_4)_2SO_4 + 2NaOH \longrightarrow 2NH_3\uparrow + Na_2SO_4 + 2H_2O$$

$$3NH_3 + H_3BO_3 \longrightarrow (NH_4)_3BO_3$$

$$2(NH_4)_3BO_3 + 3H_2SO_4 \longrightarrow 3(NH_4)_2SO_4 + 2H_3BO_3$$

二、仪器及设备

1. 定氮烧瓶:1000 mL。
2. 分液漏斗:150 mL。
3. 液体分离球:参见图Ⅰ-4-4。
4. 冷凝器:见图Ⅰ-4-4。
5. 锥形烧瓶:300 mL。
6. 滴定管:25 mL。
7. 量筒:100、50、25 mL。

8. 电炉(或煤气灯)。

三、试剂及材料

1. 硫酸钾:化学纯。

2. 汞:化学纯。

3. 硫酸:浓,化学纯。

4. 蒸馏水。

5. 锌粒:化学纯。

6. 硼酸:化学纯。

7. 饱和硼酸溶液。

8. 氢氧化钠:化学纯。

9. 硫化钠($Na_2S \cdot 9H_2O$):化学纯。

10. 氢氧化钠-硫化钠溶液:将 40 g 氢氧化钠及 3 g 硫化钠溶解于 57 mL 水中。

11. 质量浓度为 2.0 g/L 溴甲酚绿指示剂:称取 0.50 g 溴甲酚绿溶于乙醇,并用乙醇稀释至 250 mL。

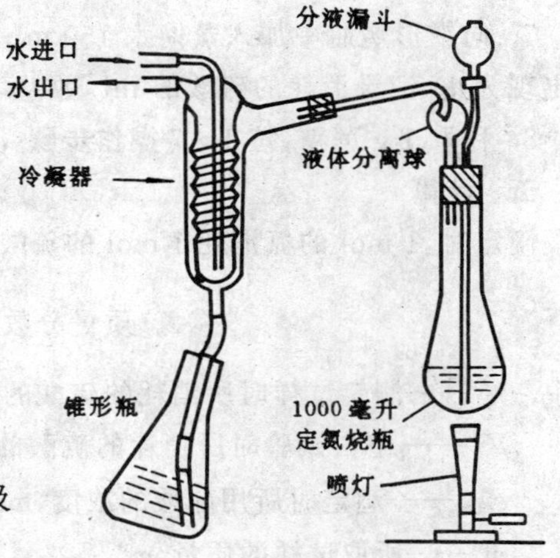

图 I-4-4 原油氮含量测定装置

12. 质量浓度为 2.0 g/L 的甲基红指示剂:称取 0.20 g 甲基红溶于乙醇,并用乙醇稀释至 100 mL。

13. 溴甲酚绿-甲基红混合指示剂:5 份质量浓度为 2.0 g/L 的溴甲酚绿指示剂同 1 份质量浓度为 2.0 g/L 的甲基红指示剂混合而成。

14. 0.5 mol/L 硫酸:用无水碳酸钠标定。

15. 0.005 mol/L 硫酸:移取标定的 0.05 mol/L 硫酸 100 mL,用水稀释至 1 000 mL。

16. 蔗糖。

四、测定步骤

1. 称取 1 g 左右待测试样(准确到 0.001 g),加到定氮烧瓶中①,再加入硫酸钾 (20±1) g、汞 1~1.5 g 及浓硫酸 30 mL,倾斜烧瓶,稍加转动以润湿瓶壁。

2. 小心摇动定氮烧瓶,使试样同硫酸混合均匀,加入几粒玻璃球,在通风橱内加热。开始加热速度要慢,逐渐提高温度并不断摇动,使内容物沸腾,沸腾程度以硫酸蒸气上升到瓶颈的三分之一长度处便冷凝下来为宜,待内容物(液体)完全澄清,再继续硝化(60±15) min。沸腾程度控制方法同前。

3. 硝化完成后,停止加热,待定氮烧瓶冷至室温,慢慢加入 100 mL 蒸馏水(注意防止硫酸放热太剧烈),最后再加入 300 mL 蒸馏水并同时加入锌粒 3~5 粒。

4. 按图 I-4-4 安装好蒸馏装置,用滴定管向锥形烧瓶中加入饱和硼酸溶液 25.0 mL,加甲基红-溴甲酚绿混合指示剂 5 滴。锥形烧瓶置于冷凝管下,瓶体稍稍倾斜,如图所示,流出管口须插入液面以下。

5. 从分液漏斗向定氮烧瓶中慢慢滴加氢氧化钠-硫化钠混合溶液(100±5) mL,关好分液漏斗的活塞,用手摇动定氮烧瓶,使内容物混匀。

6. 加热定氮烧瓶,使其中的液体剧烈沸腾,待锥形烧瓶中冷凝液体达 135~150 mL 时,降

① 室温下流动的试样,用减量法取样;固体或凝固试样用小皿称取;转移试样时,不要使试样粘在瓶壁上。

低锥形烧瓶，使瓶内吸收液的液面同冷凝器末端分离，借馏出液洗涤冷凝器下部的连接管，继续蒸馏 1 分钟，停止加热。

7. 向锥形烧瓶中加入蒸馏水 150 mL，用标定过的硫酸滴定，到溶液从绿色到灰色至粉红色出现为止，记录消耗的硫酸的 mL 数①。

8. 称取 1 g 蔗糖，按 1～7 操作步骤，测定空白值。

五、计算

滴定时，1 mol 的氮消耗 1 mol 的硫酸，按下式计算试样的氮含量：

$$\text{氮(质量分数)}=\frac{c_{\text{硫酸}}(V-V_0)\times M_{N_2}}{1\,000\times m}$$

式中 V ——测定试样时所消耗的硫酸的体积，mL；

V_0 ——空白试验时所消耗的硫酸的体积，mL；

$c_{\text{硫酸}}$——滴定时所用硫酸的浓度，mol/L；

m ——所取试样的质量，g；

M_{N_2}——氮的摩尔质量，g/mol。

六、精密度

单个试样两次平行测定之差不得超过平均值的 10%(质量分数)。

(三) 平均相对分子质量的测定

一、概　说

在石油化学组成研究中，相对分子质量的测定是一种重要手段，例如用 n-d-M 法确定润滑油的结构族组成、用密度法确定渣油的结构族组成。

由于石油馏分是一种复杂混合物，它的相对分子质量，确切地说只能是平均相对分子质量。石油中不同组分的相对分子质量差别很大，因而对不同相对分子质量范围的物质，采用不同的测量方法。相对分子质量小于 500 的物质可用冰点下降法，相对分子质量在 500～10 000 之间的可采用蒸气压渗透法(VPO)，相对分子质量大于 10 000 的采用膜渗透法。此外，用于测定相对分子质量的方法还有凝胶渗透色谱法、粘度法和超速离心法等。本节仅简单介绍应用较广的前两种方法，其基本原理都是稀溶液的依数特性。即使是石油馏分，其组成仍然相当复杂，当被测样品中含有沥青质时，由于其结构组成是维持着一种缔合和解缔的平衡状态，所以测得的平均相对分子质量取决于测定方法和测定条件[7]。当测定方法和条件不同时，其相对分子质量可相差几倍至几十倍，故在比较相对分子质量的数据时，一定要弄清楚相对分子质量数据的来源。

二、冰点下降法

某物质的冰点是该物质在液态蒸气压与固态蒸气压相等时的温度，当纯物质中混入溶质时，冰点就会下降。溶液冰点下降的程度随溶液浓度增大而增多，可用下式表示：

$$\Delta T_f = K_f \cdot m$$

$$m=\frac{1\,000\cdot m_2}{M_r\cdot m_1}$$

---

① 试样氮含量小于 0.2%(质量分数)时，使用 0.005 mol/L 的硫酸滴定；试样氮含量大于 0.2%(质量分数)时，使用 0.05 mol/L 的硫酸滴定。

$$M_r = K_f \frac{1\,000 \cdot m_2}{\Delta T_f \cdot m_1}$$

式中 ΔT_f——溶液冰点下降值,℃;

m——溶质的质量摩尔浓度,mol/kg;

K_f——溶剂的冰点下降常数,含意为 1 000 g 溶剂中溶解 1 mol 溶质时冰点下降的温度数,℃/(mol·kg^{-1});

m_1——溶剂质量,g;

m_2——溶质质量,g;

M_r——溶质的摩尔质量,g/mol。

常用溶剂水,K_f=1.86 ℃/(mol·kg^{-1});苯,K_f=5.12 ℃/(mol·kg^{-1})。

纯溶剂如苯或水在静置下逐渐降低温度,可以过冷到−5～−8 ℃而不结冰,此时,如有瞬间的振动,过冷液体立即析出细冰晶并很快达到一个平衡温度,这个温度就是冰点[图Ⅰ-4-5中(1)]。当溶质浓度为0.01～0.2 mol/kg的稀溶液在静置下过冷时,同样,达到过冷状态,在瞬间振动后,也会立即出现冰晶而达到冰点,但此冰点比纯溶剂的冰点低 ΔT[见图Ⅰ-4-5中(2)]。

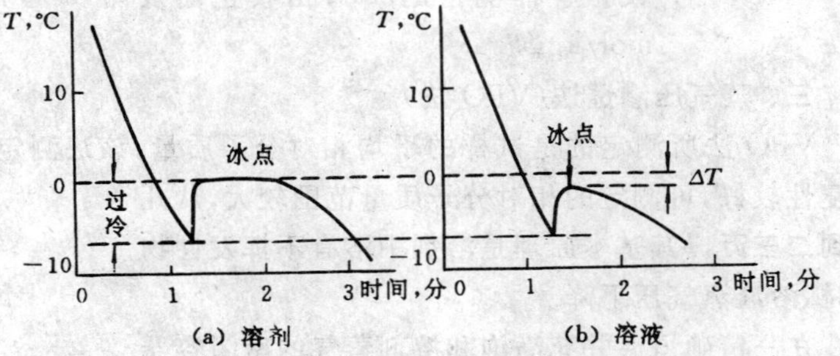

图Ⅰ-4-5 溶剂和溶液的冷却曲线

1. 仪器设备

具有半导体致冷的冰点仪(见图Ⅰ-4-6)。

2. 试 剂

1) 苯,分析纯;

2) 联苯甲酰,纯标样。

3. 操作步骤

1) 准确量取 0.5 mL 纯苯置于测量管中,开动致冷装置使其过冷,然后开动搅拌器,使其结晶,记录该点作为零点。

2) 用已知相对分子质量的纯样品联苯甲酰配成 0.01～0.2 mol/kg 范围内的不同浓度的几个标准样,重复3(1)操作,由记录仪指示刻度变化,测得其冰点下降数值 ΔT,绘制成校正曲线,如图Ⅰ-4-7。

3) 准确地称取一定量被测试样,在容量瓶中溶于一定体积(5 或 10 mL)的溶剂苯中,摇匀后,按 1)操作,测定其冰点下降值 ΔT。

4. 计 算

$$M_r = \frac{m_2}{m_1 \cdot A}$$

式中 M_r——被测试样的摩尔质量,g/mol;

m_2——试样质量(mg);

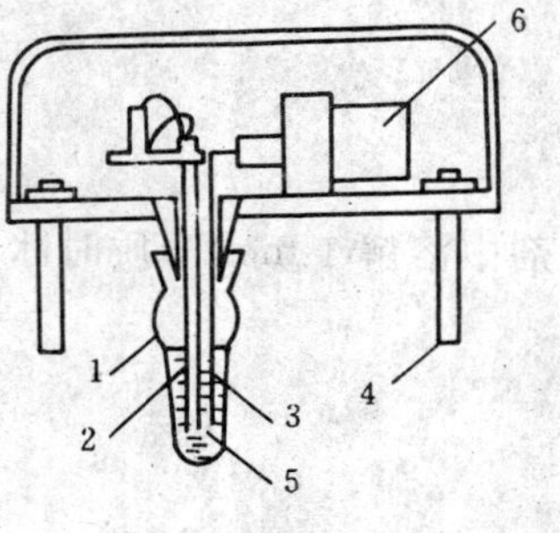

图Ⅰ-4-6　冰点仪的结构示意图

1—测量管；2—热电偶；3—搅拌棒；

4—调节高度螺钉；5—待测试液；6—搅拌马达

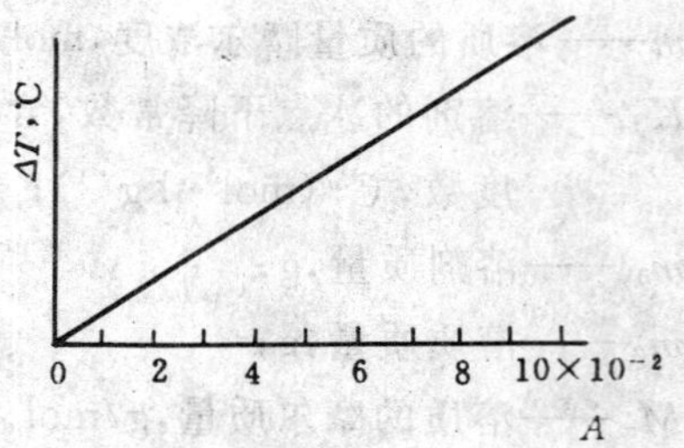

图Ⅰ-4-7　冰点下降法的校正曲线

m_1 ——溶解样品的溶剂质量(g)；

A ——根据样品测得的 ΔT，由校正曲线图 Ⅰ-4-7 查出的质量摩尔浓度的数值，mol/kg。

三、蒸气压渗透法(VPO 法)

VPO 法所测定的是试样的平均相对分子质量，该法测定速度快、手续简便、试样用量少、重复性较好，可测定的相对分子质量范围较大，从几百到二三万。其基本原理是溶剂中溶有不挥发性物质时，溶液蒸气压下降。

在一精确恒温并充满饱和溶剂蒸气的密闭容器中(见图Ⅰ-4-8)，在两个热敏电阻探头上悬置相同温度的溶剂和溶液各一滴。由于溶剂液滴与容器中溶剂的饱和蒸气压保持平衡，所以此液滴的温度(T_1)不变。而另一溶液液滴，由于其蒸气压比溶剂的低，于是容器中溶剂的饱和蒸气就会在溶液液滴上凝结，在凝结过程中放出凝聚热，从而使溶液液滴的温度上升，其蒸气压也因而上升。待溶液和溶剂的蒸气压接近相等时，温度上升趋于停止，并维持稳定温度(T_2)。此时上升的温差 $\Delta T=T_2-T_1$ 与溶液的蒸气压下降程度 Δp 成正比，亦即与溶液的质量摩尔浓度成正比。

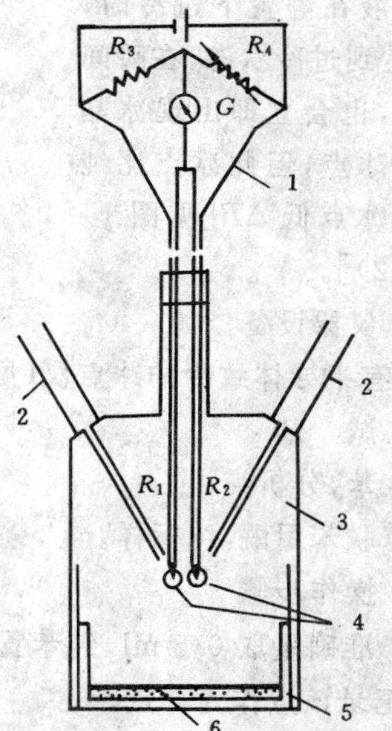

图Ⅰ-4-8　蒸气压渗透仪

1—惠斯顿电桥；2—进样注射器；

3—充满饱和溶剂蒸气的恒温密闭容器；

4—放置溶剂或溶液液滴的热敏电阻探头熔珠；

5—滤纸；6—溶剂液体

由于 ΔT 值很小，一般温度计无法测出，只能用灵敏的热敏电阻元件来测量。如图Ⅰ-4-8所示，把两只匹配好的热敏电阻探头 R_1 和 R_2 置于溶剂的饱和蒸气中，此二热敏电阻构成惠斯顿电桥两个相邻的桥臂。另外两个桥臂由固定电阻 R_3 和可变电阻 R_4 组成。如果在两个热敏电阻探头上各滴一滴溶剂，此二热敏电阻的温度相同，阻值不变，可利用可变电阻 R_4 将检流计 G 调至零点。若在一只热敏电阻探头 R_1 上滴加一滴溶剂，而另一热敏电阻探头 R_2 上滴加一滴具有一定浓度的溶液，则由于溶液与纯溶剂的蒸气压差别，造成两个液滴之间产生恒定的温差 ΔT，由于溶液液滴温度上升，而热敏电阻具有负的温度系数，所以使热敏电阻探头 R_2 的阻值下降，导至惠斯顿电桥不平衡，此不平衡信号 ΔQ 与两个热敏电阻探头 R_1 和 R_2 上的温差 ΔT 成正比，即为 $\Delta Q \propto \Delta T$。因为：

$$\Delta T \propto \frac{\rho}{M_r}$$

其中 ρ 为溶液的质量浓度，M_r 为溶质的相对分子质量。所以：

$$\Delta Q = K\frac{\rho}{M_r}$$

K 为仪器常数。由于测得的不平衡信号 ΔQ 不能反映 ΔT 的绝对值，所以不能由上式求出溶质的相对分子质量。通常是用已知相对分子质量的标准样品与欲测样品对比来测定相对分子质量。

1. 仪器及设备

1）相对分子质量测定仪：德国 KNAUER 相对分子质量测定仪。

2）容量瓶：数个。

3）针头带弹簧的注射器：数支。

2. 试剂和材料

1）菲：高纯度标样。也可以用在测定条件下蒸气压小于 0.2 mm Hg 柱的其他纯物质作标样。

2）苯：优级纯，作溶剂。如试样不能在苯中全溶，也可以用氯仿、丙酮或其他溶剂。

3）苯、或 60～90 ℃石油醚：洗涤注射器用。

3. 测定步骤

1）接通电源，打开稳压器及加热系统开关，待测量室恒温到 45 ℃后，打开温度测量仪开关。

2）通过进样口，往一对热敏电阻珠上各滴上一滴纯溶剂，重复稳定后，将灵敏度档置于“128”，调好零点，按下“%”推进钮，同时调节桥电压，使指针指到 100%。

3）按 100 mL 溶液加标样菲 0.2～2 g 配置 3～5 份标准溶液，浓度以质量摩尔浓度 m 表示之。

4）以标样溶液冲洗测量热敏电阻探头，用 20～30 滴，最后在热敏电阻探头上挂一滴溶液，并在参比热敏电阻探头上挂上一滴纯溶剂，再在另一热敏电阻探头上挂一滴溶液（左右左规则），稳定后记下读数。重复测定直至读数重复。

5）以浓度 m 为横坐标，对应的 $\Delta Q/m$ 值为纵坐标作图，外推到 $m=0$ 时的 $\Delta Q/m$ 值，即为仪器常数 K，如图Ⅰ-4-9 所示。

6）按每 100 mL 溶液含待测物 0.2～2 g，配制几种质量浓度 ρ(g/1 000 g 溶剂）的待测物溶液。

7）按 3(4)测定，记下表头读数 ΔQ。

4. 计　算

以试样浓度 ρ 为横坐标，对应 $\Delta Q/\rho$ 为纵坐标作图，外推出 $\rho=0$ 时的 $\Delta Q/\rho$ 值（见图Ⅰ-4-10），然后代入下式计算样品的相对分子质量：

$$M_r = \frac{K}{\left(\frac{\Delta Q}{\rho}\right)_{\rho\to 0}}$$

式中　M_r——待测试样的相对分子质量。

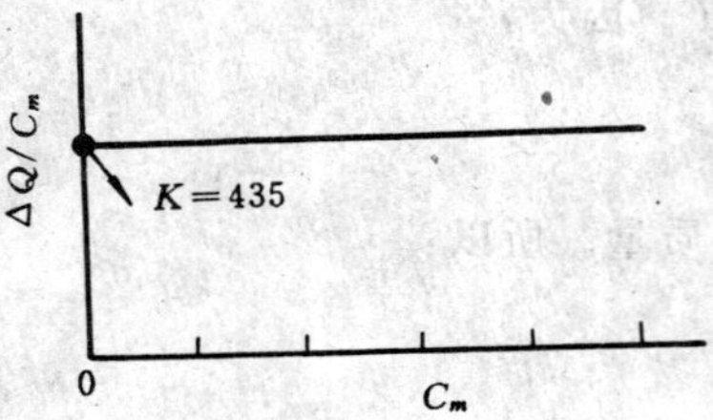

图 I-4-9 仪器常数的测定

标准样品：联苯甲酰

溶剂：苯

温度：45 ℃

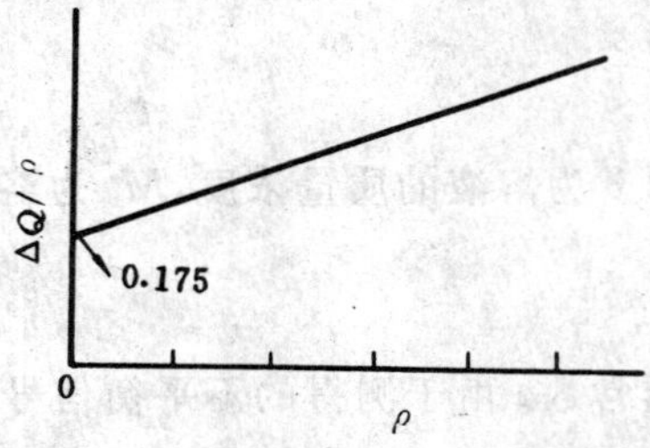

图 I-4-10 样品相对分子质量的测定

$$M_r=\frac{435}{0.175}=2\ 486$$

（四）原油及其馏分油的碳、氢含量测定（半微量法）

一、概　说

以高锰酸银热分解产物为氧化剂，将样品在温度 500～550 ℃、氧气流率为 20～25 mL/min下进行燃烧，用碱石棉和高氯酸镁分别作为燃烧产物 CO_2 和 H_2O 的吸收剂，根据质量增加值，计算碳、氢含量。

二、仪器及试剂

1. 普通氧气（包括减压阀、针形阀、气体流量计等减压计量系统）。

2. 氧气净化系统。硫酸洗气瓶、氧气净化炉（280 mm 长的石英管，内填充以杆状氧化铜，加热温度 700～800 ℃）及干燥塔（底部加高氯酸镁，上层覆以碱石棉）。

3. 燃烧系统。燃烧管长 370 mm，内径 11～12 mm，先填入银丝绕成的筒状物（银丝直径 0.2～0.5 mm），长约 10 mm，用 2 mm 左右厚的石棉压紧，再填入高锰酸银热分解产物，长度与分解炉长相近，轻敲燃烧管，使填充物密实后用石棉固定之。

4. 吸收系统。将洗净、烘干的吸收管两支，分别装入 14～20 目的碱石棉和高氯酸镁吸收剂，填充层要匀密，并在吸收剂的上、下二层间铺上一层棉花，磨口接合处涂上润滑脂以保证密封。

5. 高锰酸银热分解产物的制备。取 19.4 g 高锰酸钾溶于煮沸的 400 mL 蒸馏水中，在此溶液中逐渐加入 20.4 g 硝酸银，并不断搅拌，逐渐生成高锰酸银沉淀。冷却到室温后，再用水冷却半小时，用布氏漏斗过滤，并以 300 mL 蒸馏水洗涤沉淀物，然后在 60～70 ℃的烘箱中干燥沉淀物，干燥后的高锰酸银置于马福炉内，慢慢加热至 120～130 ℃。高锰酸银受热后分解，体积膨大，最后得到无定形的黑灰色的细粒，将此分解产物再在 500～550 ℃下加热 1～2 h，即可填入燃烧管内使用。

三、操作步骤

1. 先进行空白试验。分解电炉温度控制在（525±25）℃，通入氧气，排尽系统内空气后，接上水和二氧化碳吸收管。氧气流率保持 20～25 mL/min，20 min 后取下吸收管称质量，两次称量差不超过 0.000 4 g 后方可做样品试验。

2. 用石英舟称取 20～25 mg 样品（易挥发的样品用石英安瓿瓶称取）。连接好吸收管，再把样品放入石英管中，并将其推到离分解炉仅 30 cm 左右处。缓慢移动加热炉，使样品进入分解炉中并氧化燃烧，燃烧产物中的水及二氧化碳被各自的吸收管吸收。整个操作需 40 min。开始时样品挥发要慢，后 20 min 可快一些。燃烧管尾部和水吸收管之间水分容易冷凝下来，需要用小酒精灯加热，驱赶小水珠到水吸收管中。操作完毕后，移开加热电炉，取下吸收管称质量，再计算碳、氢含量。有的样品分解时间要长一些。

含氮样品在水分吸收管和二氧化碳吸收管之间，需接入氮的吸收管——二氧化锰吸收管。

四、计 算

碳、氢含量由下列各式计算：

因为

$$\frac{M_C}{M_{CO_2}} = 0.2729$$

$$\frac{2M_H}{M_{H_2O}} = 0.1119$$

所以

$$\text{C 的质量分数 } w_C = 0.2729 \times \frac{G_1}{m}$$

$$\text{H 的质量分数 } w_H = 0.1119 \times \frac{G_2}{m}$$

式中 m—— 所称取样品质量，mg；

G_1—— 二氧化碳管质量增加值，mg；

G_2—— 水吸收管质量增加值，mg；

w_C—— 碳质量分数；

w_H—— 氢质量分数。

五、精密度

两次平行试验的差数，碳含量不大于 0.5%（质量分数），氢含量不大于 0.3%（质量分数）。

目前大多数元素分析是由元素分析仪完成的，它可用于测定原油及重质石油产品中含量大于 0.5%（质量分数）的碳、氢、氮和氧含量。该方法的绝对偏差小于 0.3%（质量分数）。具体测试方法可参见《催化裂化工艺分析方法汇编》[8]。

（五）原油含盐量的测定［参考 GB/T 6532—86(91)］

一、概 说

原油在地下一般与水共存，开采中又常因注水而使原油含有不等量的水分。这些水中含有溶解的或微粒状的无机盐类，主要是各种卤化物，例如 NaCl 和 $CaCl_2$ 等。这些盐类对原油加工危害很大，必须预先脱除。

本方法适用于测定原油、拔顶原油、裂化渣油和燃料油中为 0.002%～0.02%质量分数浓度的卤化物总量。试样在溶剂和破乳剂存在下，在规定的抽提器中用水抽提，抽出液经加硝酸煮沸脱除硫化物后，用容量法测定卤化物含量，试验结果以氯化钠的质量分数（或 mg/L 数）表示。

容量法测定卤化物，是把过量的硝酸银加入抽出液中，剩余硝酸银以硫酸铁铵为指示剂，用硫氰酸钾滴定，其主要反应为：

$$Ag^+\text{(过量)} + Cl^- \longrightarrow AgCl + Ag^+\text{(剩余)}$$

$$Ag^+\text{(剩余)} + CNS^- \longrightarrow AgCNS\downarrow$$

$$3CNS^- + Fe^{3+}\text{(指示剂)} \longrightarrow Fe(CNS)_3\text{(红色)}$$

二、仪器与试剂

1. 抽提器(见图Ⅰ-4-11)。
2. 磨口锥形瓶:250 mL。
3. 恒温水浴:能自动调节温度。
4. 丙酮:分析纯。
5. 异戊醇:分析纯。
6. 甲苯:分析纯。
7. 无水乙醇:分析纯
8. 硝酸:分析纯
9. 硝酸银:分析纯
10. 硫氰化钾:分析纯。
11. 铁铵矾:分析纯。
12. 乙酸铅:分析纯。
13. 荧光素(荧光黄或荧光红):分析纯。
14. 淀粉:分析纯。新配制的0.5%水溶液。
15. 氯化钠:基准试剂。

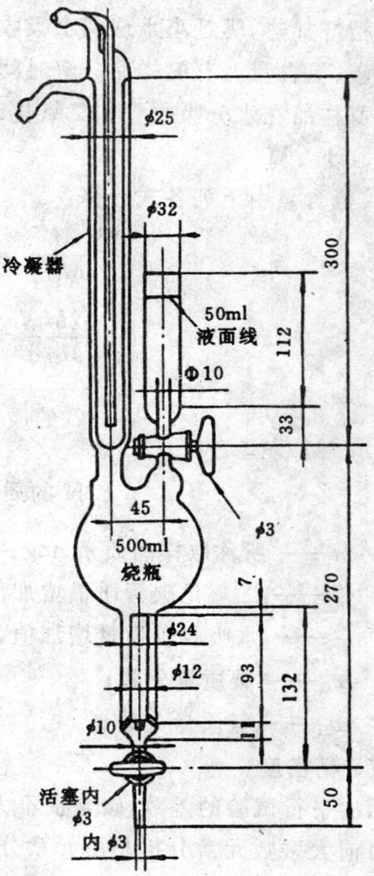

图Ⅰ-4-11　测定盐含量的抽提器

三、准备工作

1. 质量浓度为5.0 g/L淀粉指示剂的配制:称取0.5 g可溶性淀粉,加10 mL水,在搅拌下再注入到90 mL水中,微沸2 min,放置,取上层清液使用。试验均要用新配制的质量浓度为5.0 g/L的淀粉指示剂。

2. 质量浓度为5.0 g/L荧光素指示剂的配制:称取0.5 g荧光素(荧光黄或荧光红),溶于无水乙醇中,并用无水乙醇稀释至100 mL。

3. 0.05 mol/L硝酸银标准溶液的配制:称取8.7 g硝酸银,溶于1 000 mL水中,摇匀。溶液保存于棕色具塞瓶中。标定时,称取经温度500～600 ℃灼烧至质量恒定的氯化钠0.1 g,称准至0.000 2 g,溶于70 mL水中,加5 mL质量浓度为5.0 g/L的淀粉指示剂,用0.05 mol/L硝酸银溶液滴定,近终点时加3滴质量浓度为5.0 g/L的荧光素指示剂,继续滴定至溶液由黄色变为粉红色(也可用其他方法进行标定)。

硝酸银标准溶液的浓度c_1按下式计算:

$$c_1 = \frac{m_1 \times 1\ 000}{V_1 \times M(\text{NaCl})}$$

式中　c_1——硝酸银溶液的浓度,mol/L;

m_1——氯化钠的质量,g;

V_1——滴定时所用硝酸银溶液的体积,mL;

$M(\text{NaCl})$——氯化钠分子的摩尔质量,g/mol,等于58.44。

4. 铁铵矾指示剂的配制:将350 g硫酸铁铵溶于1 L蒸馏水中,再加入5 mol/L硝酸200 mL。

5. 5 mol/L硝酸溶液的配制:用2∶1体积的蒸馏水稀释浓硝酸,并煮沸至无色。使溶液冷却,并用空气吹,以除去氮的氧化物。

6. 0.05 mol/L 硫氰化钾标准溶液的配制：称取 4.9 g 硫氰化钾，溶于 1 000 mL 水中，摇匀。标定时，准确量取 0.05mol/L 硝酸银标准溶液 20～25 mL ，加 70 mL 水、2 mL 铁铵矾指示剂及 5 mol/L 硝酸 5 mL，溶液用 0.05mol/L 硫氰化钾溶液滴定，终点前摇至溶液完全清亮后再滴定至溶液呈淡棕色，保持 30 s（也可用其他方法进行标定）。

硫氰化钾标准溶液的量浓度 c_2 按下式计算：

$$c_2 = \frac{c_1 \cdot V_2}{V_3}$$

式中 c_2——硫氰化钾溶液的浓度，mol/L；

c_1——硝酸银标准溶液的浓度，mol/L；

V_2——所用硝酸银标准溶液的体积，mL；

V_3——滴定时所用硫氰化钾溶液的体积，mL。

7. 乙酸铅试纸的制备

1）乙酸铅溶液的制备：把 25 g 乙酸铅加入到 12.5 mL 冰醋酸、40 mL 丙三醇（甘油）及约 100 mL 去离子水的混合溶液中，待乙酸铅全部溶解后，再用去离子水稀释到 250 mL。

2）乙酸铅试纸的制备：将定量滤纸剪成 1 cm×5 cm 的纸条，放在上述溶液中浸泡 20 min，取出后，用干滤纸将纸条上的水分吸至近干，再放在具塞磨口瓶中，密封待用。

四、取　样

取样应遵守 GB/T 4756—84《石油和液体石油产品取样法（手工法）》中规定的注意事项，不能用水置换法取样。

在称样前，将试样用温水溶化，再用力摇动盛试样的容器，以使试样混合均匀。

五、试验步骤

1. 在 250 mL 烧杯中，称入（80±0.5）g 试样，加热到（60±5）℃。将加热至同样温度的 40 mL甲苯缓慢地加到试样中，并不断搅拌至完全溶解。将此溶液经加料漏斗定量转移至抽提器烧瓶中，并用 2 份 15 mL、60 ℃左右的热甲苯分两次洗涤烧杯和漏斗。蒸气有毒，试验应在通风柜中进行。

2. 趁热再加入 25 mL 热的无水乙醇和 15 mL 稍热的丙酮。

3. 剧烈地煮沸混合物 2 min，停止加热，待沸腾刚停止，立即加入 125 mL 蒸馏水。再煮沸混合物 15 min。

4. 让混合物冷却并分层。放出下层溶液（由于部分无水乙醇和丙酮溶解在甲苯和试样的混合相中，因此，能放出的抽出液体积为 160 mL），必要时经定性滤纸进行过滤。

5. 向烧杯中加入 100 mL 抽出液和 5 mol/L 硝酸溶液 5 mL。用表面皿盖住烧杯，加热至溶液沸腾。用乙酸铅试纸检验蒸气中的硫化氢。待硫化氢脱除后（试纸不变色），再继续煮沸 5 min。冷却后用蒸馏水将烧杯内溶液洗入磨口锥形瓶中。加入 10 mL 异戊醇和 3 mL 铁铵矾指示剂。

6. 由滴定管加入 0.5 mL 硫氰化钾标准溶液。混合液在不断摇动下，用硝酸银标准溶液滴定至无色，再加入 5 mL 硝酸银标准溶液。用塞子盖紧磨口锥形瓶，并剧烈地摇动 15 s，使沉淀物凝聚。

打开瓶塞时必须小心。避免在摇动过程中可能产生的压力使少量酸液从磨口锥形瓶口喷出。

7. 用硫氰化钾标准溶液缓慢地滴定，直至红色褪色变化缓慢、显示已接近终点时，再摇动磨口锥形瓶并继续1滴1滴地滴定，直至剧烈地摇动后微红色持久不褪为止。

8. 用95 mL甲苯代替80 g试样，重复上述步骤做一空白滴定。

六、计算

试样的卤化物含量，以氯化钠质量分数$w(\mathrm{NaCl})$表示或以ρ_B表示，按下面二式计算：

$$w(\mathrm{NaCl})=\frac{M(\mathrm{NaCl})[(V_1-V_2)c_1-(V_3-V_4)c_2]}{m_2\times 1\,000}\times\frac{160}{100}$$

$$=0.093\,5[(V_1-V_2)c_1-(V_3-V_4)c_2]/m_2$$

$$\rho_B=\frac{M(\mathrm{NaCl})[(V_1-V_2)c_1-(V_3-V_4)c_2]}{\dfrac{m_2\times 10^{-3}}{d_{20}}}\times\frac{160}{100}$$

$$=9.35\times 10^4\times d_{20}[(V_1-V_3)c_1-(V_3-V_4)c_2]/m_2$$

式中 $w(\mathrm{NaCl})$——氯化钠质量分数；

ρ_B——每升试样中含NaCl的毫克数，mg/L；

V_1——滴定试样所用的硝酸银标准溶液体积，mL；

V_2——空白滴定所用的硝酸银标准溶液体积，mL；

V_3——滴定试样所用的硫氰化钾标准溶液的体积[包括五(6)中加入的0.5 mL]，mL；

V_4——空白滴定所用的硫氰化钾标准溶液的体积[包括五(6)中加入0.5 mL]，mL；

c_1——硝酸银标准溶液的浓度mol/L；

c_2——硫氰化钾标准溶液的浓度，mol/L；

m_2——试样的质量，g；

d_{20}——试样的密度，g/cm^3；

$M(\mathrm{NaCl})$——氯化钠分子的摩尔质量，g/mol，等于58.44。

七、精密度

用下述规定判断试验结果的可靠性(95%置信水平)。

1. 重复性

两次测定结果之差不应大于0.002%(质量分数)或12 mg/L。

2. 再现性

两个实验室测定结果之差不应大于0.004%(质量分数)或24 mg/L。

八、报　告

报告所得结果，数据取准至0.000 2%(质量分数)或2 mg/L作为本方法测得的盐含量。

(六) 原油中小于C_7轻烃含量的测定

一、应用范围

本方法适用于测定原油中小于C_7轻烃含量。

二、方法概述

采用气相色谱直接进样，测定原油中小于C_7轻烃含量，分析柱为涂渍OV-101的玻璃毛细管柱，分析柱前加预分离柱，以防止重组分进入分析柱，分析结束后用六通阀的反吹系统把残留在分析柱中的重组分吹掉，用内标作为标准对分析的样品定量。

三、仪器设备

1. 仪器：色谱仪带有稳定的程序升温部件及积分仪，仪器经改装后，应具有安装玻璃毛细管分析柱、分流器及反吹系统的部件。见图Ⅰ-4-12。

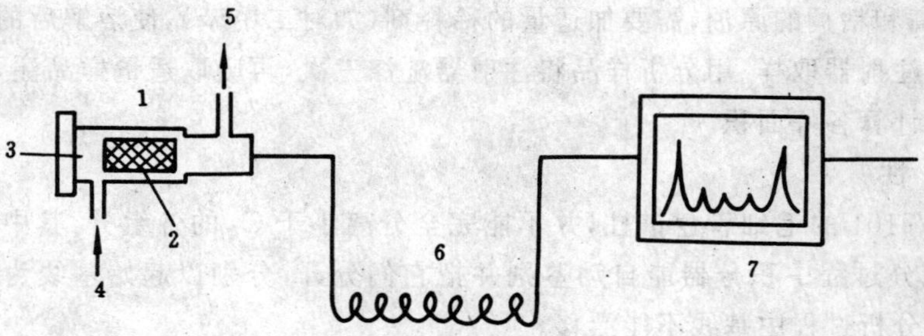

图Ⅰ-4-12　色谱示意图

1—气化室；2—预分离柱；3—进样器；4—载气入口；

5—分流器出口；6—分析柱；7—检测器

2. 微量注射器：一支。

四、试剂与材料

1. 玻璃毛细管柱：内涂 OV-101 固定液，内径 0.25 mm，长 30 m。

2. 对二甲苯、甲苯：分析纯。

3. 正戊烷、正己烷、环戊烷、2，3-二甲基丁烷、2-甲基戊烷、甲基环戊烷、2，4-二甲基戊烷、环己烷、2-甲基己烷、2，3-二甲基戊烷、3-甲基己烷、正庚烷、甲基环己烷、2，4-二甲基己烷，均要求纯度不低于 99%（质量分数）。

4. 氧化铝：100～200 目，在 500 ℃灼烧 5 h。

5. 预分离柱：$\phi3.7\times0.4\times45$ mm 不锈钢管。

6. OV-101：进口固定相。

7. 二氯甲烷：分析纯。

8. OV-101 涂渍液：将 100 mL OV-101 固定相溶于 100 mL 二氯甲烷中。

五、测定条件

进样器温度：110 ℃

检测器温度：200 ℃。

色谱柱温度：室温～190 ℃。

程序升温速度：5 ℃/min。

载气 N_2 流率：30～40 mL/min。

分流比：1/100～1/150。

进料量：0.5～1 μL。

六、预分离柱的制作

预分离柱是装在气化室中的衬套式空管，要求空管与气化室内壁较紧密配合，并卸装方便。管子的尺寸，视气化室小大而定，在靠近分析柱的一端装有约 10 mm 长的活性氧化铝，管的两端分别塞以玻璃毛，使氧化铝固定，预分离柱主要用于吸附原油中的重组分。

七、标准样品的配制

在原油直接进样中，用对二甲苯作稀释剂。因此，采用对二甲苯为基础，添加标准物质正戊烷、2，3-二甲基丁烷……15 个单体烃组分，充分混匀，计算出各单体烃的质量分数。配制好的标准样品必须存于密封的小瓶中，使用时须用注射器取样。

八、操作步骤

在进样前将已填好氧化铝的预分离柱放入靠近气化室的底部，然后旋紧气化室的压帽。

对凝点高和粘稠的原油，需要加适量的稀释剂（如对二甲苯），使溶解后的液体呈自由流动状态，以便用注射器取样。用分析样品将注射器洗涤三次，再吸取适量样品注入进样器，记录谱图，用积分仪计算各峰面积。

九、定　性

涂渍 OV-101 的毛细管色谱柱，并不能完全分离小于 C_7 的各组分，其中某些化合物出现搭肩峰，在积分过程中积分器能自动鉴别并把它们分开，分别以起始基线为准计算各峰的面积。要注意，分析过程中基线不能漂移。

十、校　准

用微量注射器取标准样品，注入进样器，记录谱图，计算出各单体烃含量，若得各单体烃含量的相对误差小于±5%，即可进原油样品并分析。

十一、计　算

定性分析采用已知纯化合物加入油品中进行鉴别。定量分析采用内标法。由于烃类的校正因子近似于1，所以原油中的小于 C_7 烃类含量 w(质量分数))由下式计算：

$$w(\text{质量分数}) = m_{\text{内}} \times A_i / (m_{\text{样}} \times A_{\text{内}})$$

式中　$m_{\text{内}}$，$m_{\text{样}}$——分别为内标及原油的质量，g；

$A_{\text{内}}$——内标峰面积（μV·s）；

A_i——分析原油组分 i 的峰面积（μV·s）。

十二、精密度

重复性：两次平行测定结果与平均值相对误差<±5%。

准确度：多次测定的平均值与标准样品测定值相对误差<±10%。

第五节　原油的简易蒸馏

一、简　介

原油的简易蒸馏是原油简单评价中的主要手段。它的特点是设备简单、用油量少、操作容易和耗时较短。因为我国原油均较重，轻质馏分较少，如果仅测定馏程则蒸出的馏分有限。如果采用简易蒸馏，不但可以得到低于 500 ℃馏分的分布，同时能够得到原油的类别，给分输分炼提供依据。直到目前，国外原油的简单评价中仍在采用该法，其中，各国常用的蒸馏仪是汉柏蒸馏仪（Hempel distillation）。此设备为美国矿物局提出的，是一种常规精馏装置。表Ⅰ-5-1 为简易蒸馏与实沸点蒸馏收率的比较。由表中数据可见，大庆原油的实沸点蒸馏的小于 450 ℃馏分收率低于简易蒸馏收率约 3%，而重质的孤岛原油的两种蒸馏方法收率结果相近。

国内过去也进行过这方面的工作，这里推荐的一种原油简易蒸馏是在过去工作的基础上，参照了汉柏蒸馏设备的主要规格，结合我国原油的特点提出的，其设备及操作条件目前作为试行，以后将逐步定型化。

表Ⅰ-5-1　简易蒸馏与实沸点蒸馏收率的比较(占原油质量分数×10²)

沸点范围/℃	大庆原油				胜利孤岛原油			
	简　易		实沸点		简　易		实沸点	
	每馏分	总收率	每馏分	总收率	每馏分	总收率	每馏分	总收率
初馏～100	1.6	1.6	1.6	1.6	}2.1	}2.1	}1.5	}1.5
100～150	4.3	5.9	4.7	6.3				
150～200	4.3	10.2	3.8	10.1	2.8	4.9	3.3	4.8
200～250	4.2	14.4	5.4	15.5	3.2	8.1	3.8	8.6
250～275	3.5	17.9	2.7	18.2	2.4	10.5	2.4	11.0
275～300	3.9	21.8	3.9	21.5	2.0	13.4	3.0	14.0
300～350	8.0	29.8	7.3	28.8	7.2	20.6	6.7	20.7
350～395	8.6	38.4	7.8	36.6	6.2	26.8	6.0	26.7
395～425	5.4	43.8	5.6	42.2	5.5	32.3	5.4	32.1
425～450	4.7	48.5	3.3	45.5	6.2	38.5	5.7	37.8
450～500	9.0	57.5	—	—	—	—	—	—

二、仪器设备和材料

1. 蒸馏烧瓶:见图Ⅰ-5-1,瓶底部有一测温管,柱内下部有3只玻璃爪,用来支托填料。

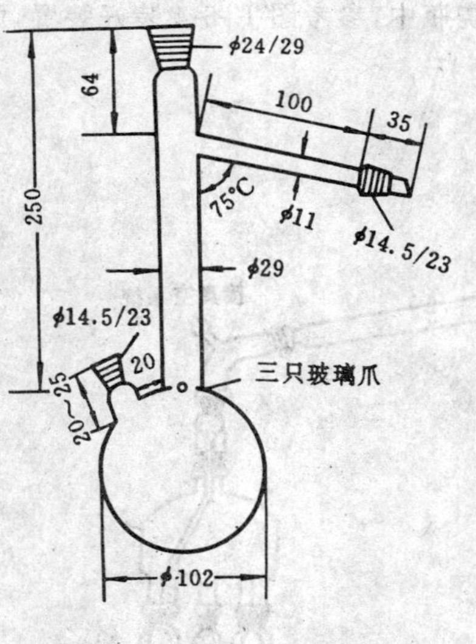

图Ⅰ-5-1　蒸馏瓶尺寸(单位:mm)

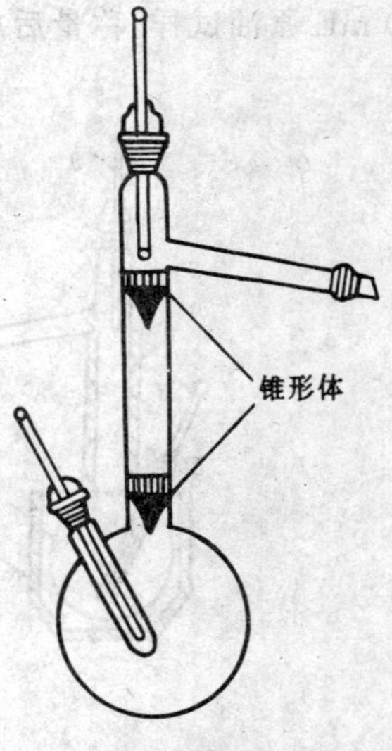

图Ⅰ-5-2　锥形体位置图

2. 水冷凝管。
3. 空气冷凝管。
4. 冰水浴。
5. 加热用凹型电炉。
6. 真空接受器。
7. 温度计:使用GB 514—75棒状温度计。

8. 量筒:100 mL,收集低沸点馏分的量筒应放到冰水浴中。

9. 锥形体:用 14 目镍铬丝网制成两个锥形体,在蒸馏烧瓶中的位置见图Ⅰ-5-2。

10. 填料:见图Ⅰ-5-3,用 21 号(直径 0.8 mm)镍铬丝制成 8 字形环状链条,环内径4 mm,总链长约 728 cm,分成 8 段。链的一端用镍铬丝连在一起,以便携出蒸馏烧瓶,链的另一端与用较粗镍铬丝绕成的环状螺旋圈相连,此螺旋圈大小能合适地放在柱下部玻璃爪上。

11. 保温套:用玻璃布或玻璃棉制成,厚 5~6 mm,作为蒸馏柱保温用。

12. 泡沸石。

三、馏分切割

原油简易蒸馏的馏分切割如下:

1. 常压蒸馏

初馏点~100 ℃,100~150 ℃,150~200 ℃。

2. 1.33 kPa(10 mmHg)压力下的减压蒸馏

减压蒸馏时,一般每 50 ℃切取一个馏分,但必须将 250~275 ℃及 395~425 ℃(常压沸点)两个关键馏分切割出来,测定其密度。不同压力下沸点的换算用附图 1、2。

3. 低于 0.266 kPa(2 mmHg)压力下的减压蒸馏

蒸至常压沸点 500 ℃为止。

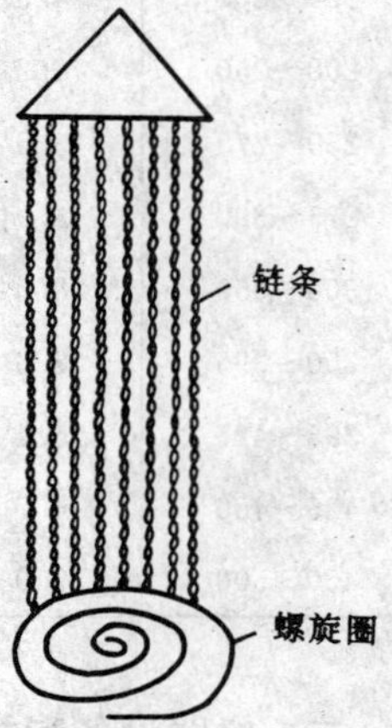

图Ⅰ-5-3 填 料

四、蒸 馏

1. 常压蒸馏

量取 300 mL 原油试样,称量后放入蒸馏烧瓶中,参考图Ⅰ-5-4 装好装置,用水冷凝器,将

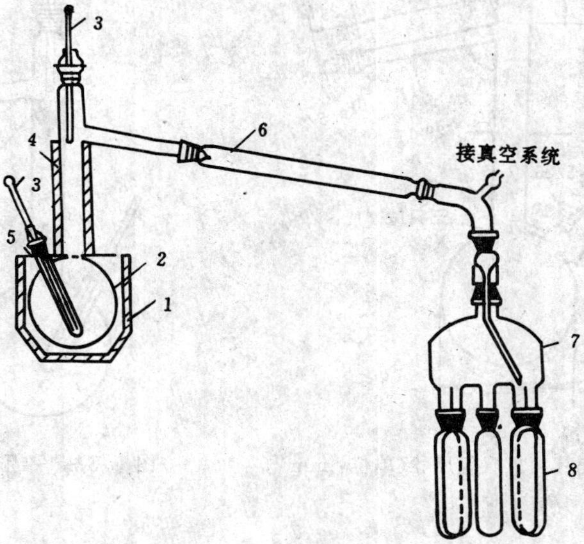

图Ⅰ-5-4 原油简易蒸馏装置

1—加热电炉;2—蒸馏瓶;3—温度计;

4—玻璃棉保温套;5—测温玻璃套管;

6—空气冷凝管;7—真空接受器;8—接受管

接受器放到冰水浴中。从加热到馏出约 40 min 为宜,馏出速度 1～2 mL/min,参照切割馏分,蒸到 200 ℃,所得馏分分别称量。

2. 减压蒸馏

(1) 参照图 I -5-4 安装好减压蒸馏装置,填料不必取出,馏出口接空气冷凝管,瓶底温度降至 150 ℃以下开始减压蒸馏。

(2) 在 1.33 kPa 压力下,按表 I -5-2 切割并收集馏分,控制馏出速度为 2～3 mL/min,蒸至 450 ℃,将所得馏分分别称质量。为避免高凝点馏分凝固,可用红外灯加热空气冷凝管及流出口。

表 I -5-2　常减压温度对照表

1.33 kPa 压力下温度/ ℃	相当于常压沸点/℃
～117	200～250
117～138	250～275
138～158	275～300
158～200	300～350
200～240	350～395
240～265	395～425
265～285	425～450

(3) 冷却,恢复常压并取出填料,在柱下部及上部各放一个锥形体,瓶底温度低于 250 ℃后在小于 0.266 kPa 压力下,蒸至常压沸点 500 ℃,称量馏分及残油质量,计算总收率。

五、精密度

两次平行蒸馏相同温度收率之差不大于 1%(质量分数),蒸馏损失不得超过 2%(质量分数)(包括填料附着量)。

第六节　原油的一次气化

一、概　说

原油的一次气化,或叫平衡气化是石油加工过程中设备设计、生产操作控制所必需的基础数据。处理石油这类复杂体系的气液平衡有两类方法,一是把石油体系视为假多元系,用热力学关系进行理论计算;另一类是经验方法,即由实沸点蒸馏或恩氏蒸馏数据,通过经验图表,推算近似的一次气化数据。但要得到准确的数据,必须进行试验测定,实测结果更是建立经验关联、考察和修正现有热力学模型的基础。但近年来这项工作很少做,其原因是常压炉或减压炉出口温度在实验室很难达到,另一原因是原料在管线中线速达不到工业上的流速,在这种条件下提高蒸发温度,势必造成原料的分解,达不到预想的要求。石油大学(华东)重质油加工国家实验室石油基础物性研究室十几年来致力于石油气液平衡的研究,成功地开发了流动型常减压气液平衡实验装置。本方法介绍的就是该装置[9]。

二、仪器和设备

1. 流动型气液平衡装置

装置示意图见图Ⅰ-6-1。

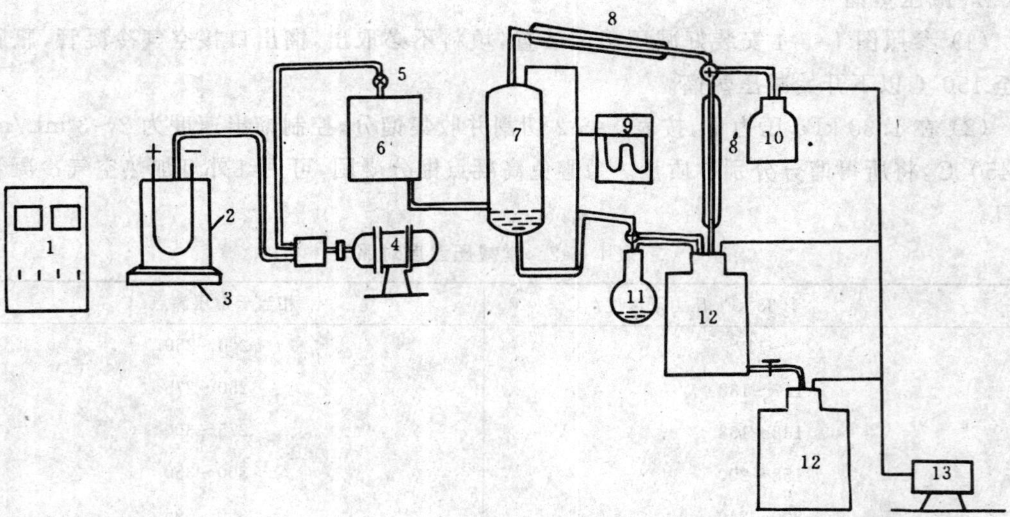

图Ⅰ-6-1　气液平衡装置示意图

1—智能温控仪；2—原料油罐；3—电子秤；4—原料计量泵；5—压力阀；6—原料加热炉；7—平衡器；8—保温热水套管；9—差压计；10—气相收集器；11—液相收集器；12—未平衡产物收集器；13—真空泵

该装置的处理能力为0.8～1.8 kg/h。平衡器直径为159 mm，高530 mm，全部由不锈钢焊接而成。为了保证液相流出物中不夹带气泡，底部增设了一块筛板。平衡器采用三段电加热，使用MAZ-90B01型智能温控仪进行温度自动控制。为了适应处理重质油的需要，原料油罐内采用U形电加热器加热。系统连接管线也全部使用电热带保温。此外，在原料计量泵出口管线上装有压力阀，以避免减压条件下操作时流量的失控。

2. 密度计一套。

三、操作步骤

在检查各部位连接准确无误和试漏通过后，进行以下操作：

1. 先将样品(2～3 kg)装入原料油罐。

2. 接通各路加热电源(减压操作时，接通真空泵)。

3. 接通智能温控仪、按下电源开关，将各路温度设置在低于平衡温度约10 ℃状态。

4. 当平衡器温度升至约低于实验温度50 ℃时，接通原料油泵，开启电子秤开关，用减量法进行计量，将流量控制在0.8～1.2 kg/h。逐渐调节预置温度，使平衡釜气、液相温度均达到平衡温度。

维持大约5 min，开始气、液相取样和进样计量，取样时间持续15～20 min。最后以减量法计算试样进料量，并称出气相油和液相油的质量，分别计算占原油的质量分数和损失量。

6. 实验结束时，先关闭加热电源，待平衡器内温度降至低于200 ℃时，停止进料。如为减压操作，先放空，后停真空泵。

四、一次气化曲线的绘制

石油的一次气化是在固定压力和温度下，气-液相平衡时将气相与液相一次进行分离。一次气化曲线是在固定压力下，不同温度平衡气化时馏出物的产率与温度的关系曲线，通常需要测定 4～5 个温度时的产率，才能得到一条一次气化曲线，并测定气相和液相的密度。

五、精密度

两次重复实验，同一温度馏出率之差不大于 1%(质量分数)。操作过程中，气、液相温度之差不大于 1 ℃。

第七节　原油的实沸点蒸馏

实沸点蒸馏是原油评价工作的基础。原油经过实沸点蒸馏被分割成一个个窄馏分，然后对各个窄馏分进行性质分析，最后将数据标绘成实沸点蒸馏曲线和性质曲线。这些曲线概括了原油的主要性质，是制定加工方案的依据。实沸点蒸馏装置，还可以用来切取直馏产品，然后对这些宽馏分进行分析研究，评定直馏产品的质量与产率。

到目前为止，国内尚无原油实沸点蒸馏的标准方法，为此，本文介绍的为国外标准方法[10]。原油实沸点蒸馏的 ASTM 标准由两台仪器组成。一为用于低于 400 ℃蒸馏，其标准号为 ASTM D2892，另一为用于高于 400 ℃重油蒸馏，其标准号为 ASTM D5236，最高蒸馏温度达到 565 ℃。由中国石油化工总公司原油科技情报站出版的《原油评价方法》1988 年修订版中的实沸点蒸馏仍保留了国内普遍采用的一种方法，相应的仪器为 60 年代上海第四石油仪器厂生产的金属蒸馏仪。由于有相当一批这样的金属蒸馏仪仍在运转，逐渐更换也不是近期所能完成的，故本文保留了该方法[2]。下面将分别介绍 ASTM D2892、ASTM D5236 和国内采用的传统实沸点蒸馏方法。另外，本节亦介绍了目前广泛应用的模拟蒸馏方法[11]。

(一) ASTM D2892 原油蒸馏方法

一、方法摘要

该方法适用于稳定后含水量低于 0.1%(质量分数)的原油，但不适用于液化石油气、很轻的石脑油及初馏点高于 400 ℃的渣油。

该方法有 10 个必须执行的附录，它们对仪器的性能进行了全面约束。在全回流时蒸馏塔的理论板数不高于 18、不低于 14，蒸馏达到的最高温度为 400 ℃(*AET*)(常压下相当温度)。除在最低压力段蒸馏时，其回流比为 2∶1 外，其余各段压力下蒸馏的回流比均保持在 5∶1。在各段蒸馏中，蒸馏釜中的液相温度不允许高于 310 ℃。

二、仪器和设备

1. 蒸馏烧瓶及加热套。

2. 蒸馏柱及回流分配器。外层用真空高反射夹套封闭，周围包有带加热的保温套，用以补偿蒸馏柱的热损失。

3. 塔头冷凝器，要求具有－20 ℃的制冷源。

4. 为切换馏分，应有 1 个馏分收集及液体冷却器。

5. 真空泵、真空压力计等。

6. 温度、压力测量记录仪表，馏出速度测定仪等。典型蒸馏仪器见图Ⅰ-7-1 和图Ⅰ-7-2。

三、操作步骤

1. 仪器的准备

在蒸馏前，对蒸馏塔及所有辅助玻璃仪器都要进行清洗和干燥。检查仪器的密封性，确保

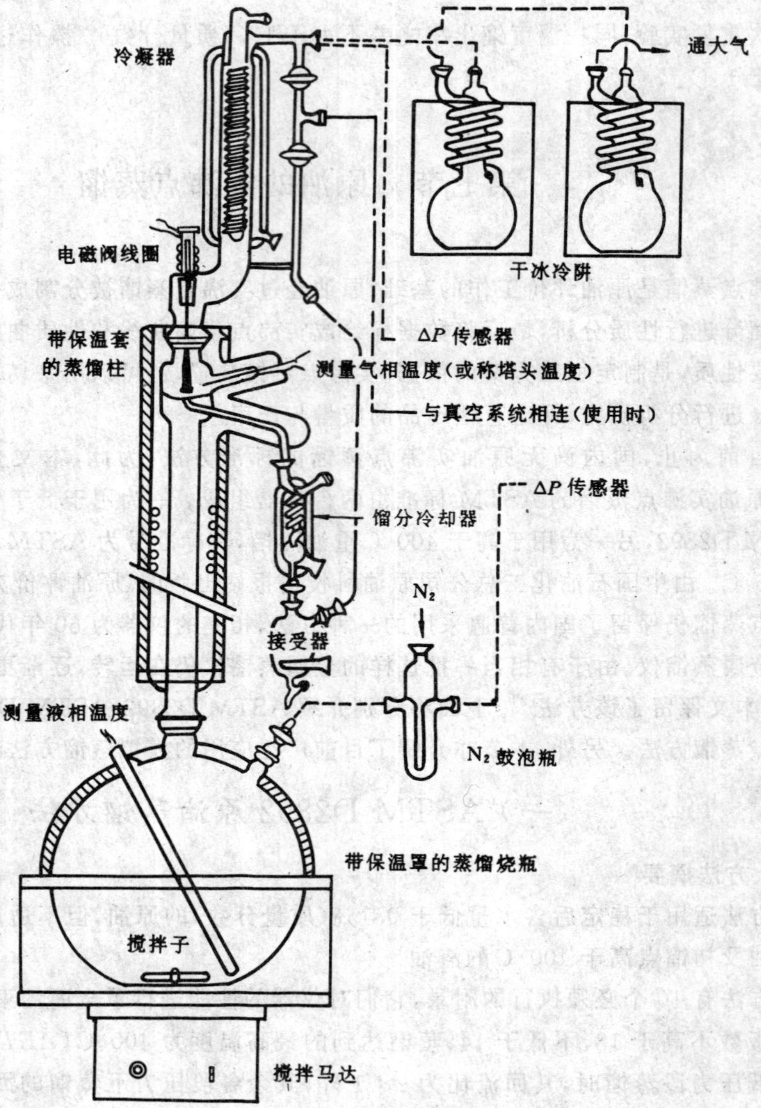

图Ⅰ-7-1　蒸馏系统组装图

在真空下操作时不漏。钟或其他计时器备用。确保所有加热器控制设施和仪表均处于正常工作状态。

2. 样品装入

蒸馏原油的含水量必须小于 0.1%(质量分数),否则在蒸馏中易造成温度指示失真和冲油事故。装样量一般为蒸馏烧瓶容积的 1/2。测定原油的密度,按要求的进料体积误差±5%计算出原油的质量。先在蒸馏烧瓶中放一些玻璃片或瓷片,控制暴沸,也可使用搅拌器。然后用减量法将原油加入烧瓶中。

把盛有样品的蒸馏烧瓶接到蒸馏塔上,将差压计和压力传感器连接好。加热系统如果使用搅拌器,要把支架安装好。

必须注意,有毒的 H_2S 气体,常常从原油中挥发出来,需要采取预防措施。可以把气体通

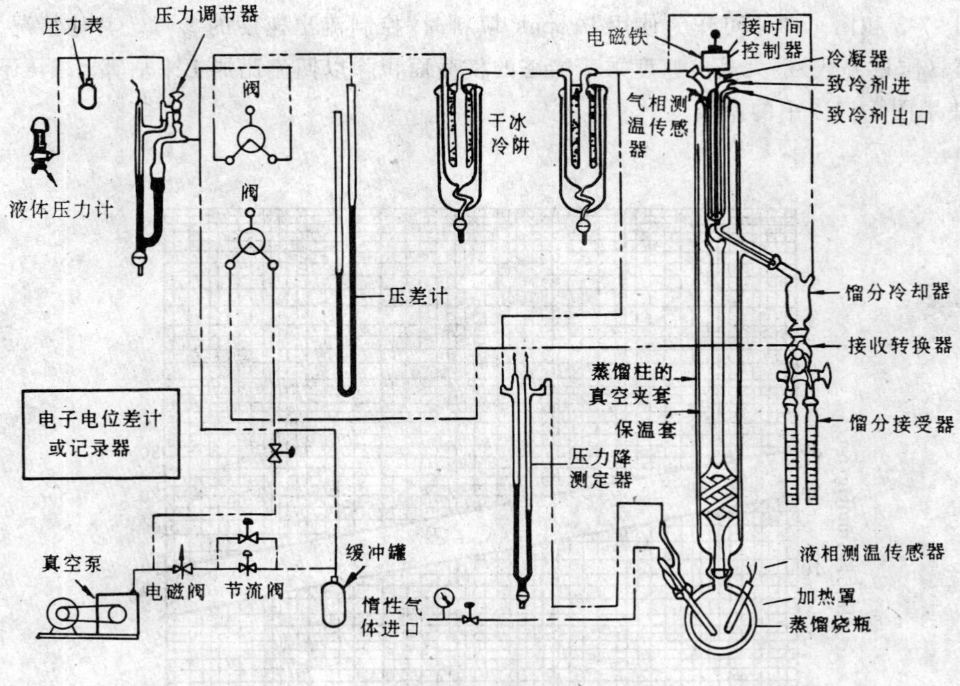

图 I-7-2 蒸馏装置流程示意图

入冷阱而被吸收，也可以排放到安全的地方。

3. 脱丁烷

脱丁烷过程用于回收原油中的轻烃。由于国产原油普遍较重，大多数情况下可以省去该步骤。

1) 将冷凝器、冷却器及接受器中制冷剂开始循环的温度调节到不高于－20 ℃。

2) 控制蒸馏烧瓶的加热速度，从开始升温到蒸气达到塔顶，需要时间 20～50 min。蒸气到达塔顶时，应提前降低加热强度，使填料塔的压力差低于 0.133 kPa，而对 Olderlshaw 蒸馏塔，压力差低于 0.0665 kPa/块真实板。根据经验给出自动控制器的控制程序。如果使用搅拌器，应打开开关。

3) 蒸馏塔在全回流下操作，直到蒸气温度达到平衡，但距蒸馏塔头出现第 1 滴冷凝液的时间不应超过 15 min。

4) 记录蒸气温度作为初始温度。持续至所有轻的气体全部回收后，第一个石油馏分切取完成。

5) 取下盛轻烃液体的干冰阱，将其小心擦干后称量。把第一个冷阱冷凝下来的样品放入一个 10～15 mL 抽空到不低于 26.6 kPa 的耐压瓶中。如果第二个冷阱中发现有冷凝物，则应把两个冷阱中的冷凝物合并后再进行取样分析。

6) 冷阱中的冷凝样品和气球中收集的不冷凝气体样品，用气相色谱或质谱仪进行分析，其分析报告以无不凝气为基础。

4. 常压蒸馏

1) 冷凝器、馏分的冷却器及接受器和管线均保持在－20 ℃以下。打开蒸馏塔保温控制器开关，保持蒸馏柱夹套温度低于蒸气温度 0～5 ℃。

2）调节加热速度，使之保持在最大蒸出速度[单位时间内蒸气进入蒸馏塔的数量的 75%（质量分数）]。

图Ⅰ-7-3 和图Ⅰ-7-4 可作为使用 Propak 填料时，控制流出速度的参考。其他情况下，可由其 75%（质量分数）最大蒸出速度乘蒸馏塔的横截面积除以回流比加 1 来估算。减压下的流出速度使用图Ⅰ-7-4 中的斜线。

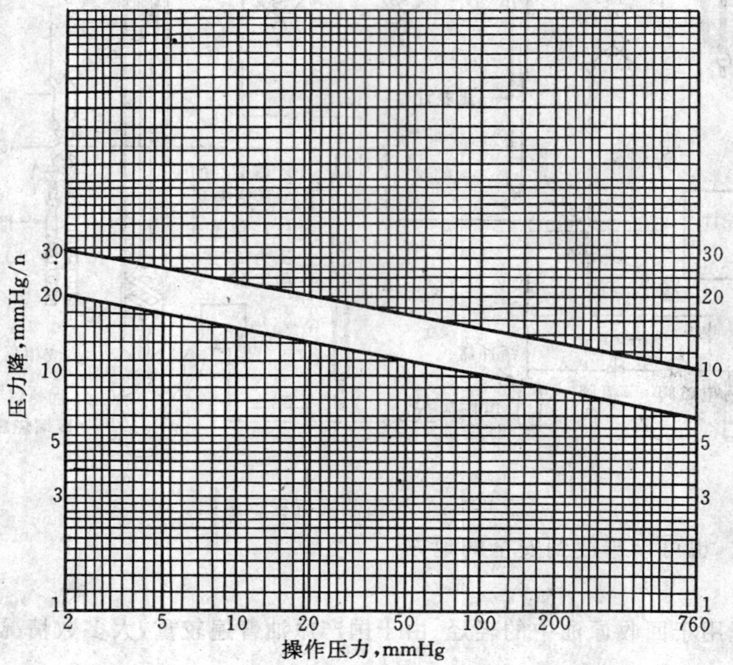

图Ⅰ-7-3 使用 Propak 分馏塔的近似压力降

3）回流比控制在 5∶1，回流和馏出的总时间周期控制在 20～30 s 之间。

4）蒸馏时，根据具体要求切取适当宽度的馏分，推荐温度宽度为 5 ℃或 10 ℃。在接受沸点低于 65 ℃的馏分时，其接受器要冷却到 0 ℃或更低一些。切取每个馏分后，应立即进行以下项目的记录：

时间（时，分）； 体积（mL）及环境温度 ℃；

蒸气温度 ℃，读准到 0.5 ℃，必要时进行大气压修正；

沸腾的液体温度，读准到 1 ℃；

蒸馏塔压力差（kPa）。

5）当蒸气温度到达 65 ℃时，在冷凝器和冷却器中停止使用致冷剂，用常温水代替。

6）如果观察到有液泛迹象时，应降低蒸馏烧瓶的加热强度，直到恢复稳定的操作条件。如果此时有重要的馏分需要切割，应停止蒸馏，冷却蒸馏烧瓶中的液体，而且合并在不正常条件下切割出来的馏分，倒回蒸馏烧瓶中，重新开始蒸馏。在任何情况下，在开始的 5 ℃以内，不能切割重要的馏分。

7）连续切割馏分，直到预计的最高蒸气温度。但蒸气温度不能高于 210 ℃，烧瓶中液体温度不能高于 310 ℃，或者到样品出现裂化迹象时为止。明显的裂化迹象是在蒸馏烧瓶中和分馏头后部有雾气出现。在操作中要严防裂化发生。

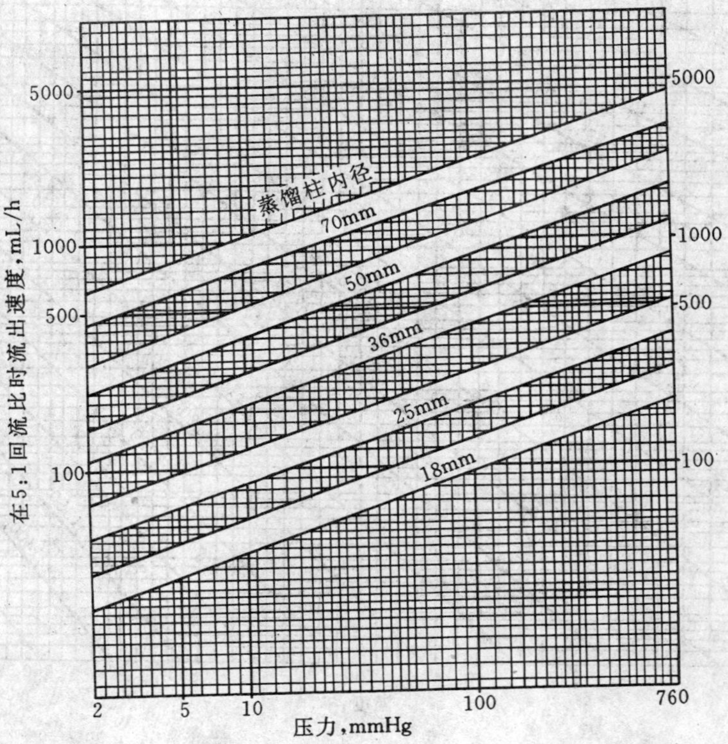

图Ⅰ-7-4　使用 Propak 分馏塔的流出速度

8）关闭回流阀及加热器，让蒸馏烧瓶冷却到在 13.3 kPa 压力下蒸馏时不会液泛的温度。这个温度可由预计减压时的初始蒸气温度加 ΔT 来估计，ΔT 是在常压操作时，液相和气相的温度差，或从最后记下的蒸馏烧瓶温度减去 ΔT。

9）称取所有馏分的质量，准确到装料量的 0.1%，并分别测定每个馏分的密度。

切取的第一个馏分用气相色谱仪进行组成分析。

5. 13.3 kPa(100 mmHg)压力下的减压蒸馏

1）连接真空泵。应确保蒸馏烧瓶中的液体温度在 13.3 kPa 压力下没有达到沸腾温度。如果在达到这个压力前蒸馏烧瓶中液体沸腾，则应立即停下来，继续冷却，直到在此压力下液体不沸腾，再开始减压蒸馏。

2）启动真空泵，调节压力逐渐达到 13.3 kPa，或调整压力调节器到此数值。在塔头以缓和速度恢复回流约 15 min，加热塔到操作温度。暂时停止加热，通氮气提高系统压力，时间约 1 min左右，使滞留的液体回到蒸馏烧瓶中。

3）重新加热至沸腾，调节加热速度，并保持稳定的压力差相当于最大蒸出速度时的 75%，及时切取馏分，不得滞后。为此目的的压力差示于图Ⅰ-7-3。在全部蒸馏过程中，蒸馏柱的温度要比蒸气温度低 0～5 ℃。

4）连续切取馏分，并对各馏分做以下记录：

时间；体积；环境温度和蒸气温度；蒸馏烧瓶的液体温度；蒸馏塔的压力降；塔顶的操作压力。

5）用表Ⅰ-7-1 将减压下的沸点温度换算为常压下的沸点温度。图Ⅰ-7-5 提供了在减压蒸馏时推算切割点温度的手段。

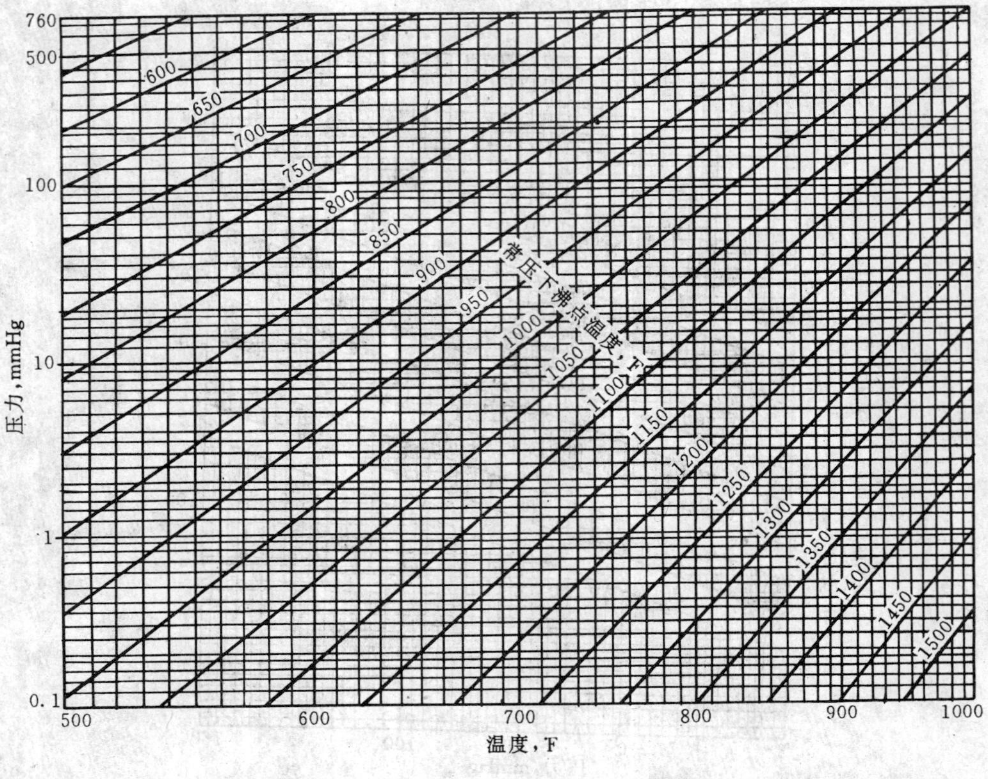

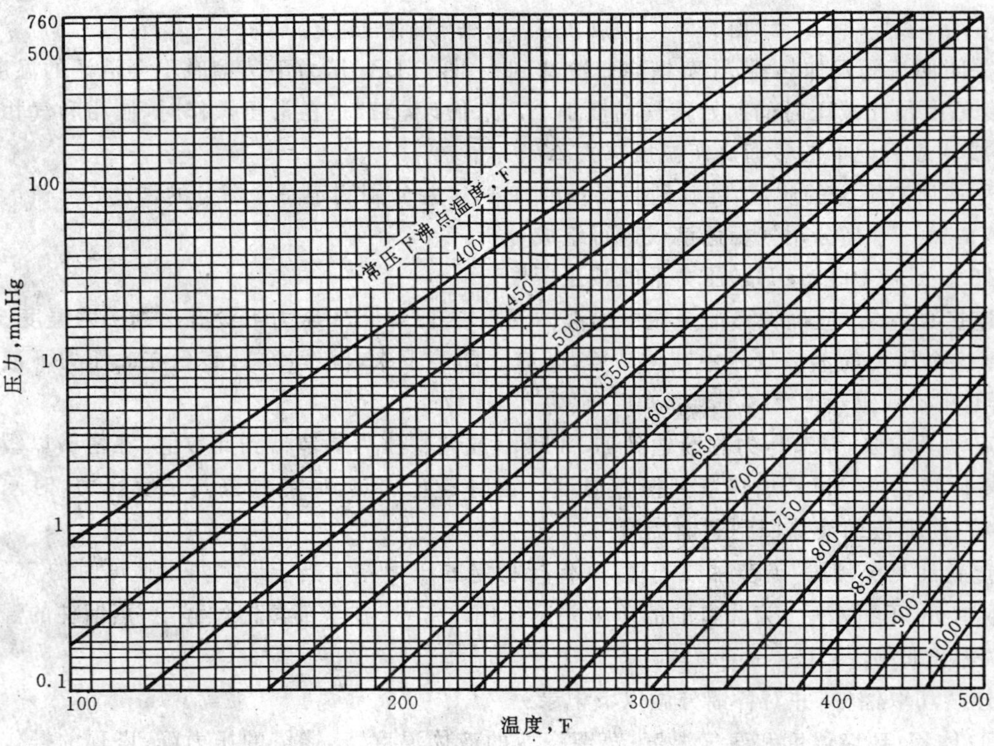

图 I-7-5

A——烃的蒸气压力(高温段)

B——烃的蒸气压力(低温段)

6）连续切取馏分，到液体有裂化迹象时为止，或蒸馏烧瓶内液体温度到 310 ℃为止。

7）该段蒸馏结束时，关闭回流分配器、加热器及恒压器，冷却蒸馏烧瓶中的液体到下段较低压力时的蒸馏温度。该点温度可由低压下预计的蒸气温度加上在 13.3 kPa 下蒸馏时气相和液相温度差 ΔT 来估计。

8）称取各馏分的质量，准确至装料量的 0.1%（质量分数），并测定每个馏分的密度。

表Ⅰ-7-1　13.3 kPa(100 mmHg)压力下的温度与常压温度换算表

温度/℃	0	1	2	3	4	5	6	7	8	9
50	108.5	109.7	110.8	112.0	113.1	114.2	115.4	116.5	117.6	118.8
60	119.9	121.0	122.2	123.3	124.4	125.6	120.7	127.9	129.0	130.1
70	131.3	132.4	133.5	134.7	135.8	136.9	138.0	139.2	140.3	141.4
80	142.6	143.7	144.8	146.0	147.1	148.2	149.4	150.5	151.6	152.7
90	153.9	155.0	156.1	157.2	158.4	159.5	160.6	161.8	161.9	164.0
100	165.1	166.3	167.4	168.5	169.6	170.8	171.9	173.0	174.1	175.3
110	176.4	177.5	178.6	179.7	180.9	182.0	183.1	184.2	185.4	186.5
120	187.6	188.7	189.8	191.0	192.1	193.2	194.3	195.4	196.6	197.7
130	198.8	199.9	201.0	202.1	203.3	204.4	205.5	206.6	207.7	208.8
140	210.0	211.1	212.2	213.3	214.4	215.5	216.6	217.8	218.9	220.0
150	221.1	223.2	223.3	224.4	225.6	226.7	227.8	228.9	230.0	231.1
160	232.2	233.3	234.4	235.6	236.7	237.8	238.9	240.0	241.1	242.2
170	243.3	244.4	245.5	246.6	247.7	248.9	250.0	251.1	252.2	253.3
180	254.4	255.5	256.6	257.7	258.8	259.9	261.0	262.1	263.2	264.3
190	265.4	266.5	267.6	268.7	269.8	270.9	272.0	273.2	274.3	275.4
200	276.5	277.6	278.7	279.8	280.9	282.0	283.1	284.2	285.3	286.4
210	287.5	288.5	289.6	290.7	291.8	292.9	294.0	295.1	296.2	297.2
220	298.4	299.5	300.6	301.7	302.8	303.9	305.0	306.1	307.2	308.6
230	390.4	310.5	311.6	312.7	313.7	314.8	315.9	317.0	318.1	319.2
240	320.3	321.4	322.5	323.6	324.7	325.8	326.8	327.9	329.0	330.1
250	331.2	332.3	333.4	334.5	335.6	336.6	337.7	338.8	339.9	341.0

6. 最低压力下的蒸馏

1）如果在 13.3 kPa 残压下没有达到最后的切割点，可使用低于 13.3 kPa(100 mmHg)不低于 0.266 kPa(2 mmHg)的压力继续蒸馏。此处，最高切割点是高于 350 ℃(*AET*)，一般取为 400 ℃(*AET*)。如果在不同实验室之间进行对照试验时，试验前统一第 2 段减压操作的压力、回流比等。

2）调整压力到预定水平，按三、5.1)～2)要求进行。

3）冷凝器和液体冷却器用室温循环水冷却，或加热到保证在冷凝器或馏出管线中蜡不结晶。

4）按三、5.3)～6)中所述，继续减压蒸馏操作。操作中为了加快蒸馏速度，回流比用2∶1。使用表Ⅰ-7-2 和表Ⅰ-7-3，将减压下的蒸气温度换算成相应的常压温度(*AET*)（当残压不是 13.3 kPa、1.33 kPa 和 0.266 kPa 时采用本节第三部分所介绍的计算公式计算）。在此阶段，要注意检验冷凝器流出的液滴和馏出物是否均匀流入馏出线，如发现有结晶物出现，应以适当加热的循环水代替环境温度的水。

表 I-7-2　1.33 kPa(10 mmHg)压力下的温度与常压温度换算表

温度/℃	0	1	2	3	4	5	6	7	8	9
50	165.8	167.1	168.3	169.6	170.8	172.1	173.3	174.6	175.9	177.1
60	178.4	179.6	180.9	182.1	183.4	184.6	185.9	187.1	188.4	189.6
70	190.9	192.1	193.4	194.6	195.9	197.1	198.4	199.6	200.9	202.1
80	203.4	204.6	205.9	207.1	208.3	209.6	210.8	212.1	213.3	214.5
90	215.8	217.0	218.3	219.5	220.7	222.0	223.2	224.4	225.7	226.9
100	228.1	229.4	230.6	231.8	233.1	234.3	235.5	236.8	238.0	239.2
110	240.4	241.7	242.9	244.1	245.4	246.6	247.8	249.0	350.3	251.5
120	252.7	253.9	255.1	256.4	257.6	258.8	260.0	261.2	262.5	263.7
130	265.9	266.1	267.3	268.5	269.8	271.0	272.2	273.4	274.6	275.8
140	277.0	278.3	279.5	280.7	281.9	283.1	284.3	285.5	286.7	287.9
150	289.2	290.3	291.5	292.8	294.0	295.2	296.4	297.6	298.8	300.0
160	301.2	302.4	303.6	304.8	306.0	307.2	308.4	309.6	310.8	312.0
170	313.2	314.4	315.6	316.8	317.9	319.1	320.3	321.5	322.7	323.9
180	325.1	326.3	327.5	328.7	329.9	331.1	332.2	333.4	334.6	335.8
190	337.0	338.2	339.4	340.5	341.7	342.9	344.1	345.3	346.5	347.6
200	348.8	350.0	351.2	352.4	353.5	354.7	355.9	347.1	358.3	359.4
210	360.6	361.8	363.0	364.1	365.3	366.5	367.7	368.8	370.0	371.2
220	372.3	373.5	374.7	375.9	377.0	378.2	379.4	380.5	381.7	382.9
230	384.0	385.2	386.4	387.5	388.7	389.8	391.0	392.2	393.3	394.5
240	395.7	396.8	398.0	399.1	400.3	401.5	402.6	403.8	404.9	406.1
250	407.2	408.4	409.6	410.7	411.9	413.0	414.2	415.3	416.5	417.6

表 I-7-3　0.266 kPa(2 mmHg)压力下的温度与常压温度换算表

温度/℃	0	1	2	3	4	5	6	7	8	9
50	201.1	202.4	203.8	205.1	206.4	207.7	209.1	210.4	211.7	218.0
60	214.4	215.7	217.0	218.3	219.6	221.0	222.3	223.6	224.9	226.2
70	227.6	228.9	230.2	231.5	232.8	234.1	235.4	236.7	238.0	239.4
80	240.7	242.0	243.3	244.6	245.9	247.2	248.5	249.8	251.1	252.4
90	253.7	255.0	256.3	257.6	258.9	260.2	261.5	262.8	264.1	265.4
100	266.7	268.0	269.2	270.5	271.8	273.1	274.4	257.7	277.0	278.3
110	279.5	280.8	282.1	283.4	284.7	286.0	287.2	283.5	289.8	291.1
120	292.4	293.6	294.9	296.2	297.5	298.7	300.0	301.3	302.6	303.8
130	305.1	306.4	307.6	308.9	310.2	311.5	312.7	314.0	315.2	316.5
140	317.8	319.0	320.3	321.6	322.8	324.1	325.3	326.6	327.9	329.1
150	330.4	331.6	332.9	334.1	335.4	336.6	337.9	339.2	340.4	341.7
160	342.9	344.2	345.4	346.6	347.9	349.1	350.4	351.6	352.9	354.1
170	355.4	356.6	357.8	359.1	360.3	361.6	362.8	364.0	365.3	366.5
180	367.8	369.0	370.2	371.5	372.7	373.9	375.2	376.4	377.6	378.8
190	380.1	381.3	382.5	383.8	385.0	386.2	387.4	388.7	389.9	391.1
200	392.3	393.5	394.8	396.0	397.2	398.4	399.6	400.9	402.1	403.3
210	404.5	405.7	406.9	408.1	409.4	410.6	411.8	413.0	414.2	415.4
220	416.6	417.8	419.0	420.2	421.4	422.7	423.9	425.1	426.3	427.5
230	428.7	429.9	431.1	432.3	433.5	434.7	435.9	437.1	438.3	439.5
240	440.7	441.8	443.0	444.2	445.4	446.6	447.8	449.0	450.2	451.4
250	452.6	453.8	454.9	456.1	457.3	458.5	459.7	460.9	462.1	463.2

5）当蒸馏到达最后切割点或蒸馏烧瓶中液体温度达到上限，或压力有碍进一步蒸馏时，应停止蒸馏，关闭加热电源，让蒸馏仪器冷却下来。

6）当蒸馏烧瓶中液体温度降至 230 ℃以下，关闭真空泵，蒸馏釜通入氮或其他惰性气体。切忌通空气。

7. 清洗蒸馏仪

1）关闭冷凝器及其他辅助设备的循环冷却水，取下盛渣油的蒸馏烧瓶，放上一个盛有一定数量溶剂（苯）的蒸馏烧瓶，加热至沸腾，清洗蒸馏塔、冷凝器和流出管线中的油，以回收残留在塔中的静滞留量。收集的残油在高于溶剂沸点 10 ℃下吹少量氮气以脱去溶剂。

静滞留量可以单独作为 1 个馏分处理或与蒸馏烧瓶中渣油合并。

2）渣油称量，并用合适的方法测其密度。

四、计　算

1. 计算每个馏分与渣油的收率，准确到装样量的 0.1%（质量分数）。

$$\frac{m}{M}=\text{馏分或渣油的质量分数}$$

式中　m ——馏分或渣油的质量，g；

M ——装入蒸馏烧瓶中样品的质量，g。

1）如果气球中的第一个馏分的量小于 0.1%（质量分数），则可忽略不计。

2）干冰冷阱收集的冷凝物，由气相色谱分析的组成计算出 15 ℃下的密度，再由密度计算出冷凝物的体积。

2. 计算损失率，精确到 0.1%（质量分数）。

$$\text{损失率}=1-\sum(m/M)$$

计算出来的质量损失不能大于 0.4%（质量分数），否则，蒸馏结果无效。把损失的 2/3 归到冷阱收集的馏分中，1/3 归到第一个石脑油馏分中。如果冷阱中没有收集到冷凝物，则把损失常规分配到各个馏分中。

3. 计算原油、馏分及渣油的 15 ℃下的体积。

$$V=M/D$$

式中　V ——装入烧瓶中原料的体积，mL；

M ——装入蒸馏烧瓶的原料质量，g；

D ——装入原料的 15 ℃ 下的密度，g/mL。

$$V_i=m/d$$

式中　d ——各馏分或渣油的 15 ℃下的密度，g/mL；

V_i ——各馏分或渣油的体积，mL。

4. 计算各馏分的体积分数，精确到装入体积的 0.1%。

$$\text{馏分体积分数}=V_i/V$$

5. 计算增加的或损失的体积分数。

$$\text{体积分数}=1-\sum(V_i/V)$$

一般用上式计算的结果为负值。

如果原料油及各馏分均用 20 ℃下的密度来计算各馏分的体积分数，其结果与用 15 ℃下的密度基本无差别。

五、精确度

本方法的精确度,经各个实验室的统计结果如下(再现性):

对 15 ℃下的密度为 0.859 g·cm^{-3}的原油,不同实验室之间蒸馏斜率之差为 6 ℃/%。

在长期运转中,相同原料两次单个试验之差在 20 次试验中超出下列数值的仅为 1 次。

馏分油收率	$w_B \times 10^2$	$\varphi_B \times 10^2$
常压蒸馏(204 ℃)	1.2	1.2
减压蒸馏	1.4	1.5

(二) ASTM D5236 重油减压蒸馏方法

一、方法摘要

该方法用于初馏点高于 150 ℃的石油馏分或重油的减压蒸馏,最高切割温度相当常压沸点 565 ℃。该法仪器的特点是蒸馏柱短,柱内设雾沫分离器,柱压降低,全流出操作,可以得到较高的拔出率。ASTM D5236 法除对仪器结构和操作程序作了具体要求外,并附有 6 个附录。有的附录与 D2892 的相同,主要不同之处是测温响应时间要求不大于 1 min,灵敏度比 D2892 方法高,其次是静滞留量要求不大于装料的 0.5%(质量分数)。

二、仪器和设备

目前国内使用的仪器均为进口仪器。图Ⅰ-7-6 为满足 ASTM D5236 要求的一种装置。该装置主要由蒸馏瓶、蒸馏柱、冷凝器、真空泵(扩散泵)、加热系统和压力调节系统等组成。

三、试剂和材料

1. 装干冰用的广口保温瓶(2 个)及干冰;
2. 真空润滑脂(耐高温);
3. 溶剂汽油(石油醚);
4. 工业酒精,纱布等;
5. 天平。

四、操作步骤

不同的仪器,其附属单元及自动化程度不同,使用前要详读其使用说明书。

1. 清洗并干燥所有玻璃部件。组装后进行试漏,打开真空泵使系统压力降至大约 0.5 kPa(4 mmHg),切断真空源。如果在 1 min 内系统压力上升不大于 0.01 kPa,则试漏通过。否则,重新检查全部连接处,再试漏。

将蒸馏烧瓶、接收管称量。测定样品的密度,确定蒸馏样品的装入量及馏分接收管的数量,一般样品体积不大于烧瓶体积的 2/3。将混合均匀、不含水的样品倒入蒸馏烧瓶并称量,再将搅拌棒轻轻投入蒸馏烧瓶内。

2. 将蒸馏烧瓶与蒸馏柱连接好。打开加热套的开关。当样品加热到一定温度,粘度已经降低时,打开搅拌器开关,并调整到合适的搅拌速度。

尽可能使蒸馏烧瓶中的样品快速升温,但一般控制升温速率不大于 300 ℃/h。同时控制蒸馏烧瓶表面温度不大于 400 ℃,以防止在蒸馏烧瓶表面的样品发生裂化。

使蒸馏柱玻璃真空套外壁的温度低于蒸馏烧瓶中的液体温度大约 40 ℃。通过调节蒸馏柱加热套的加热强度来控制。

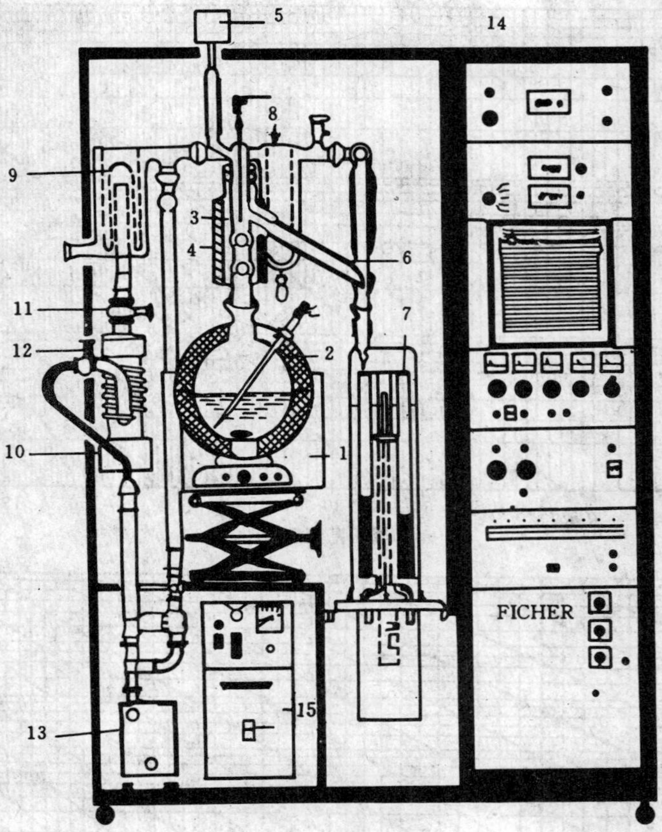

图 I-7-6　真空蒸馏装置

1—蒸馏瓶加热器；2—蒸馏烧瓶；3—蒸馏柱；4—蒸馏柱保温套；5—真空压力传感器；
6—冷凝器；7—接受管；8—冷阱；9—扩散泵前冷阱；10—扩散泵；11—真空控制阀；
12—真空泵连接管路；13—真空泵；14—控制箱；15—低温恒温浴

3. 逐渐降低系统的压力到合适的起始操作压力。利用图 I-7-7 选择所期望的初馏点和最高切割点。一般初馏点大于 343 ℃的渣油选择 0.133 kPa(1 mmHg)是合适的。在冷阱中放入干冰。

4. 蒸馏开始后，当蒸气进入烧瓶颈口时，降低加热强度，调整到合适的蒸馏速率(见表 I-7-4)。调整蒸馏柱保温加热强度，使真空玻璃套外壁温度比蒸气温度低大约 5 ℃。

表 I-7-4　操作压力和馏出速率(mL/h)

操作压力/kPa(mmHg)	蒸出速率/mL·h^{-1}·cm^{-2}	蒸馏烧瓶颈口直径			
		25 mm	36 mm	50 mm	70 mm
6.67(50)	90～150	450～750	900～1 500	1 800～3 000	3 600～6 000
1.33(10)	75～125	375～625	750～1 250	1 500～2 500	3 000～5 000
0.133(1)	45～75	225～375	450～750	900～1 500	1 800～3 000
0.0 400(0.3)	30～50	150～250	300～500	600～1 000	1 200～2 000
0.0 133(0.1)	10～20	50～100	100～200	200～400	400～800

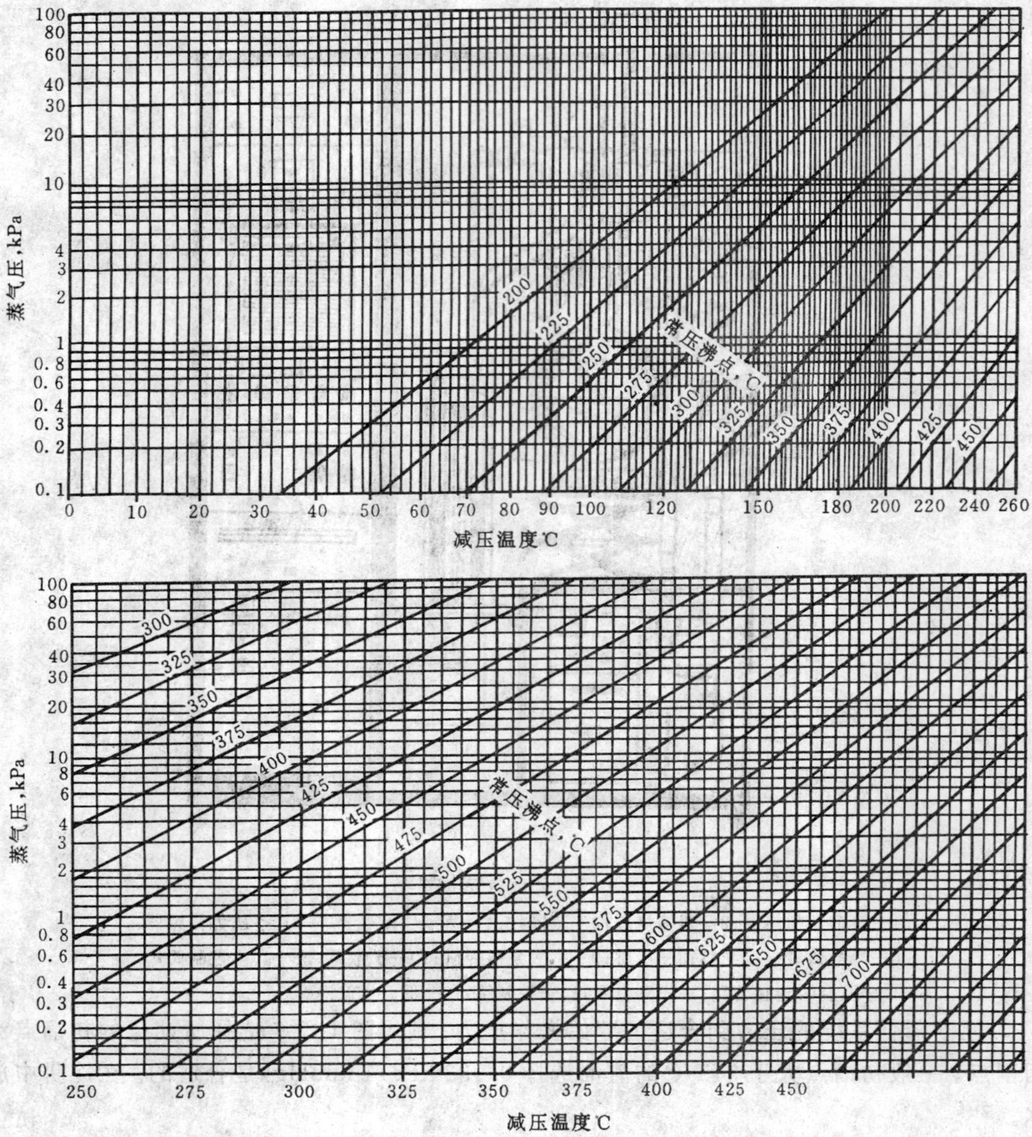

图 I-7-7　常减压蒸馏温度换算图

5. 对初始蒸气温度小于 150 ℃的第一个馏分，要冷却、收集。先启动低温恒温浴，其温度根据样品情况而定。对含蜡量高的样品，则需要适当升高恒温浴的温度。

6. 当收集器（馏分接收管）充满或达到下一个切割点时，切换馏分接收管，并做如下记录：

时间（时，分）；馏分体积（mL）；

蒸气温度（准确至 0.5 ℃）；烧瓶内液相温度（℃）；

操作压力（准确至 1%）；按计算部分介绍的方法计算常压下的相当温度。

7. 连续蒸出各馏分油直至达到最后切割点，或液体温度达到大约 290 ℃。

如果液体温度达到 320 ℃时仍不能达到最后切割点，则停止加热，降低蒸馏速度。大约 2 至 10 min 后，逐渐降低操作压力至下一较低的操作压力条件。恢复加热强度至上次的 90%，调节到该条件下合适的蒸馏速率（见表 I-7-4）。等压力稳定 2 min 后开始切取馏分。

8. 蒸馏过程中，要严密监视操作压力。增加烧瓶加热强度，以维持合适的馏出速率，一定要十分小心。

当烧瓶内的温度超过 310 ℃达 1 h 时，立即停止蒸馏。或者观察到操作压力明显上升，或收集的馏分达到装样量体积的 90%（体积分数）时，结束蒸馏。

9. 结束蒸馏时，切断所有加热电源，并打开加热套和保温套，待温度降至 230 ℃时，停真空泵，逐渐恢复系统压力至常压。

用溶剂洗涤蒸馏仪，回收净滞留油，并入渣油或单独作为一个馏分。

10. 对所有拔出馏分和渣油称量，并测定其密度。

五、计　算

1. 计算各馏分的质量收率和体积收率，方法同 ASTM D2892 所述。

总物料平衡必须在 99.5%至 100.1%之间。

2. 减压下的温度与常压下相当温度的换算：

$$AET=\frac{748.1\cdot A}{\frac{1}{T+273}+0.3861\cdot A-0.00051606}-273$$

如果操作压力≤0.266 kPa（≤2 mmHg），则：

$$A=\frac{4.71-\log(p_{obs}/p_{atm})}{2876.663-43.00\log(p_{obs}/p_{atm})}-0.0002867$$

如果操作压力大于 0.266 kPa，则：

$$A=\frac{3.877-\log(p_{obs}/p_{atm})}{2387.262-95.76\log(p_{obs}/p_{atm})}-0.0002867$$

上述计算公式仅对特性因数 K 为 12±0.2 和沸点范围在 38～371 ℃的馏分是正确的。如果需要对 K 的影响进行校正，按下列公式计算：

$$AET'=AET+\Delta T$$

$$\Delta T=-1.4(K-12)\log\left(\frac{p_{atm}}{p_{obs}}\right)$$

$$K=\frac{\sqrt[3]{1.8(B+273)}}{D}$$

或

$$K=\frac{\sqrt[3]{1.8(B+273)}}{d_{15.6}^{15.6}}$$

式中 AET ——常压下相当温度，℃；

AET' ——校正的常压下相当温度，℃；

T ——减压下的温度，℃；

p_{atm} ——大气压，kPa；

p_{obs} ——减压下的实际压力，kPa；

B ——中平均沸点，℃，也可以用馏分的平均沸点或模拟蒸馏的 50% 点温度；

D —— 15 ℃ 下的密度，g/cm^3；

$d_{15.6}^{15.6}$ ——15.6℃ 下的相对密度；

K ——特性因数；

ΔT ——温度校正值，℃。

六、精密度

实验的重复性和再现性在20次实验中只有1次超出下列数值：

液体馏出体积分数，$\varphi_{液}\times10^2$	重复性 ℃	再现性 ℃
10	6.1	16.9
20	4.5	12.8
30	6.1	13.5
40	4.9	11.2
50	5.7	14.2
60	4.1	8.4
70	4.8	11.4
80	4.9	5.1
90	4.4	4.4

（三）国内实沸点蒸馏方法

一、方法摘要

实沸点蒸馏装置是一套釜式的常减压蒸馏装置，具有比炼厂常减压装置更高的分馏能力。原油的实沸点蒸馏过程是间歇式的蒸馏过程，分为三段进行：第一段是常压蒸馏，切取从初馏点到200 ℃的各个馏分；第二段是残压为1.33 kPa(10 mmHg)左右的减压蒸馏，切取200 ℃到425 ℃的各个馏分；第三段是在小于0.667 kPa(5 mm Hg)的残压下，不用精馏柱的减压蒸馏，通常称为克氏蒸馏，切取395 ℃到约500 ℃的各个馏分；最后留下500 ℃以上的渣油。在二、三段之间还有冲洗精馏柱以回收其中的滞留液的操作。在放出渣油后，尚须清洗蒸馏釜以回收其中附着的渣油。

二、仪器及设备

实沸点蒸馏装置：见图Ⅰ-7-8，由蒸馏釜、精馏柱、冷凝器、接受器、压力调节器及辅助设备组成。

1. 蒸馏釜：容积5 L或6 L、15 L，外面用电炉加热。

2. 具有电热保温的精馏柱，柱内放有6×6 mm不锈钢多孔填料，其特点是不须先经过“预润湿”就能充分发挥精馏效果；填料表面上滞留液量较少，适于切取窄馏分；在常压下操作时压力降较小。精馏柱的理论板为17块(用苯和四氯化碳二元混合物测定)。

精馏柱上下两段中心位置分别放置热电偶两支，精馏柱和保温套管间亦放置两支热电偶，在操作过程中，应使保温套管中指示温度与精馏柱中指示温度之差在10 ℃左右。

3. 回流冷凝器：能保持回流比为4∶1，如果用阀减小流出速率，则可使回流比大于4∶1。

4. 馏分收集器：转盘式。

其他部件如真空泵，真空压力计等不一一赘述。

三、操作步骤

1. 装置检查与试漏

在加入原油前，应循着各系统进行检查及熟悉全部装置的各部分，然后对空装置抽空试漏。方法为：关闭放空阀，开动真空泵，15 min后，系统的残压应该只比真空泵的极限残压大0.267～0.400 kPa(2～3 mmHg)，否则表示系统漏气，应分段检查，找出漏气位置，直到达到上述要求。

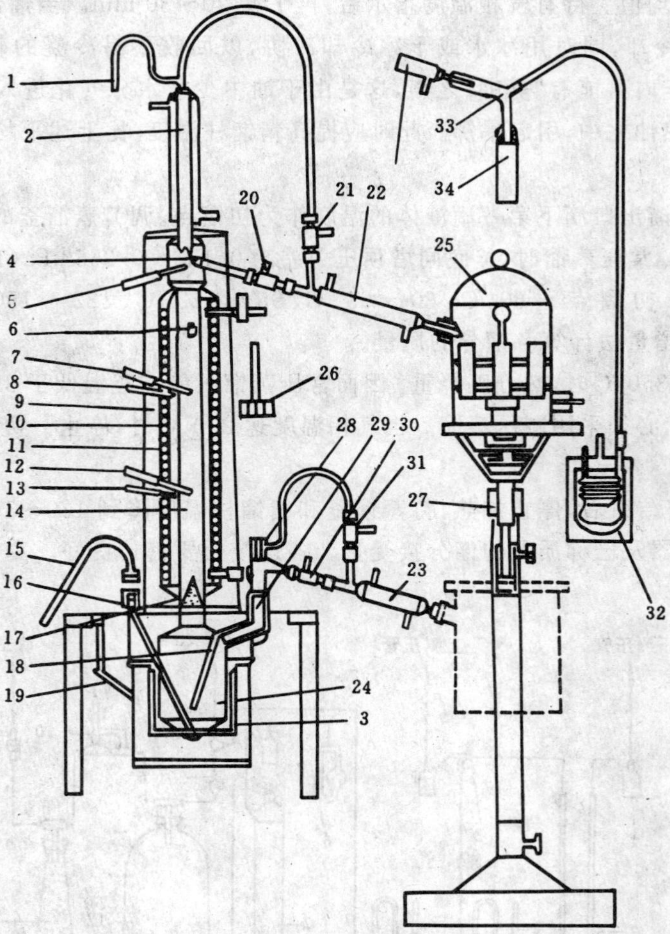

图Ⅰ-7-8　实沸点蒸馏装置图

1—上测压管；2—回流头；3—电炉；4—液封馏出管；5—气相测温管；6—填料；7—上部塔内测温管；8—上部保温层测温管；9—保温层；10—保温层电加热丝；11—保温套管；12—下部塔内测温管；13—下部保温层测温管；14—分馏塔；15—压油接管；16—压油管；17—伞状多孔筛；18—液相测温管；19—电炉升降机构；20，21—球形阀；22，23—冷凝管；24—蒸馏釜；25—真空接受器；26—下测压管；27—支架；28—釜侧馏出头；29—釜侧馏出管；30，31—球形阀；32—冷阱；33—弯头；34—接液容器

2. 装入原油

原油的含水量必须小于0.5%(质量分数)，否则在蒸馏中易造成温度指示失真和冲油事故。

在铝壶中装入原油约3 500 g，称准至1 g，由釜侧馏出管29向釜内加入原油2 000 g左右，装入量由减差法求得。

3. 常压蒸馏

1）检查系统馏出口，确保已通大气。

2）接通冷凝器和冷却器的冷却水。

3）接受馏分油的瓶子贴上标签并称量。

4）加热蒸馏釜和精馏柱保温。调节保温电流使柱内外温度经常保持接近，柱温大致等于釜温和顶温的平均值。待有气相温度指示后，再平衡 20～30 min。当馏出物沸点低于 100 ℃时，接受管用水冷却，同时用冰水或干冰冷却冷阱，以回收不易冷凝的轻组分。当釜温升到 100 ℃以上时，釜内可能有“劈啪”之声，这是由于油中少量水分气化进入精馏柱，柱温较低而冷凝、流入釜内热油之中，引起暴沸。此时应提高精馏柱温度（比上述平均值高 20～30 ℃），使水分尽快馏出。

记下冷凝器馏出口滴下第一滴液体的温度作为初馏点。调节蒸馏釜的加热，控制馏出速度为 3～5 mL/min。常压蒸馏时，釜底同塔顶压力差为 0.133～0.266 kPa（1～2 mmHg），按下列温度收集馏分：初馏点～60 ℃、60～95 ℃、95～122 ℃、122～150 ℃、150～175 ℃、175～200 ℃。用增量法计算各馏分的质量。

当油温大于 350 ℃时，热分解严重。因而常压蒸馏只能在釜温低于 350 ℃下进行。为了蒸出沸点较高馏分，必须采用减压蒸馏。当气相温度达 200 ℃时，停止一切加热，加速冷却。

4．减压蒸馏

1）常压蒸馏结束后，停止加热，待蒸馏釜和精馏柱温度降到 130～150 ℃时，把冷凝器出口接好真空接受器及已称质量的馏分接受管。各连接处要密封良好。真空系统见图Ⅰ-7-9。

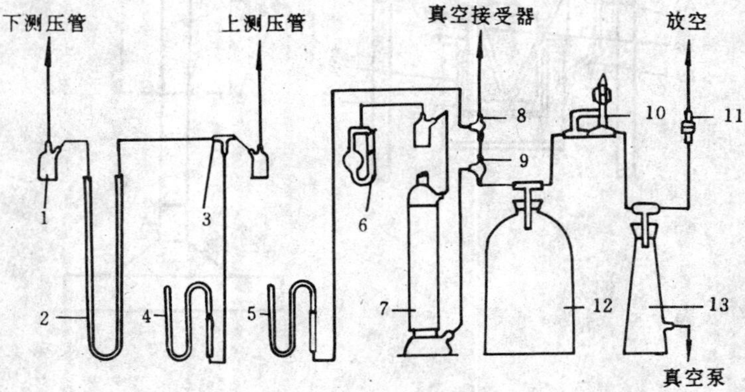

图Ⅰ-7-9　真空系统

1—捕集器；2—压力差计；3—三通管；4，5—U 形真空压力计；6—压力调节器；7—干燥器；8，9—三通活塞；10—恒压器；11—放空活塞；12—缓冲瓶；13—锥形瓶

2）开动真空泵，使系统残压保持 1.33 kPa（10 mmHg），才可开始加热蒸馏釜和精馏柱，操作与常压蒸馏相同。注意，已开始加热或已有馏出物时，不能再把残压突然降低。

3）按下列常压沸点切取馏分：200～225 ℃、225～250 ℃、250～275 ℃、275～300 ℃、300～325 ℃、325～350 ℃、350～375 ℃、375～395 ℃、395～425 ℃。应根据上述常压沸点和操作时的残压由常减压换算图（图Ⅰ-7-10 和图Ⅰ-7-11）查得减压时馏出温度。釜底同塔顶压差一般为 1.33～2.00 kPa（10～15 mmHg），馏出速度为 3～5 mL/min。

4）对于含蜡原油，蒸至 275～300 ℃馏分时，必须停冷却水，并对冷却器加热，以防冷却器内的馏出油结蜡，堵塞管路，使釜内压力升高。

5）釜温接近 350 ℃时，停止全部加热，加速冷却。

6）当釜温降到 150 ℃以下时，由放空阀慢慢放入空气，使残压上升，然后停真空泵，继续

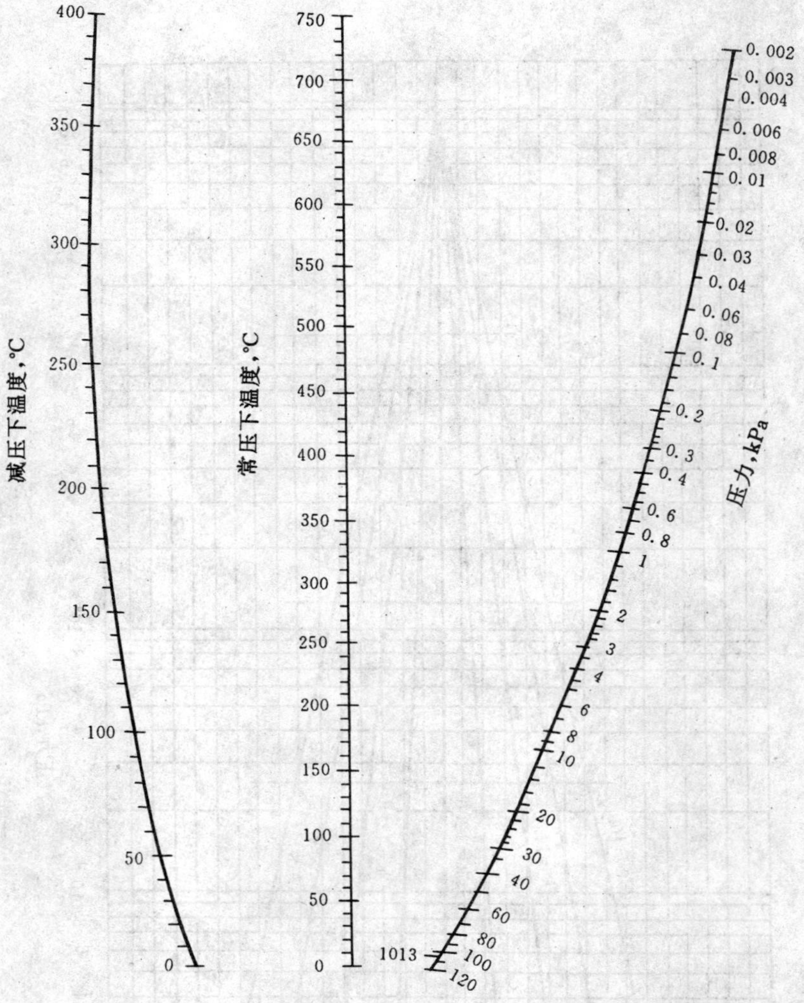

图Ⅰ-7-10　API温度压力换算图

放入空气，直到系统恢复常压。

为了尽快使系统恢复常压，或遇到紧急停电事故时，可以用天然气或其他非氧化性气体如N_2、CO_2等代替空气，不必降低釜温，即可通入系统来恢复常压。

系统恢复常压时应防止：高温重油与空气接触，引起闪火爆炸；未放入气体恢复常压就先停真空泵，使泵内真空泵油被倒吸进入系统；放入气体过快，以致冲坏差压计等。

5．冲洗精馏柱及回收石油醚

当釜温和柱温都降到80 ℃以下后，由柱顶测压管注入60～90 ℃石油醚约500 mL，把减压操作中滞留在填料上的数十克馏分油冲洗入釜内，然后把石油醚蒸出。为防止残留的少量石油醚进入真空泵而稀释真空泵油，最好用天然气(或其他惰性气体)吹扫精馏柱及汽提重油。

(6) 第二段减压蒸馏(克氏蒸馏)

1) 在釜侧加料口加入沸石，换上釜侧馏出头，接好真空接受器及真空系统，系统密闭后，开动真空泵，待残压降到0.667 kPa(5 mmHg)以下，开始加热蒸馏釜。

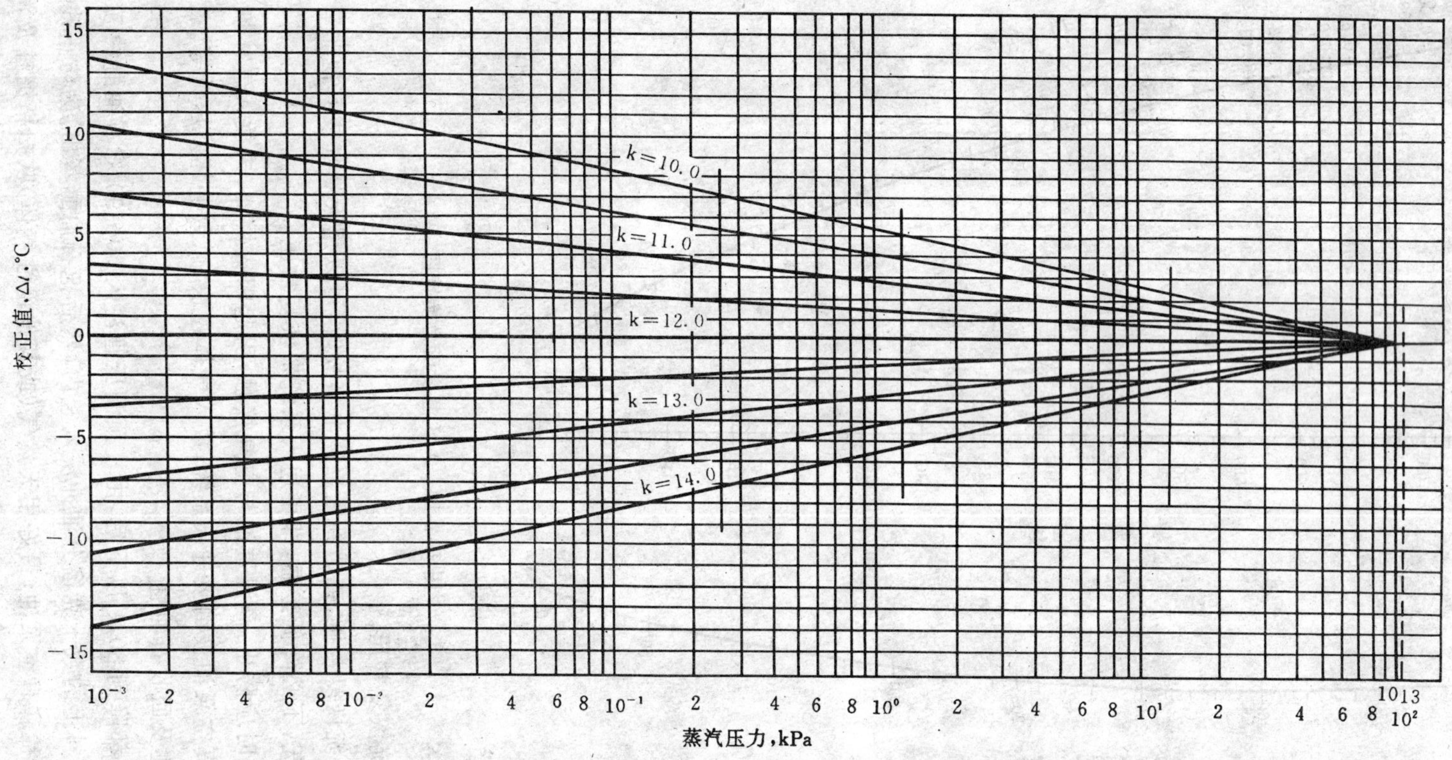

图 I-7-11 特性因数对沸点校正图

2）按下列常压温度收集馏分：425～450 ℃、450～475 ℃、475～500 ℃。控制馏出速度为3～5 mL/min。馏出速度对这一段蒸馏影响很大，馏出速度稍有变化，就会明显地影响馏出量。

3）当釜底温度接近 350 ℃时，蒸馏全部结束，恢复常压和停泵。

待釜温降到 150 ℃时，用天然气（或空气）将渣油压出，称量。

7. 洗釜

用 60～90 ℃石油醚把釜内附着的渣油溶解、放出，用一已称量的蒸馏瓶把此溶液中石油醚蒸出，留下的渣油称量，计入渣油产量中。

四、计算

按下式计算每一馏分占原油的质量分数 w：

$$w = \frac{m_1 - m_2}{m}$$

式中 w——每一馏分占试样的质量分数；

m_1——馏分质量加接受管的质量，g；

m_2——接受管的质量，g；

m——原油试样质量，g。

五、精密度

单个试样两次平行测定，在相同蒸气温度时，其总馏出量的差数应小于 1%（质量分数）；

每次蒸馏的总损失量应小于 1%（质量分数）。

六、注意事项及影响因素

1. 常压蒸馏时，系统不可密闭，冷凝器一定要通大气。憋压的后果会使油料喷溅、起火。

2. 蒸轻质馏分时（如汽油、石油醚），不可忘记通冷却水。

3. 减压蒸馏结束或中途因停电或其他故障需暂停时，不可放入空气，以免发生闪火爆炸。只可缓慢放入天然气或其他非氧化性气体。

4. 为防止真空泵停止后它的润滑油被装置倒吸出来，应先放空恢复常压后再停泵。

5. 含蜡原油的 300 ℃以上馏分凝点较高，应提前加热冷却器，防止堵塞。万一发生堵塞，应先冷却蒸馏釜，然后才可加热冷却器而熔化蜡油。不然的话，堵塞一旦解除，随之而来的是冲油事故。严重时能使玻璃容器爆裂，碎片横飞。千万注意！

6. 操作时，为使数据准确可靠，必须注意控制馏分间的分离程度，简称为分馏精确度。对其影响最大的因素是馏出速度，通常应保持在 3～5 mL/min。如流出速度过快，则分馏精确度降低，馏分收率、组成、性质都会改变，这是导致实验误差的主要原因。

其他影响因素包括升温时间、回流比、精馏柱的保温状态、馏出前是否采用全回流平衡操作等等。

（四）模拟蒸馏[ASTM D5307]

用现代物理化学分析手段代替经典的油品理化性能指标测定方法，使测定更加简捷、准确，始终是人们追求的目标。自 1973 年于美国召开的油品理化性质测试方法会议之后，相继确立了适于汽油馏程测定的色谱模拟蒸馏标准方法 ASTM D-3710，适于馏分油馏程测定的标准方法 ASTM D-2887，以及用于原油馏程测定的色谱模拟蒸馏标准方法 ASTM D5307。在此，仅对目前国内广泛采用的 ASTM D5307 作一介绍。

一、方法摘要

该方法用于确定脱水原油538 ℃前的沸点分布，大于538 ℃的部分作为渣油给出其含量。它适用于可以溶于溶剂，并能用微量注射器取样的原油样品。

该方法确定的沸点分布与原油实沸点蒸馏方法ASTM D2892相当。但其分析速度快、样品用量少，而且能得到更高的温度对应收率数据。ASTM D5307分析程序是，原油用CS_2稀释，其溶液注入具有按沸点分离烃类能力的气相色谱柱。以可重复的线性升温速率升高柱温，并在整个试验过程中记录谱图的面积。根据校准曲线将沸点温度标于时间轴上。校准曲线是在相同操作条件下，通入一沸程达538 ℃的已知烃类混合物而获得的。沸点大于538 ℃的样品量用原油试样中加有内标的第二次分析来估计。根据这些数据便可计算出脱水原油的沸点分布。

二、仪器设备

1. 气相色谱仪

包括可在色谱柱最高使用温度下连续工作的FID检测器，可重复的线性程序升温控制单元，必要的柱箱制冷系统，进样系统和流量控制系统等。

2. 记录仪。0～1 mV全量程响应时间≤2 s。

3. 积分仪。具有常规记录色谱峰面积和保留时间的功能，并能够将连续的检测器积分信号转化为一定时间间隔的面积切片。该系统还必须能够从样品运行的面积切片减去空白运行的面积切片，得到校正的切片面积。

4. 色谱柱。要求分辨率(n-C_{16}和n-C_{18})为3到8之间，校准混合物中各组分的保留时间重复性≤6 s。n-C_{10}至n-C_{44}正构烷烃的相对于n-C_{10}的响应因子约1.0±0.1。

5. 5 μl或10 μl的注射器一支。

6. 精度万分之一的分析天平等。

三、试剂和材料

1. 净化空气，高纯氢气。

2. 载气：高纯氮或氦气。

3. 无水氯化钙。

4. 校准混合物。沸点范围达538 ℃的溶于CS_2的正构烷烃混合物，其中至少有一个化合物的沸点等于或低于样品的初馏点。

5. CS_2纯度不小于99％。

6. 内标。大约等量的n-C_{14}至n-C_{17}四种烷烃的混合物，其浓度应保证在检测器的线性响应范围之内。

7. 固定相和载体。常用的固定相和载体见表Ⅰ-7-5。

四、操作步骤

1. 色谱柱的老化

1）将色谱柱与进口系统相连，检测器一端断开。在室温下用载气吹扫柱子。

2）关掉载气，柱子泄压后用一合适的堵头封住色谱柱的敞开端。将色谱柱升到最高操作温度，并保持4到6 h。

3）将色谱柱冷却到室温。除去柱子堵头，将柱子的自由端与检测器相连，打开载气。以正常的载气流速进行程序升温至最高操作温度数次。

2. 柱子老化完成后，设置必要的操作条件。典型的操作条件见表Ⅰ-7-5。

3. 基线补偿分析

1）各种条件设定好之后，将柱箱温度快速升高到最高使用温度，并至少维持 10 min。

表Ⅰ-7-5　典型操作条件

	1	2	3
柱长/mm	457	610	457
柱直径/mm	3.17	3.17	3.17
固定相	UCW-982	OV-1	SE-30
载体	Chromosorb P—AW	Chromosorb W—HP	Chromosorb P—AW
固定相占载体的分数	10%	3%	10%
柱初始温度/℃	−30	−30	−40
柱最终温度/℃	380	350	360
升温速率/℃·min^{-1}	10	10	10
载气	N_2	H_2	N_2
载气流速/mL·min^{-1}	25	20	28
检测器温度/℃	400	380	400
进样口温度/℃	380	375	400

2）严格按照标准化的程序，将柱温降至所选定的初始温度，保持平衡至少 3 min。不进样品，启动柱程序升温，做空白分析。

每天至少进行一次空白分析。

3）以面积切片状态，从开始至实验结束，连续记录每一时间间隔的面积切片。对空白分析和样品分析都必须具有相同的时间基点，即进样和记时、积分要保持同步。

4. 校准曲线的获得

1）以与空白分析完全相同的条件，注入一适量的校准混合物，记录每一组分的保留时间和面积。注意，进样量不要超过柱子的能力，以免引起某组分保留时间的误差，最终导致样品沸点分布结果的失真。

2）以每一组分的保留时间对其沸点做图，得到的校准曲线如图Ⅰ-7-12 所示。正构烷烃的沸点见表Ⅰ-7-6。

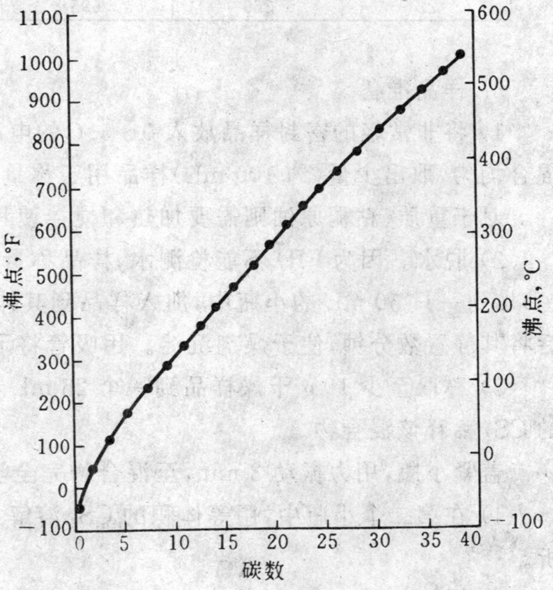

图Ⅰ-7-12　典型校准曲线

每天至少进行一次校准分析。

3）沸点对保留时间的校准曲线基本上是一条直线。在其高温端，如果在程序升温范围之内而外延，其准确性比较高。但在其低温端很难得到直线关系，一般向下弯曲。故要求校准混合物中至少有一点等于或低于样品的初馏点，最好其沸点范围能包括所要测量样品沸点范围的低温端和高温端。

表 I-7-6 正构烷烃的沸点(BP)

碳 数	BP/ ℃	BP/ ℉	碳 数	BP/ ℃	BP/ ℉
1	−162	−259	23	380	716
2	−89	−128	24	391	736
3	−42	−44	25	402	756
4	0	32	26	412	774
5	36	97	27	422	792
6	69	156	28	431	808
7	98	208	29	440	825
8	126	259	30	449	840
9	151	304			
10	174	345	31	458	856
			32	466	871
11	196	385	33	474	885
12	216	421	34	481	898
13	235	455	35	489	912
14	254	489	36	496	925
15	271	520	37	503	937
16	287	549	38	509	948
17	302	576	39	516	961
18	316	601	40	522	972
19	330	626			
20	344	651	41	528	982
			42	534	993
21	356	674	43	540	1 004
22	369	695	44	545	1 013

5. 样品准备

1) 将非常轻的密封样品放入 0～5 ℃的电冰箱中冷冻数小时,最好过夜。振动或搅拌使其混合均匀,取出少量(约 100 mL)样品用于称量和分析。

对于重质、粘稠原油则需要加热和搅拌使其混合均匀。

2) 脱水。因为 FID 不能检测水,样品称量前必须干燥。将 2～3 g 干燥试剂(如无水氯化钙)加到一只 50 mL 的小瓶中,加入样品到其体积约 1/2 处。封紧瓶口并用力振动数分钟,然后将其静置数分钟,使干燥剂沉淀。用吸管将干燥的油层吸出备称量和分析用。

3) 称取至少 10 g 干燥样品到一个 25 mL 小瓶中,然后加入约 1 g 内标。再用大约等体积的 CS_2 稀释该混合物。

盖紧小瓶,用力振动 3 min,至混合物完全溶解。该溶液用于原油加内标的分析。

4) 在第二个小瓶中,用等体积的 CS_2 溶解几克干燥样品。该溶液用于不加内标的原油分析。

6. 样品分析

1) 采用与空白和校准分析完全相同的条件,并遵守严格的规定程序,在色谱仪进样口注入 1 μL 稀释的原油加内标混合物。记录每一时间间隔的面积切片至分析结束。当保留时间达到相应沸点为 538 ℃时,停止分析。

继续加热色谱柱,使 FID 信号回到基线,尽可能除去残留在柱中的重质组分。

2) 将柱温冷却到起始温度,用与上述完全一致的条件,注入 1 μL 无内标的原油样品进行分析。并记录每一时间间隔的面积切片至分析结束。

3）样品加内标和样品单独分析的先后次序可以互换。

五、计　算

1. 面积校正

从两次样品分析的面积切片减去相对应的空白分析面积切片，即可得到校正的面积切片。

将每次样品分析的校正面积切片逐步加和，得到分析过程中每一时间间隔末的累加校正面积。

2. 理论总面积计算（参考图Ⅰ-7-13）

1）根据校准分析谱图上的保留时间，选择小于 n-C_{14} 保留时间5%和大于 n-C_{17} 保留时间5%的两个保留时间值，定义为包括内标峰的谱图段（图Ⅰ-7-13的阴影部分）。

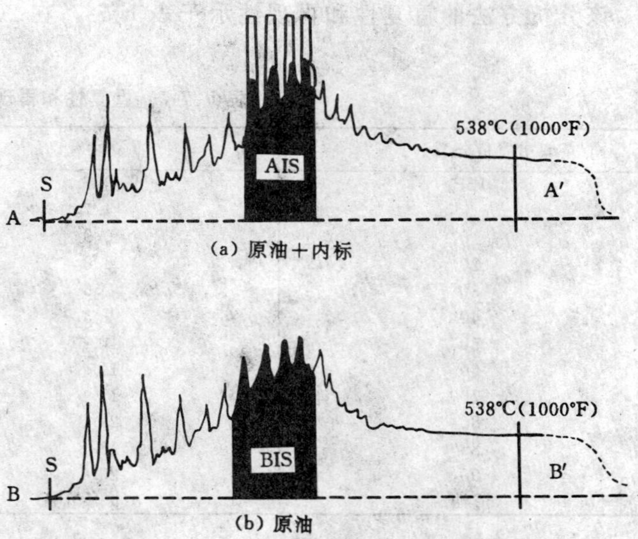

图Ⅰ-7-13　典型的色谱谱图

2）采用下面一组公式计算理论总面积 T：

$$T=[(AIS\times r)-BIS][(1-w)/w]$$
$$w=I/(S+I)$$
$$r=(B-BIS)/(A-AIS)$$
$$RES=1.00-B/T$$

式中　w——内标在样品加内标混合物中的质量分数；

I——内标质量，g；

S——样品质量，g；

r——除内标峰段的538℃前样品谱图面积与样品加内标谱图面积之比；

A——样品加内标538℃前谱图总面积；

B——样品分析538℃前谱图总面积；

AIS——内标峰谱图段的样品加内标响应面积；

BIS——内标峰谱图段的样品分析时的响应面积；

RES——大于538℃渣油的质量分数。

3. 计算沸点分布

1）记录馏出累加面积等于理论总面积的0.5%的保留时间，其对应的温度定义为样品的初馏点。

2）用每一时间间隔末的校正累加面积除以理论总面积，即得到每一时间间隔末的样品流出分数。

3）将累计的样品馏出分数和各时间间隔末的保留时间列表。用线性内插法求出馏出1%至538℃所能馏出的分数之间的每一1%（质量分数）馏出增值的对应保留时间。

4）根据校准曲线，确定每一1%（质量分数）馏出分数所对应的馏出温度。便可得到间隔为1%（质量分数）的馏出分数和馏出温度的关系。

六、精密度

该分析方法的重复性和再现性示于表Ⅰ-7-7，在20次实验中仅有一次超出该表所列数值。

表Ⅰ-7-7　重复性和再现性

馏出质量分数×10²	重复性/℃	再现性/℃
IBP	3.7	10.6
5	4.7	14.8
10	6.9	11.3
20	6.8	15.4
30	7.6	20.4
40	9.3	24.6
50	10.6	30.3
60	11.8	25.9
70	17.6	39.2
80	24.8	38.8
85	18.8	38.8
90	20.7	44.9
渣油	2.6($w_B\times10^2$)	8.1($w_B\times10^2$)

第八节　原油的实沸点蒸馏曲线及性质曲线

为了对原油有个全面深入的认识，必须对实沸点蒸馏所得的窄馏分进行下述内容的分析(其统一格式见第十五节)：

一、密　度

ρ_{20}或ρ_{70}按GB/T 1884测定。样品在测试温度下必须呈无任何固体析出的液体状态。轻馏分可用比重瓶法，重馏分可用比重瓶法或固体比重测定法。在高于20℃测得的密度，可用GB/T 1885石油密度计量换算表换算至20℃的密度。

二、运动粘度

按照GB/T 265测定。小于300℃的馏分测20℃和50℃的运动粘度，大于300℃的馏分测50℃和100℃的运动粘度。

三、硫含量

小于350℃的馏分用燃灯法GB/T 380测定，大于350℃的馏分用管式炉法GB/T 387测定。

四、凝　点

按GB/T 510测定。

五、苯胺点

只对180～360℃的馏分测定，方法为GB/T 262。

六、折射率

在20℃或70℃测定。样品在测定温度下必须是液体。否则，应提高测定温度。

七、酸度或酸值

小于350℃的馏分用GB/T 258测定，大于350℃的馏分用GB/T 7304测定。

八、特性因数(K)

对小于350℃的馏分，K值用下式计算：

$$K=\frac{1.216T^{1/3}}{d_{15.6}^{15.6}}$$

式中　$d_{15.6}^{15.6}$——相对密度；

T——立方平均沸点(K)。对窄馏分，T 可用实沸点馏分的中沸点(K)代替。

1.216——回归系数，$K^{-1/3}$

对大于 350 ℃的馏分，因立方平均沸点确定的准确性差，主要用 50 ℃或 100 ℃时的运动粘度与比重指数，由关系曲线查得。

九、粘重常数(*VGC*)

VGC 在一定程度上反映润滑油的粘温性质和烃类分布。*VGC* 按下式[12]计算：

$$VGC=\frac{G-0.0664-0.1154\log(\nu_{40}-5.5)}{0.94-0.109\log(\nu_{40}-5.5)}$$

或

$$VGC=\frac{G-0.108-0.1255\log(\nu_{100}-0.8)}{0.90-0.097\log(\nu_{100}-0.8)}$$

式中　G——样品 15 ℃的密度，g/cm^3；

ν_{40}，ν_{100}——40 ℃和 100 ℃时的运动粘度，mm^2/s。

十、相关指数(*BMCI*)

BMCI 与特性因数相似，在一定程度上反应了馏分的烃类组成。

$$BMCI=\frac{48\,640}{T}+473.7d_{15.6}^{15.6}-456.8$$

式中　T——窄馏分的算术平均沸点，或宽馏分的体积平均沸点，K。

三种常用特性参数的意义如下：

特性参数	石油馏分特性参数值		
	石蜡基	中间基	环烷基
特性因数(*K*)	>12.1	11.5～12.1	<11.5
相关指数(*BMCI* 或 *CI*)	0～10 (烷烃)	24～52 (环烷烃)	55～100 (单环芳烃)
粘重常数(*VGC*)	<0.82	0.82～0.85	>0.85

十一、结构族组成　对 200 ℃～350 ℃馏分，用 *n-d-ν* 或 *n-d-M*(实测值)法由图表查得。对于高沸点馏分，用 *n-d-M* 法，凝点低于 20 ℃的馏分也可用 *VGC*-交折点图表查得。

这里必须指出，*n-d-M* 法测定结构族组成是比较公认的和最普遍的。*n-d-ν* 法与 *n-d-M* 法所得的结果，在大多数情况下是吻合的。由于相对分子质量测定是比较费事的，因此后来提出 *n-d-ν* 法和 *VGC*-交折点法。但 *n-d-ν* 和 *VGC*-交折点法只适用于 20 ℃分析的结果。

十二、总产率-沸点曲线　在 16×32 cm 坐标纸上，以总馏出率为横坐标，该馏出物的沸点为纵坐标，作曲线如图Ⅰ-8-1，称为实沸点蒸馏曲线。

十三、性质曲线　与总产率-沸点曲线同画在一张图纸上。纵坐标为各种性质的数据，横坐标为该馏分的馏出分数中值(质量分数)。例如第一个 3%(质量分数)馏分的密度为 0.686 9g·cm^{-3}，但该值不代表馏出率为 3%(质量分数)时的最后馏出液的密度，而是整个馏分的平均密度。假定性质具有可加性，而且随馏分均匀变化，则该密度是代表馏出率为 1.5%(质量分数)(3%×1/2(质量分数))时的密度。因此在画密度曲线时，这一点的横坐标应该是 1.5%(质量分数)，如果第二个馏分的馏出率也是 3%(质量分数)，则画性质曲线时，第二点的横坐标应该是 4.5%(3%+3%×1/2)。画其他性质曲线时(如粘度、硫含量、凝点等)亦雷同。因此，性质曲线又称为中比曲线。

原油实沸点蒸馏曲线及性质曲线的例子见图Ⅰ-8-1。

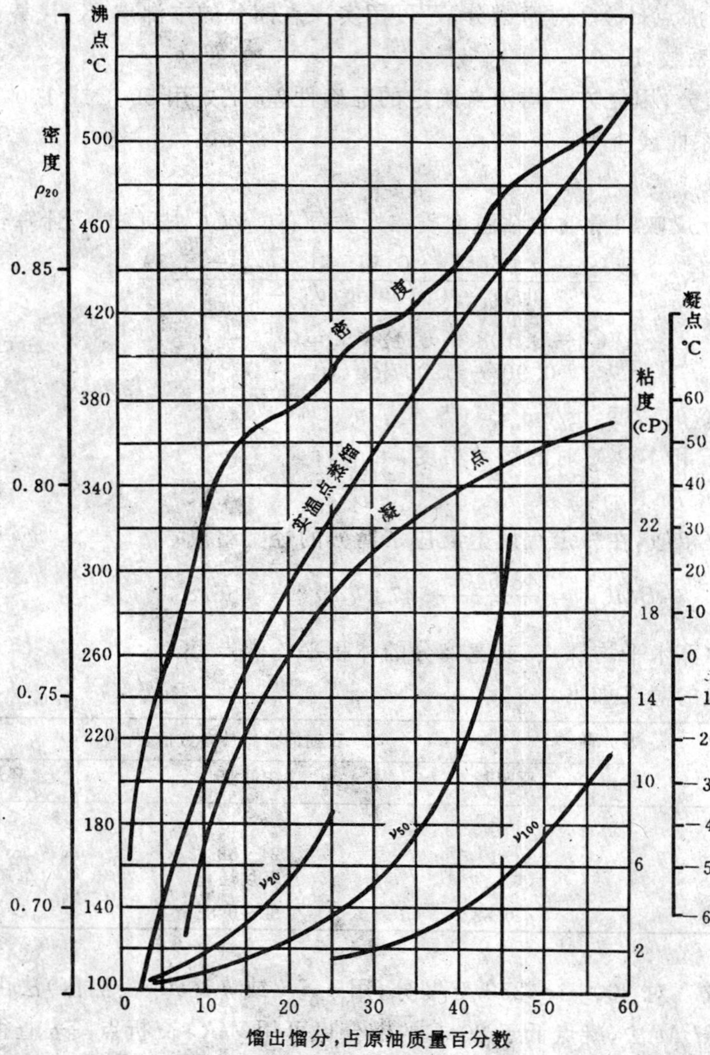

图Ⅰ-8-1　大庆某构造混合原油的实沸点蒸馏曲线和性质曲线图

第九节　直馏产品及宽馏分性质的分析

为了提出合理的原油加工方案，必须先在实验室内将原油进行蒸馏，切割成各种汽油、柴油馏分以及重整原料、裂解原料和裂化原料等，并测定其主要性质。

一、直馏产品

参考表Ⅰ-9-1，分析方法见《石油和石油产品试验方法》[4,5]，其数据处理统一格式见第十五节。直馏产品在某些指标如酸度、腐蚀等不符合技术条件时，可以进行简单的精制（如碱洗或酸洗），然后再测定其性质。

表Ⅰ-9-1　直馏产品性质的主要测定项目

分　析　项　目	汽　油	喷气燃料	灯用煤油	柴　油
1. 密　度，ρ_{20}	✓	✓	✓	✓
2. 馏　程	✓	✓	✓	✓
3. 腐蚀试验（铜片）	✓	✓		✓
4. 硫含量	✓	✓	✓	✓
5. 酸　度	✓	✓		✓
6. 辛烷值，加铅前	✓			
加铅后	✓			
7. 结晶点		✓		
8. 运动粘度，　20 ℃		✓		✓
−40 ℃		✓		
9. 闪　点（闭口）		✓	✓	✓
10. 芳香烃含量		✓		
11. 硫醇性硫含量		✓		
12. 碘　值		✓		
13. 无烟火焰高度			✓	
14. 浊　点			✓	
15. 凝　点				✓
16. 苯胺点				✓
17. 柴油指数*				✓
18. 色　度			✓	
19. 点灯试验			✓	
20. 十六烷指数**				✓

* 柴油指数是柴油燃烧性能的指标，随十六烷值增加而变大。

柴油指数按下式计算：

$$柴油指数=\frac{C \cdot A}{100}$$

式中　C——比重指数（°API）；

A——苯胺点，℉。

** 用SY2410—82方法计算或查图求得十六烷指数。

二、重整原料油

需进行较详细的组成分析及测定密度、折光指数、馏程、硫含量、氮含量、砷含量及微量金属等项目。

三、裂解原料油

裂解原料油包括汽油馏分或煤油、柴油馏分，除烃族组成分析外，还需要测定密度、运动粘度、折光指数、硫含量、氮含量、平均相对分子质量、馏程、碳氢含量、特性因数和相关指数等。

四、裂化原料油

主要测定项目有密度、运动粘度、凝点、苯胺点、折光指数、平均相对分子质量、硫含量、氮含量和微量金属等，并计算特性因数、相关指数及结构族组成。

第十节　汽油馏分的烃族组成测定(苯胺点法)

一、概　说

要准确测定汽油的烃族组成,可采用硅胶置换色谱法、气相色谱法或指示剂色谱-交折点法[6,13]等。在没有气相色谱分析仪器情况下,可采用苯胺点法测定汽油窄馏分的烃族组成。此方法较简单,尽管用它测定汽油馏分的环烷烃含量的准确性还存在一些问题,但可以起到对比参考作用,仍是原油评价中常用的一个方法。

石油或汽油先用实沸点蒸馏装置(或其他相应的精馏装置)分割为 5 个馏分:初馏～60 ℃,60～95 ℃,95～122 ℃,122～150 ℃及 150～200 ℃。各馏分(除了初馏～60 ℃馏分)用硅胶吸附法除去芳香烃,测定去芳烃前后试样的苯胺点,以此计算出试样的芳烃、环烷烃及烷烃含量。

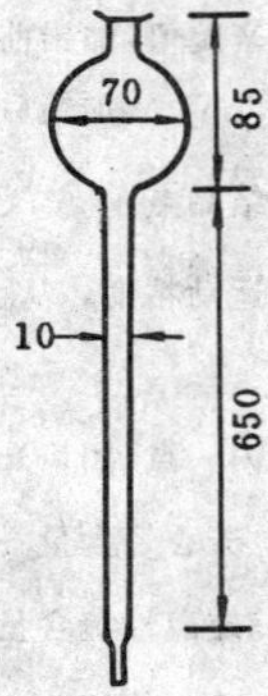

图Ⅰ-10-1　吸附管(mm)

二、仪器和设备

1. 吸附管:普通玻璃制成,见图Ⅰ-10-1。

2. 测定苯胺点用仪器:详见第二章第十四节。

3. 折光仪:阿贝式。

三、试　剂

1. 细孔硅胶,粒度为 40～100 目,使用前在 150 ℃条件下活化 5 h。硅胶活性评定方法见附录 2。

2. 苯胺:要求及处理方法详见第二章第十四节。

四、测定步骤

1. 硅胶吸附除去芳烃:将吸附管用溶剂洗净、干燥,在吸附管下端堵少量棉花,取硅胶 16～20 g,放入吸附管中并敲紧。加入油样 15 mL,油样全部进入硅胶后,再加入 15 mL 乙醇。下部流出物用刻度试管接受,第 1 馏分取 3 mL,以后每一馏分取 0.5 mL。测定每一馏分的折光指数,按折光指数之差不大于 0.0005 的馏分合并,作为非芳烃部分。测定原馏分及非芳烃部分的苯胺点及折光指数。

2. 苯胺点的测定:测定方法见第二章第十四节。

如果油样的芳烃含量大于 15%(质量分数)则最好测定最高苯胺点,方法步骤同上,不同之处为:3 mL试样加 2.4 mL 的苯胺,测定其溶解温度,然后于混合液中再加入 0.3 mL 的苯胺,并重新确定其溶解温度。这样继续每次加入 0.3 mL 苯胺,直至达到某最大溶解温度后,溶解温度开始下降时为止,即得最高苯胺点。假如当实验时有足够量的物质,则在每次测定时,均应采用新的油品和苯胺。

五、计　算

1. 芳烃含量按下式计算

$$X_1 = K(T_2 - T_1)$$

式中　X_1 ——芳烃含量,在原馏分中的质量分数×10^2;

K ——苯胺系数,见表Ⅰ-10-1;

T_2——非芳烃的苯胺点，℃；

T_1——原馏分的苯胺点，℃。

表Ⅰ-10-1 汽油馏分中芳烃的苯胺系数

在各馏分中芳烃的质量分数 ×10²	馏分沸点范围/℃			
	60～95	95～122	122～150	150～200
1	1.00	1.00	1.00	1.00
3～5	1.17	1.17	1.21	1.26
5～10	1.16	1.16	1.21	1.28
10～20	1.12	1.12	1.19	1.29
20～30	1.09	1.09	1.15	1.27
30～40	1.05	1.05	1.09	1.23
40～50	1.00	1.00	1.04	1.17
50～60	0.96	0.96	0.99	1.12
60～70	0.91	0.91	0.94	1.06

2. 由非芳烃的苯胺点，用表Ⅰ-10-2查出非芳烃部分中的环烷烃含量 X（质量分数），并按下式换算为环烷烃占原馏分的质量分数：

$$X_2 = X \cdot \frac{100 - X_1}{100}$$

式中 X_2——环烷烃占原馏分的质量分数 $\times 10^2$；

X_1——芳香烃占原馏分的质量分数 $\times 10^2$；

X——环烷烃占非芳烃部分的质量分数 $\times 10^2$（表Ⅰ-10-2）。

表Ⅰ-10-2 用苯胺点法测定环烷烃的含量

非芳烃的苯胺点/℃	馏分中环烷烃的质量分数×10²				非芳烃的苯胺点/℃	馏分中环烷烃的质量分数×10²			
	60～95℃	95～150℃	122～150℃	150～200℃		60～95℃	95～150℃	122～150℃	150～200℃
76	—	—	—	0	55	47	60	77	—
75	—	—	—	5	54	50	63	81	—
74	—	—	—	10	53	52	67	85	—
73	—	—	0	15	52	55	70	88	—
72	—	—	4	20	51	58	74	92	—
71	0	0	9	25	50	61	77	96	—
70	3	4	13	30	49	64	81	100	—
69	6	8	18	35	48	67	84	—	—
68	9	12	22	40	47	70	87	—	—
67	12	16	26	45	46	73	90	—	—
66	15	19	31	50	45	75	93	—	—
65	18	23	35	55	44	77	97	—	—
64	21	27	40	60	43	80	100	—	—
63	24	31	44	65	42	82	—	—	—
62	27	34	48	70	41	85	—	—	—
61	30	38	52	75	40	87	—	—	—
60	33	42	56	80	39	90	—	—	—
59	36	45	60	85	38	92	—	—	—
58	39	49	65	90	37	95	—	—	—
57	42	53	69	95	36	98	—	—	—
56	44	56	73	100	35	100	—	—	—

3. 烷烃含量依下式求得：

$$X_3 = 100 - (X_1 + X_2)$$

式中　X_3——烷烃占原馏分的质量分数×10^2。

4. 汽油馏分族组成的分析结果可列成表Ⅰ-10-3的格式。

表Ⅰ-10-3　汽油的烃族组成

馏分范围 ℃	汽油收率 $w_{汽油}\times10^2$	苯胺点/℃		折光指数/n_D^{20}		芳烃 $w_{芳}\times10^2$	环烷 $w_{环烷}\times10^2$	烷烃 $w_{烷}\times10^2$
		原馏分	烷＋环烷	原馏分	烷＋环烷			

测定汽油窄馏分的族组成时，应采用最高苯胺点法，对于芳烃含量小于5%（质量分数）的馏分或饱和烃部分，可采用等体积苯胺点。

第十一节　煤、柴油馏分的烃族组成

用吸附色谱法及尿素络合法可以测定煤、柴油200～350 ℃馏分的芳烃和正构烷烃含量。由此，可以得到正构烷烃、异构烷-环烷烃、轻芳烃和中芳烃的含量。煤、柴油馏分作为生产乙烯的裂解原料，其烃组成的数据是裂解工艺的重要参数。因此，在综合评价中，今后应包括煤、柴油作为裂解原料时的性质及其组成的研究。

本文主要介绍了吸附色谱法和尿素络合法。此外，也可用吸附色谱法将馏分分为饱和烃和芳烃，再用质谱法分析馏分中的组成[4]，用气相色谱法分析正构烷烃的含量。[4,5]

一、用吸附色谱法测定煤、柴油馏分中芳烃的含量

以硅胶为吸附剂，用适当冲洗剂把煤油、柴油中的芳烃、饱和烃和胶质分开。

1. 仪器和设备

1）吸附柱：玻璃制，内径2 cm、长1.2 m，上端有容量为250 mL的进料容器，下端拉细，并带有活塞，以便调节流速。

2）烧杯：150 mL。

3）锥形烧瓶：50 mL。

4）多孔恒温水浴。

5）折光仪：阿贝式。

6）量筒：50 mL。

7）真空烘箱：264-1型箱，ϕ300×320 mm。

2. 试剂及材料

1）细孔硅胶：40～100目，使用前在150 ℃下活化5 h。

2）石油醚：60～80 ℃，用硅胶脱去芳烃。

3）苯：化学纯。

4）乙醇：化学纯。

5）苯-乙醇溶液：苯同等体积的乙醇混合而成。

6）蒸馏水。

3. 测定步骤

1）称取 20 g(准确到 0.01 g)试样于烧杯中，加入 60 mL 石油醚稀释试样。

2）在事先洗净并烘干的吸附柱下端塞少许棉花，加入 200 g 硅胶并敲紧，再加入石油醚 200 mL 润湿硅胶，待石油醚完全进入硅胶层后，加入稀释的试样，试样全部进入硅胶层后，再加少量硅胶。

3）按测定目的选取下列冲洗方法之一，冲洗液速控制为 2 mL/min。

甲. 测定总芳烃

依次加入：

冲洗液	用量/ mL
石油醚	300～400
苯	200～300
苯-乙醇	100
乙醇	50
水	不限

乙. 测定轻芳烃、中芳烃及重芳烃

依次加入：

冲洗液	用量/mL
石油醚	300
5%(体积分数)苯-95%(体积分数)石油醚	100
10%(体积分数)苯-90%(体积分数)石油醚	100
15%(体积分数)苯-85%(体积分数)石油醚	100
25%(体积分数)苯-75%(体积分数)石油醚	100
苯-乙醇	100
乙醇	50
水	不限

流出物用量筒收集，最初流出的 100 mL 是纯石油醚，以后每 20 mL 作为一个组分，收集于事先精确称量过的锥形烧瓶中并编号。

4）将各组分分别在水浴上蒸出大部分溶剂，再放到真空烘箱中烘出残余溶剂，恒定质量至两次质量差小于 0.005 g 为止，求出每一小组分的质量。

5）测量每一小组分的折光指数。

4. 计算

按下列折光指数范围将各小组分合并，计算各类烃的含量。

烃类流出顺序	折光指数，n_D^{20}
(1) 饱和烃	<1.49
(2) 轻芳烃	1.49～1.53
(3) 中芳烃	1.53～1.59
(4) 重芳烃	>1.59
(5) 胶质	测不出折光指数(因颜色太深)，从苯-乙醇冲洗开始算作胶质

5. 精密度

两次平行测定结果相差值，各类烃均不应大于总量的1%(质量分数)。

二、用尿素络合法测定煤油、柴油中正构烷烃含量

以甲醇为活化剂，在室温(最适宜温度为20～30 ℃)下，试样中正构烷烃同尿素络合，过滤分离出尿素络合物，并用热水分解络合物，得到正构烷烃。本方法适于测定煤油、柴油(200～350 ℃馏分)的正构烷烃含量。

1. 仪器和设备

1) 反应器：见图Ⅰ-11-1。包括反应杯(150 mL)、杯盖、分液漏斗、搅拌器及密封装置。

2) 分液漏斗：100 mL。

3) 耐酸过滤漏斗(G_1)，上面铺一层滤纸。

4) 吸滤瓶：100 mL。

5) 量筒：25 mL。

6) 水流泵。

7) 回收溶剂瓶：见图Ⅰ-11-2，带有吹气管。

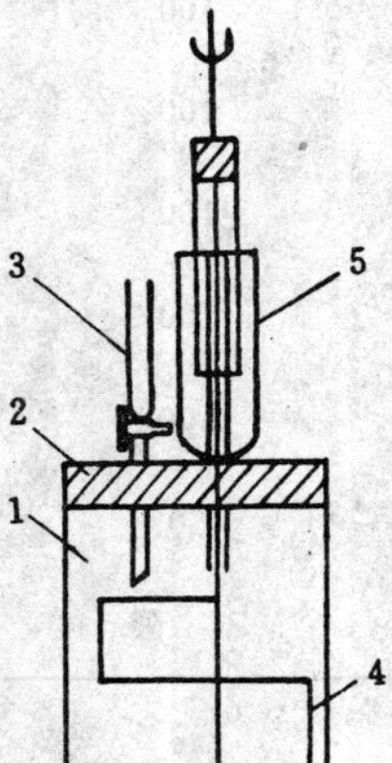

图Ⅰ-11-1　反应器

1—反应杯；2—杯盖；

3—分液漏斗；4—搅拌器；5—密封装置

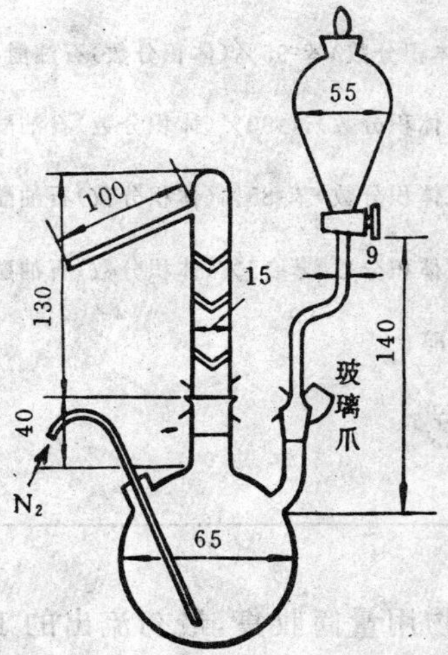

图Ⅰ-11-2　回收溶剂瓶

8) 冷凝器。

9) 水浴。

2. 试剂及材料

1）石油醚：30～60 ℃。

2）尿素：分析纯，使用前用研钵研碎，于 105 ℃下烘 2 h。

3）甲醇：分析纯。

4）尿素的甲醇饱和溶液。

3. 测定步骤

1）称取约 10 g（准确到 0.001 g）试样，置于反应器中，用相当于试样一倍或两倍体积的石油醚稀释试样①，边搅拌边加入尿素②，然后在不断搅拌下逐滴加入相当尿素用量的 15%～18%（体积分数）的活化剂甲醇，反应进行 1.5～2 h 后，用尿素的甲醇饱和溶液检查上层清液，判定反应是否进行完全③，必要时可增加尿素用量。

2）反应完全后，静置沉降，将反应杯中的全部物质倒入耐酸漏斗，用少量石油醚洗涤反应杯、搅拌棒，洗涤液一并倒入漏斗。抽干后，用石油醚充分洗涤滤饼 4～5 次（每次洗涤所用石油醚相当于试样重量的一倍），所得滤饼、滤液分别按下一步处理。

3）将分液漏斗接在装有滤饼的漏斗下面，慢慢加入热蒸馏水，使络合物分解④，沉降后分出水层。用石油醚抽提水层 1～2 次，抽提后的石油醚与分液漏斗中的油层合并，再用蒸馏水洗 1～2 次，放掉水以后，倒入已知质量的回收瓶中。用石油醚洗分液漏斗数次，洗涤液也并入回收瓶。然后在水浴上蒸干溶剂、恒质，算出正构烷烃的质量。

4）将“2)”吸滤瓶内的滤液倒入分液漏斗，用石油醚清洗吸滤瓶，二者合并，用蒸馏水洗 1～2 次，放掉水后，倒入已知质量的回收瓶中。在水浴上蒸出溶剂、恒定质量，得到非正构烷烃质量。

4. 计　算

按下式计算正构烷烃及非正构烷烃质量分数：

$$\text{正构烷烃} = \frac{m_1}{m}$$

$$\text{非正构烷烃} = \frac{m_2}{m}$$

式中　m_1 ——正构烷烃质量，g；

m_2 ——非正构烷烃质量，g；

m ——所称取试样质量，g。

计算所得总值（正构烷烃质量分数＋非正构烷烃质量分数）应不低于 98%（质量分数）。

5. 精密度

单个试样两次平行测定结果之差不得大于最小结果的 10%。

第十二节　润滑油的实验室评价

在实验室内，可以应用溶剂脱蜡、硅胶-氧化铝吸附等方法测定原油中润滑油的潜含量，并

① 稀释试样所加石油醚量以能均匀搅拌为宜，若用量太多，会降低络合物产率。

② 尿素加入量的估计是先估计出该馏分中正构烷烃的大概含量，然后按每 g 正构烷烃需尿素 3.3 g 的比例计算出理论上所需尿素量，再按该理论值多加 20%。
加入尿素时可先加入所需尿素量的 70%，再逐渐添加，以便测知尿素的实际用量。

③ 判定反应进行完全与否的方法：取一滴上层清液于试管中，加入尿素的甲醇饱和溶液，若有絮状产物产生，表明反应不完全。

④ 水应慢加，以防发生乳化现象，造成正构烷烃损失。

测定润滑油组分的粘温性质及其他主要性质指标，以得到该原油生产润滑油可行性的初步结论。下面就至今尚未列为《标准》的润滑油潜含量的测定方法作一介绍。

（一）用双吸附剂法测定润滑油的潜含量

一、概 说

本方法用于测定 350～500 ℃馏分润滑油的潜含量及其主要性能指标：密度、凝点、粘度指数等。

润滑油馏分（350～500 ℃范围内的宽馏分或以 50 ℃间隔切割的窄馏分）用溶剂冷冻法脱蜡，分出蜡膏，脱蜡油再经硅胶-氧化铝吸附分离为饱和烃、轻芳烃、中芳烃及“重芳烃＋胶质”，将饱和烃、轻芳烃、中芳烃混合，得到润滑油潜含量，分析流程见图Ⅰ-12-1。

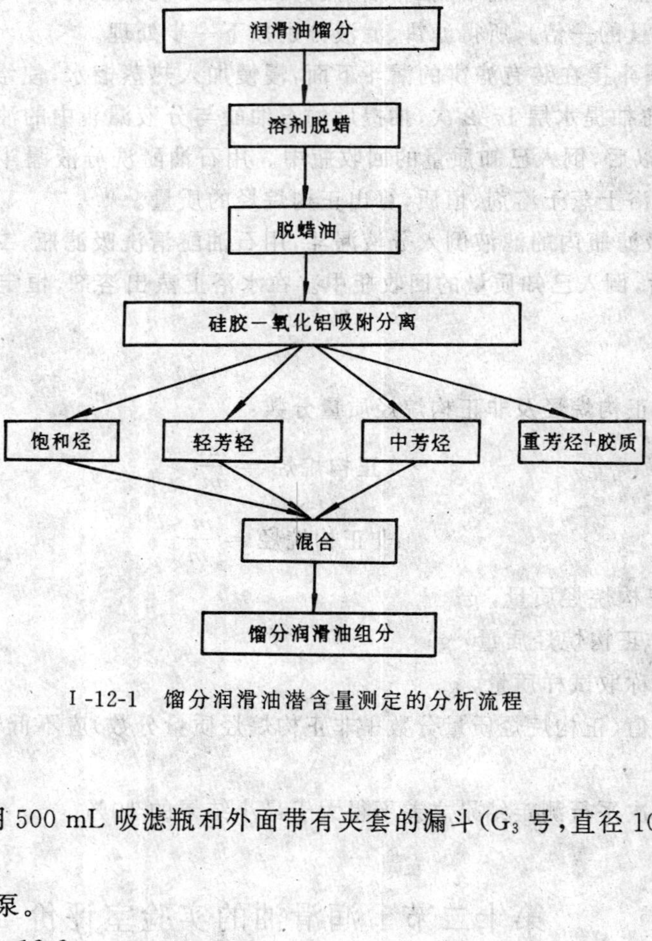

Ⅰ-12-1　馏分润滑油潜含量测定的分析流程

二、仪器及设备

1. 烧杯：150 mL。
2. 吸滤装置：使用 500 mL 吸滤瓶和外面带有夹套的漏斗（G_3 号，直径 100 mm）。
3. 保温瓶：两只。
4. 水流泵或真空泵。
5. 吸附柱，见图Ⅰ-12-2。
6. 水浴。
7. 马福炉。
8. 量筒：100、50 mL。
9. 锥形烧瓶：100、50 mL。
10. 阿贝式折光仪及恒温水浴。
11. 真空烘箱。

12. 锥形烧瓶:300 mL。

三、试剂及材料

1. 丙酮:化学纯。

2. 苯:化学纯。

3. 甲苯:化学纯。

4. 脱蜡溶剂:将丙酮、苯、甲苯按 35∶45∶20 之体积比混合而成。

5. 无水乙醇:化学纯。

6. 干冰。

7. 工业乙醇:冷冻用。

8. γ-氧化铝:40～100 目,在温度 400 ℃下活化 6 h,按偶氮染料法(见附录 3)测定其活性不得低于二级。在使用其他氧化铝时,应对分离条件重新进行考察。

9. 细孔硅胶:40～100 目,在温度 150 ℃下活化 5 h,按异辛烷-甲苯法测定(见附录 2)其活性不低于 14 mL/100 g 吸附剂。

10. 石油醚:60～90 ℃,化学纯,用硅胶脱去芳烃。

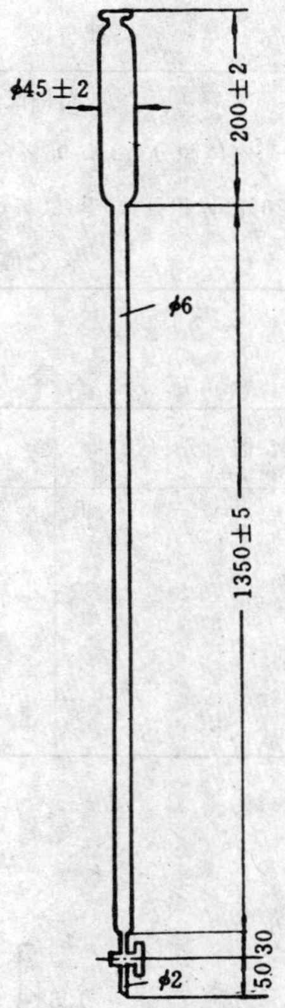

图 I -12-2 吸附柱
(馏分润滑油吸附分离用)

四、测定步骤

1. 脱 蜡

1) 称 50～60 g 试样放于锥形烧瓶中,按试样量∶溶剂量=1∶3(体积)的量加入脱蜡溶剂,先在水浴上慢慢加热,使溶液透明后再冷却至室温,放置到保持在-17 ℃的保温瓶内,待混合物降到-15 ℃后,继续保持半小时。整个过程中要不断搅拌。

2) 吸滤漏斗外的夹层中加入工业乙醇及干冰,保持在-17 ℃。将冷却的混合物全部转移到吸滤漏斗上,吸滤干后,用相当于试样体积 2 倍的-15 ℃脱蜡溶剂分两次洗蜡。每次洗涤都须将蜡、溶剂充分搅匀后,再进行吸滤。

将滤液转移到已恒定质量的锥形烧瓶中,并把蜡膏完全转移至烧杯内,分别在水浴上脱去大部分溶剂后,放到真空烘箱中,在 105～110 ℃、负压 53～60 kPa(400～450 mmHg)下(约 1 h)除尽残余溶剂,恒定质量后称量蜡膏、脱蜡油的质量。

2. 测定润滑油潜含量

1) 称取"1.2"得到的脱蜡油 10 g(准确到 0.01 g)并溶解于 30 mL 石油醚中。

2) 在吸附柱下部塞少许棉花,填入 75 g 氧化铝,敲紧后,再加入细孔硅胶 75 g,敲紧。用 150 mL 石油醚润湿吸附剂,待溶剂全部进入硅胶后,立即加入试样。试样完全进入硅胶后,再加几克硅胶,然后依次加入表 I -12-1 所列的溶剂进行冲洗,控制流速为 2～2.5 mL/min。

按表 I -12-2 指定的流出体积以宽组分收集流出液。典型的分离曲线见图 I -12-3。

五、精密度

单个试样两次平行测定结果之差不大于平均值的 10%。

表Ⅰ-12-1　冲洗吸附柱的溶剂

冲　洗　液	用量/mL
石油醚	150(相当于1 mL/每克吸附剂)
5%(体积分数)苯-95%(体积分数)石油醚	375(相当于2.5 mL/每克吸附剂)
20%(体积分数)苯-80%(体积分数)石油醚	300(相当于2.0 mL/每克吸附剂)
苯-乙醇	225(相当于1.5 mL/每克吸附剂)

表Ⅰ-12-2　指定收集流出液的流出体积的基本组分

馏　分	流出体积/mL	基本组分
1	80	石油醚
2	250	饱和烃
3	350	轻芳烃
4	300	中芳烃
5	150	重芳烃

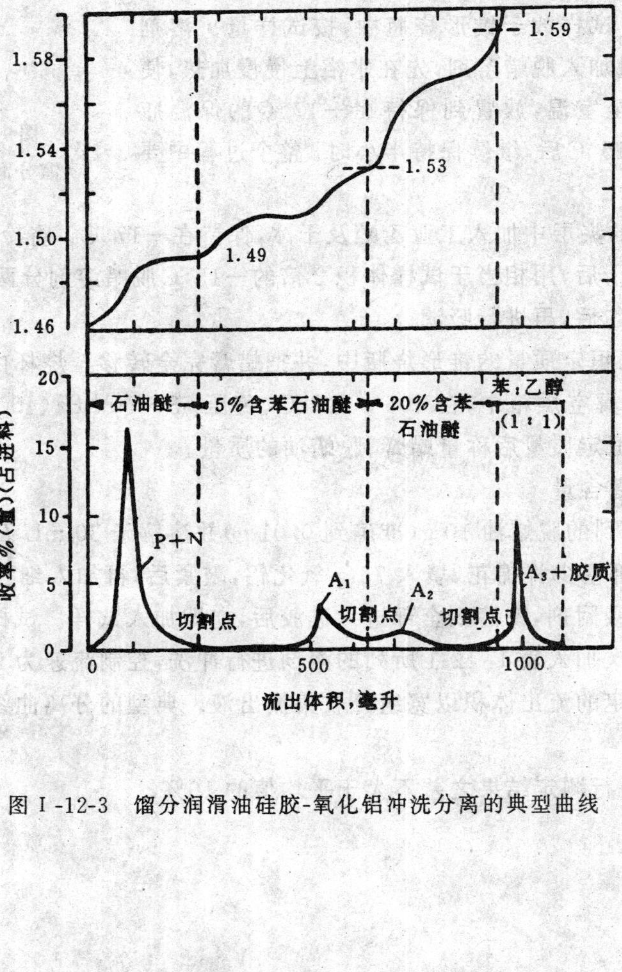

图Ⅰ-12-3　馏分润滑油硅胶-氧化铝冲洗分离的典型曲线

（二）用氧化铝吸附法测定渣油的润滑油潜含量

一、概　说

本方法用于测定沸点大于 500 ℃渣油的润滑油潜含量及润滑油的主要性质指标——密度、运动粘度、凝点及粘度指数等。

分析流程见图Ⅰ-12-4，渣油经石油醚稀释、氧化铝吸附分离后，得到饱和烃加环烷烃和轻芳烃（P＋N＋A_1）、中芳烃（A_2）、胶质加沥青质及重芳烃这三部分，将“P＋N＋A_1”及 A_2 分别脱蜡，根据需要将“P＋N＋A_1”或“P＋N＋A_1＋A_2”的脱蜡油作为渣油润滑油的潜含量。

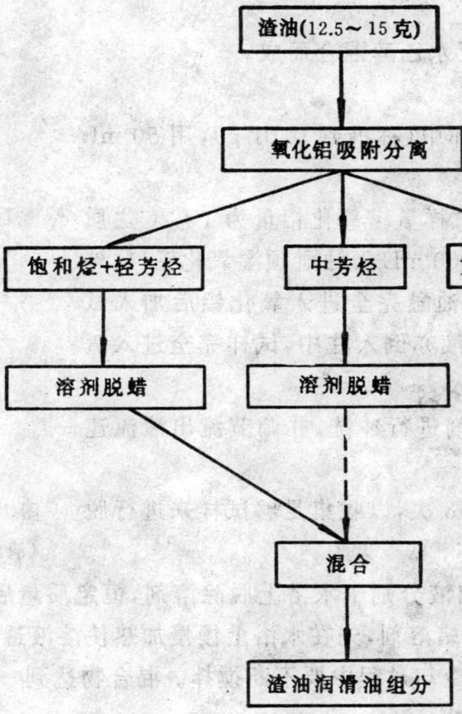

图Ⅰ-12-4　渣油润滑油潜含量测定的流程

二、仪器及设备

1. 吸附柱：见图Ⅰ-12-5，带保温套管，用热水循环保温。
2. 超级恒温水浴。
3. 吸滤装置：参见《用双吸附剂法测定润滑油的潜含量》中的二、2。
4. 保温瓶：两只。
5. 水流泵或真空泵。
6. 烧杯：150 mL。
7. 量筒：100、50 mL。
8. 锥形烧瓶：250、50 mL。
9. 阿贝折光仪。

三、试剂及材料

1. 石油醚：60～90 ℃，分析纯，经硅胶脱芳烃。

2. 苯：化学纯。

3. 无水乙醇：化学纯。

4. 碱性氧化铝：100～200 目，在温度 400 ℃下活化 6 h，活性等级不低于 2 级（活性评价见附录 3）。

5. 甲苯：化学纯。

6. 甲乙酮：化学纯。

7. 脱蜡溶剂：将甲乙酮、苯、甲苯按 35∶45∶20 之体积比混合而成。

8. 干冰。

9. 工业乙醇：冷冻用。

10. 苯-乙醇溶液：苯与等体积的无水乙醇混合而成。

四、测定步骤

1. 称取渣油 12.5～15 g 放于烧杯中（称准到 0.01 g），用 50 mL 石油醚稀释，使其完全溶解。

2. 在吸附柱下端塞少许棉花，按试样量∶氧化铝量为 1∶20 之质量比填装氧化铝于吸附柱并敲紧。用 300 mL 石油醚预湿氧化铝，柱外通循环热水（45～50 ℃）来保温，待石油醚完全进入氧化铝后加入试样，烧杯用少量石油醚洗涤数次，洗涤液亦倒入柱中，试样完全进入氧化铝后再加几克氧化铝。

3. 依次加入表Ⅰ-12-3 所列的溶剂进行冲洗，并调节流出液流速为 3.5 mL/min。

4. 按 1～3 操作步骤处理试样 2～3 次，以收集足够试样来进行脱蜡及性质测定。

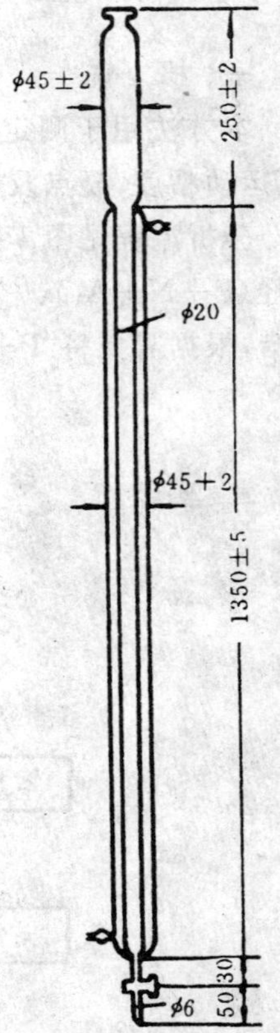

图Ⅰ-12-5 吸附柱（渣油吸附分离用）

5. 将得到的"P+N+A_1"、A_2 流出液分别于水浴上脱除溶剂，恒定质量后，按试样量∶溶剂量为 1∶4 之体积比的量分别加入脱蜡溶剂，先在水浴上慢慢加热使溶液透明，再冷至室温，最后放入保持在－32 ℃的保温瓶内。冷却过程中要不断搅拌。混合物达到－30 ℃以后，再继续保持 30 min，仍要不断搅拌。

表Ⅰ-12-3 冲洗用的溶剂及收集体积

冲洗溶剂	用量	收集体积	组分	切割点试样的折光指数
纯石油醚	300 mL	150 mL	石油醚	
5%（体积分数）苯-95%（体积分数）石油醚	4 mL/每克吸附剂	同此种溶剂用量	P+N+A_1	<1.55
20%（体积分数）苯-80%（体积分数）石油醚	4 mL/每克吸附剂	同此种溶剂用量	A_2	1.55～1.57
苯-乙醇	3 mL/每克吸附剂	同此种溶剂用量	A_3	>1.57

6. 吸滤漏斗外的夹层中放入工业乙醇及干冰，温度保持在－32 ℃。将冷却到－30 ℃的按"5."中处理的试样与溶剂混合物转移到带有夹层的吸滤漏斗上，吸滤干后用相当于试样体积两倍的脱蜡溶剂冲洗析出的蜡，滤液分别在水浴上脱除溶剂，恒定质量。

7. 将“$P+N+A_1$”、A_2 两组分脱蜡后，剩余的油分别称量，根据需要将“$P+N+A_1$”或“$P+N+A_1+A_2$”的脱蜡油作为渣油润滑油潜含量。

8. 测定渣油润滑油的密度、不同温度下的运动粘度及凝点，并计算粘度指数。试样如不够，可采用文献[5]第 46 页介绍的仪器。

五、精密度

单个试样两次平行测定渣油润滑油潜含量之差不超过渣油总量的 1%(质量分数)。

第十三节　石蜡和地蜡性质的分析

一、概　说

蜡是重要石油产品之一，是国民经济建设中不可缺少的原材料。关于石蜡、液体石蜡和地蜡的结晶、物理和化学性质以及石蜡和地蜡的各种生产工艺过程及其应用可参看 M. Freund 等著的《石蜡产品的性质、生产及应用》一书[14]。本文仅就原油中蜡的潜含量及其分析方法作一介绍。

馏分润滑油经溶剂脱蜡所得的蜡膏，一般经精制后只能生产石蜡，因为蜡的组成以正构烷烃占优势。根据资料记载，任何含蜡石油相同沸点馏分中得到的石蜡，它们的性质都是近似的。地蜡存在于原油的渣油中，实践表明，要预计原油能否生产地蜡，可根据原油的凝点推断。一般含蜡原油的凝点在+40 ℃以上者，估计会有相当量的地蜡存在，可以进行实验室地蜡含量的测定。而原油凝点低于+40 ℃者，大多数的地蜡潜含量甚少。如大庆原油凝点为 23～33 ℃，含蜡量达 23%(质量分数)，但滴点 80 ℃的地蜡含量仅占原油的千分之几(质量分数)。

二、石蜡性质的分析

润滑油溶剂脱蜡时得到蜡膏，这些蜡膏中含有一定量的油分，因而必须进一步脱油以后才能评定石蜡的性质。蜡膏脱油条件如下：

溶剂：甲乙基酮-苯(1∶1，体积比)。

稀释剂与油样的用量为每 1 克油样用 5 毫升稀释剂。

洗蜡溶剂与油样的用量为每 1 克油样用 2 毫升洗蜡溶剂。

过滤温度：+5 ℃

脱油后蜡中油的含量一般在 1%(质量分数)以下，然后计算其收率，并测定其熔点及其他主要性质，为生产各种规格的石蜡提供基础数据。

三、地蜡性质的分析

渣油中地蜡含量的测定，可以采用脱沥青、硅胶吸附及溶剂脱油等步骤。先除去沥青-胶质，然后进行溶剂脱油，前两步的操作方法同前。脱油条件如下：

溶剂：甲乙基酮-苯(1∶4，体积比)

稀释剂与油样的用量为每 1 克油样用 10 毫升稀释剂。

洗蜡溶剂与油样的比用量为每 1 克油样用 1.5 毫升洗蜡溶剂。

脱油温度：+20 ℃，+10 ℃(二段脱油，先高温后低温)

+20 ℃和+10 ℃条件下脱油所得的蜡，分别测定其滴点。地蜡的滴点可按 GB/T 270—80(88)，用液体加热浴方法来测定。还应测定地蜡的其他主要性质。

第十四节　重油、渣油及沥青性质的分析

将实沸点蒸馏的渣油与渣油相近的窄馏分按产率的比例混合，得到占原油不同产率的重油，根据情况可以做2～5个样品，测定其性质如下：

密度（ρ_{20}、ρ_{70}）、运动粘度（80 ℃、100 ℃）、凝点、残炭及碳、氢、硫、氮含量、相对分子质量、发热量和微量金属等，所得结果列入第十五节的统一表格中，并画出产率性质曲线。

发热量除用燃烧法实测外，也可以用ASTM方法查表得到，或按下式计算：

高发热量计算公式：$Q_{高}=814.6\times[81w_{C}+300w_{H}+26(w_{S}-w_{O})]$，kJ/kg

低发热量计算公式：$Q_{低}=814.6\times[81w_{C}+300w_{H}+26(w_{S}-w_{O})-6(9w_{H}+w_{水})]$，kJ/kg

式中　w_{C}、w_{H}、w_{S}、w_{O}——为渣油中碳、氢、硫、氧的质量分数；

$w_{水}$——为水的质量分数。

大于500 ℃的渣油除上述性质分析外，还要进行四组分分析（SARA）和根据碳、氢和相对分子质量用密度法计算出渣油的结构参数；还应根据原油的特征，进行有关沥青规格的主要性质分析，如测定软化点、延度和针入度。

对于软化点较低的渣油，必要时可考虑对渣油进行氧化试验，考察生产各种沥青的可能性。曾采用过的氧化沥青装置为直径75 mm、高137 mm的钢釜，釜内有8×1 mm通空气的导管。装入渣油300 g，操作条件为温度控制在260～280 ℃，通入空气量为每千克渣油通过10 L/min空气，氧化时间根据原油特点而不同。氧化后的产品测定软化点、延度和针入度。氧化沥青装置见图Ⅰ-14-1。

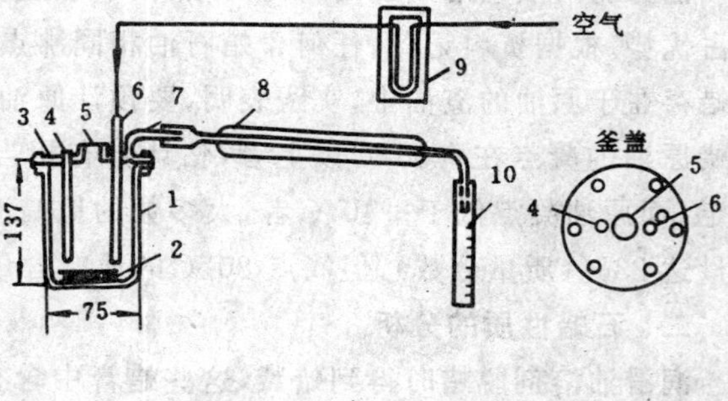

图Ⅰ-14-1　氧化沥青装置

1—氧化釜；2—空气导入管小孔；3—釜盖；4—热电偶套管；5—进料口；6—空气导入管；7—馏出管；8—冷凝器；9—流量计；10—接受量筒

（一）渣油的四组分分析[SH/T 0509—92]

一、概　说

本方法可测定渣油及沥青中的饱和烃、芳烃、胶质和沥青质。

渣油或沥青试样用正庚烷沉淀出沥青质，脱沥青质部分用氧化铝吸附色谱法分离为饱和烃、芳烃及胶质，分析流程见图Ⅰ-14-2。

二、仪器及设备

1．沥青质测定器：见图Ⅰ-4-1。

2．电热板。

3．玻璃漏斗。

4．电热恒温水浴。

5．真空烘箱。

6. 吸附柱:见图Ⅰ-4-2。

7. 马福炉。

8. 超级恒温水浴。

9. 锥形烧瓶:100 mL,需事先称量,作接受器用。

三、试剂及材料

1. 正庚烷:化学纯。

2. 甲苯:化学纯。

3. 石油醚:60~90 ℃,用硅胶脱除芳烃。

4. 乙醇:化学纯。

5. 中性氧化铝:见第一章第四节中(一)、三、5。

四、测定步骤

1. 测定渣油的沥青质含量

1) 称取渣油样品(1.0±0.1)g(准确到0.000 1 g)放于恒定质量的磨口锥形烧瓶1中,按每克试样加50 g溶剂之比例加入正庚烷。

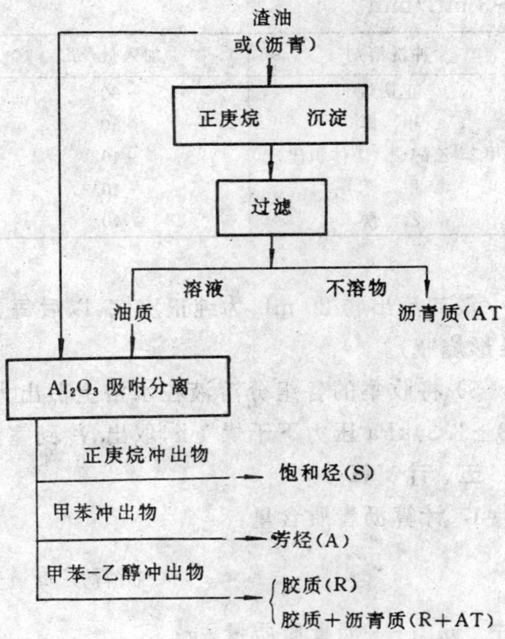

图Ⅰ-14-2 渣油分析流程

2) 参见图Ⅰ-4-1,将锥形烧瓶1、抽提器、冷凝器相连,放到电热板上,打开冷凝水,加热回流半小时,使样品与正庚烷混合均匀。

3) 停止加热,待溶液冷却再取下锥形烧瓶1,盖好塞子,在暗处静置1 h,使沥青质沉淀完全。

4) 在装有定量滤纸的玻璃漏斗上过滤:先将锥形烧瓶1中的上部溶液倒入,滤液收集于锥形烧瓶2中,最后将沉淀及溶液摇动,倒入漏斗,锥形烧瓶1中残留物用60~70 ℃热正庚烷30 mL分三次洗涤,洗涤液亦倒入漏斗,滤液收集于锥形烧瓶2中。

5) 折叠带有沉淀的滤纸,并放入抽提器中,将锥形烧瓶2同抽提器、冷凝器相连,在电热板上回流1 h,以除去沥青质中夹杂的油质及胶质。

6) 回流完毕,稍冷却,取下锥形烧瓶2。在锥形烧瓶1中加甲苯60 mL,装上抽提器、冷凝器,在电热板上回流1 h,抽提到流下的液体无色为止。

7) 冷却后取下锥形烧瓶1,在水浴上赶走大部分溶剂,最后放到真空烘箱内,在105~110 ℃、(93±1.3) kPa下放置1 h,取出冷到室温,称量为m_1。

2. 测定芳烃、饱和烃、胶质含量

1) 将“1”中得到的全部脱沥青质试样溶液脱除部分正庚烷,浓缩至约10 mL。

2) 参照图Ⅰ-4-2,将吸附柱与超级恒温水浴连接,保持循环水温为(50±1) ℃,在吸附柱下端塞少许棉花,上部填装氧化铝40 g,敲紧后加入正庚烷30 mL预湿吸附柱。

3) 待预湿正庚烷全部进入氧化铝后,加入浓缩了的试样,用10 mL正庚烷(80 mL正庚烷的一部分)分三次清洗锥形烧瓶2内的残留物,洗涤液亦倒入吸附柱内,全部试样进入氧化铝后,再加入少量氧化铝。

4) 依次加入下表所列的溶剂进行冲洗,并用双联球加压,调节流出液流速为

2～3 mL/min。

冲洗溶剂	加入量/mL	流出组分	组分颜色
正庚烷	80	饱和烃	无色
甲　苯	80	芳　烃	棕色
甲苯-乙醇(1：1体积比)	40	胶　质	黑色
甲　苯	40	胶　质	黑色
乙　醇	40	胶　质	黑色

最初流出物 20 mL 为纯正庚烷，以后每更换冲洗溶剂时也更换事先已质量恒定的接受瓶(锥形烧瓶)。

5) 将收集的各组分溶液在水浴上蒸出大部分溶剂，再放到真空烘箱中，在 105～110 ℃、(93±1.3)kPa 压力下干燥 1 h，取出，冷到室温后称量。

五、计　算

1. 计算沥青质含量：

$$沥青质质量分数\ w_{沥青} = \frac{m_1}{m}$$

式中　m_1——沥青质质量，g；

m——渣油质量，g。

2. 计算芳烃、饱和烃及胶质含量：

$$饱和烃质量分数\ w_{饱} = \frac{m_2}{m}$$

$$芳烃质量分数\ w_{芳} = \frac{m_3}{m}$$

$$胶质质量分数\ w_{胶} = 1.0 - w_{沥青} - w_{饱} - w_{芳}$$

式中　m_2、m_3——分别为饱和烃、芳烃质量，g。

六、精密度

总回收率一般为 90%～97%(质量分数)。在 95%(质量分数)置信水平上的重复性和再现性规定如下：

	测定范围	重复性	再现性
饱和烃	17～227	1.2	4.0
芳香烃	21～47	1.6	2.4
胶　质	31～55	1.6	4.3
沥青质	<10	0.5	1.2
	>10	1.6	2.4

对于沥青质含量低于 10%(质量分数)的渣油，可取两份试样，一份按上述方法测定沥青质含量，另一份试样[(0.5±0.1) g]用吸附色谱法测定饱和烃、芳烃、胶质加沥青质含量。

(二) 用密度法计算沥青、渣油的结构参数

一、概　说

渣油、沥青是极其复杂的混合物，至今其中绝大多数组分仍不得而知。目前，了解渣油、沥

青化学结构的方法仅限于对其平均化学结构的认识和平均分子结构参数的计算。

Van Krevelen 和 Williams 提出的密度法，对了解重油的结构有一定帮助。由于该方法是在纯烃单位碳原子摩尔体积对 H/C 原子比的实验数据关联的基础上建立的，对渣油和沥青难免有些差距。但由于该方法比较简单，故一直得到应用。关于其他基于现代仪器分析方法发展起来的计算方法，可参看程之光主编的《重质油加工技术》[15]一书中的第一章。

本文仅就密度法作一介绍。

二、方法概述

利用碳、氢含量和相对分子质量的分析结果，计算渣油和沥青的结构参数，由计算结果可以得到 f_a（芳碳原子分数）、CI（缩合指数）、$^{\#}C$（总碳原子数）、$^{\#}C_a$（芳碳原子数）、R_T（总环数）、R_N（环烷环数）和 R_A（芳香环数）。

三、计算步骤

1. 相对密度：$d_4^{20}=1.4673-4.31w_{\mathrm{H}}$

2. 氢碳比：$\alpha=11.92\dfrac{w_{\mathrm{H}}}{w_{\mathrm{C}}}$

3. 碳原子摩尔体积：$M_{\mathrm{C}}/d=\dfrac{M_{\mathrm{C}}}{d_4^{20}\times w_{\mathrm{C}}}$

4. 杂原子校正碳原子摩尔体积：$(M_{\mathrm{C}}/d)_{\mathrm{C}}=M_{\mathrm{C}}/d-6.0\dfrac{1-w_{\mathrm{C}}-w_{\mathrm{H}}}{w_{\mathrm{C}}}$

5. 芳碳原子分数（芳碳数/总碳数）：

$$f_a=0.09(M_{\mathrm{C}}/d)_{\mathrm{C}}-1.15\alpha+0.77$$

6. 缩合指数：$CI=2-\alpha-f_a$

7. 总碳原子数：$^{\#}C=(w_{\mathrm{C}}\cdot M)/12.01$

8. 芳碳数：$^{\#}C_a=f_a(^{\#}C)$

9. 总环数：$R_T=[^{\#}C\cdot(CI)/2]+1$

10. 芳香环数：$R_A=(^{\#}C_a-2)/4$

11. 环烷环数：$R_N=R_T-R_A$

环的结构与缩合指数的关系

环的结构	缩合指数		
	碳在环上的百分数		
	100	50	25
联苯型(poly-condensed)	0.33	0.17	0.08
渺位缩合(cata-condensed)	0.50	0.25	0.13
迫位缩合(peri-condensed)	1.00	0.50	0.25

注：其中缩合指数 CI 的意义，系指多环化合物的缩合程度。

四、计算举例

已知：某渣油或沥青的分析结果：

M_W（平均相对分子质量）	976
w_{C}	0.86
w_{H}	0.108

故 $$d_4^{20}=1.4673-4.31\times0.108=1.001$$

$$\alpha = 11.92(0.108/0.86) = 1.50$$
$$M_c/d = 12.01/(1.001 \times 0.86) = 13.9$$
$$(M_c/d)_c = 13.9 - 6.0\left(\frac{1 - 0.860 - 0.108}{0.860}\right) = 13.7$$
$$f_a = 0.09 \times 13.7 - 1.15 \times 1.50 + 0.77 = 0.28$$
$$CI = 2 - 1.5 - 0.28 = 0.22$$
$$^{\#}C = 0.860 \times 976/12.01 = 70$$
$$^{\#}C_a = 0.28 \times 70 = 19.6$$
$$R_T = [70 \times 0.22/2] + 1 = 8.7$$
$$R_A = (19.6 - 2)/4 = 4.4$$
$$R_N = 8.7 - 4.4 = 4.3$$

第十五节　原油评价数据表

一、原油的一般性质

1	样品名称		19	机械杂质质量分数×10^2
2	采样时间		20	硫含量质量分数×10^2
3	采样地点		21	氮含量质量分数×10^2
4	油田构造		22	金属分析，　镍质量分数(10^{-6})
5	油　井			钒质量分数(10^{-6})
6	油　层			铁质量分数(10^{-6})
7	油层深度			铜质量分数(10^{-6})
8	密度(20 ℃)/g·cm^{-3}			铅质量分数(10^{-6})
9	运动粘度/mm^2·s^{-1}	20℃	23	馏　程
		50 ℃		初馏点，℃
10	沥青质质量分数×10^2			100 ℃馏出量体积分数×10^2
11	胶质质量分数×10^2			120 ℃馏出量体积分数×10^2
12	蜡含量质量分数×10^2			140 ℃馏出量体积分数×10^2
13	水分质量分数×10^2			160 ℃馏出量体积分数×10^2
14	残炭质量分数×10^2			180 ℃馏出量体积分数×10^2
15	酸值/(mgKOH/ g)			200 ℃馏出量体积分数×10^2
16	含盐量/(mgNaCl/L)			220 ℃馏出量体积分数×10^2
17	闪点(开口)/℃			240 ℃馏出量体积分数×10^2
18	灰分质量分数×10^2			260 ℃馏出量体积分数×10^2
				280 ℃馏出量体积分数×10^2
				300 ℃馏出量体积分数×10^2
			24	原油类别

二、原油的实沸点蒸馏及各窄馏分的性质

馏分号	沸点范围/℃	占原油质量分数×10^2		占原油体积分数×10^2		密度/(20 ℃) g·cm^{-3}	运动粘度/ $mm^2·s^{-1}$			凝点/℃	苯胺点/℃	酸度或酸值	w_S×10^2	w_N×10^2	折光指数		特性因数	相关指数	粘重常数
		馏分	总馏分	馏分	总馏分		20 ℃	50 ℃	100 ℃						n_D^{20}	n_D^{70}			

三、原油蒸馏每10℃的收率[质量分数(或体积分数)×10^2]

十分度，℃ / 百分度，℃	0	10	20	30	40	50	60	70	80	90
0										
100										
200										
300										
400										
500										

四、汽油馏分的性质

沸点范围/℃	收率 质量分数×10^2	密度/(20℃) g·cm^{-3}	辛烷值(不加铅)	腐蚀	w_S×10^2	酸度 mgKOH/100 mL	馏程/℃						
							初馏点	10%	30%	50%	70%	90%	干点

五、喷气燃料馏分的性质

沸点范围/℃	收率 质量分数 ×10^2	密度/(20℃) $g \cdot cm^{-3}$	运动粘度/ $mm^2 \cdot s^{-1}$		结晶点/℃	碘值 gI/100g	芳烃 质量分数 ×10^2	$w_S \times 10^2$	闪点/(闭口) ℃	酸度 mgKOH/100mL	腐蚀	馏程/℃						
			20℃	−40℃								初馏点	10%	30%	50%	70%	90%	98%

六、灯用煤油馏分的性质

沸点范围/℃	收率 质量分数 ×10^2	密度/(20℃) $g \cdot cm^{-3}$	运动粘度/(20℃) $mm^2 \cdot s^{-1}$	凝点/℃	浊点/℃	$w_S \times 10^2$	烟点/mm	点灯试验	腐蚀	馏程/℃						
										初馏点	10%	30%	50%	70%	90%	干点

七、柴油馏分的性质

沸点范围/℃	收率 质量分数 ×10^2	密度/(20℃) $g \cdot cm^{-3}$	凝点/℃	运动粘度/(20℃) mm^2/s	苯胺点/℃	闪点/(闭口) ℃	质量分数 $w_N \times 10^2$	酸度 mgKOH/100ml	柴油指数	十六烷指数	腐蚀	馏程/℃						
												初馏点	10%	30%	50%	70%	90%	干点

八、催化裂化原料油的性质

沸点范围/℃	收率质量分数$\times10^2$	密度/(20℃) $g\cdot cm^{-3}$	运动粘度/$mm^2\cdot s^{-1}$		凝点℃	残炭质量分数$\times10^2$	折光指数n_D^{20}或n_D^{70}	平均相对分子质量	$w_S\times10^2$	$w_N\times10^2$	金属含量 $w\times10^6$					结构族组成					特性因数	相关指数
			80℃	100℃							钒	镍	铁	铅	铜	$C_Pw\times10^2$	$C_Nw\times10^2$	$C_Aw\times10^2$	R_A	R_N		

九、不同拔出深度下的重油及渣油的特性

沸点范围/℃	收率质量分数$\times10^2$	密度/20℃ $g\cdot cm^{-3}$	运动粘度/$mm^2\cdot s^{-1}$		元素分析质量分数$\times10^2$				凝点/℃	残炭质量分数$\times10^2$	相对分子质量	针入度/(1/10mm)	软化点/℃	延度/cm	金属含量 $w\times10^6$					四组分分析,$w\times10^2$				结构参数						
			80℃	100℃	碳	氢	硫	氮							钒	镍	铁	铅	铜	饱和烃	芳烃	胶质	沥青质	f_a	CI	#C	#Ca	R_T	R_A	R_N

十、润滑油馏分的性质

沸点范围/℃	收率 质量分数×10²	密度/g·cm⁻³		粘度/mm²·s⁻¹			凝点/℃	相对分子质量	折光指数 n_D^{20} 或 n_D^{70}	粘重常数	粘度指数	结构族组成				
		20℃	70℃	40℃	50℃	100℃						C_P $w\times10^2$	C_N $w\times10^2$	C_A $w\times10^2$	R_A	R_N

十一、润滑油馏分脱蜡的结果

沸点范围/℃	脱蜡油															蜡膏		
	收率 质量分数×10²		密度/g·cm⁻³	运动粘度/mm²·s⁻¹		凝点/℃	平均相对分子质量	折光指数 n_D^{20}	粘重常数	粘度指数	结构族组成					收率,$w\times10^2$		熔点/℃
	占原油	占馏分	20℃	40℃	100℃						C_P $w\times10^2$	C_N $w\times10^2$	C_A $w\times10^2$	R_A	R_N	在原油中	在馏分中	

十二、润滑油馏分双吸附剂分离和分析结果

沸点范围/℃	组分名称	收率 质量分数×10²		密度/(20 ℃) g·cm⁻³	运动粘度/ mm²·s⁻¹		凝点/ ℃	折光指数 n_D^{20}	粘度比 ν_{40}/ν_{100}	粘重常数	粘度指数
		占馏分	占原油		40 ℃	100 ℃					
	原馏分										
	P+N										
	$P+N+A_1$										
	$P+N+A_1+A_2$										
	$P+N+A_1+A_2+A_3$										

十三、重整原料油的组成分析(色谱法)

烃类 / 碳数	烷 烃	环烷烃	芳香烃	总 计
总 计				

第二章　石油和石油产品试验方法

第一节　原油试验法
［参考 GB 2538—88］

一、概　说

原油性质的分析方法与油品相应性质分析方法基本相同，但是，由于原油的馏分组成和化学组成都比油品更为复杂，因而原油性质分析有其特殊性。本方法包括原油的取样、脱水、密度、运动粘度、流动性、残炭、水分、硫含量、灰分、水和沉淀物、酸值、盐含量等的测定及馏程检验，主要说明原油分析的一些特殊规定。其中，原油取样和脱水在第一章第三节中已有专述，此处不作重复。

二、原油密度的测定

原油密度的测定按 GB/T 18844—92《石油产品密度测定》及 GB/T 1885—83(91)《石油密度计量换算表》进行。

三、原油运动粘度的测定

原油运动粘度的测定按 GB/T 265—88《石油产品运动粘度测定法》或 GB/T 11137—89《深色石油产品运动粘度测定法(逆流法)》进行。测定温度为 20℃，50℃或 80℃，也可根据要求测定几个温度下的运动粘度。采用 GB/T 11137—89《深色石油产品运动粘度测定法(逆流法)》测定运动粘度时，平行测定两个结果的差数，不应超过其算术平均值的±2%。

四、原油流动性的测定

原油凝点按 GB/T 510—83(91)《石油产品凝点测定法》及下列补充事项进行：

1. 原油经加热脱水后，需放置不少于 48 h 才能测定凝点。
2. 测定原油凝点时，浴温要控制在低于预计凝点 10 ℃的条件下。
3. 原油凝点高于 40 ℃时，可在高于预计凝点 10 ℃的条件下预热。
4. 平行测定两个结果间的差数，不应大于 4 ℃。
5. 原油倾点的测定按 GB/T 3535—83(91)进行，对于加热脱水的原油，需放置 48 h 后，方可测定倾点。

五、原油残炭的测定

原油残炭的测定按 GB/T 268—87《石油产品残炭测定法》或 SH/T 0170—92《石油产品残炭测定法(电炉法)》进行，用 GB/T 268—87 测定原油残炭时，按下表称取试样：

残　炭质量分数×10^2	试样量/g
小于 2	5±0.5
2～5	3±0.1
大于 5	2±0.1

六、原油水分的测定

原油水分的测定按 GB/T 260—77(88)《石油产品水分测定法》进行。

七、原油硫含量的测定

原油硫含量的测定按 GB/T 87—90《深色石油产品硫含量测定法(管式炉)》或 GB/T 386—64(90)《石油产品硫含量测定法(氧弹法)》进行。

八、原油馏程的测定

本方法适用于测定原油的馏程。

方法基本上与 GB/T 255—77(88)《石油产品馏程测定法》相同,其中不同点如下:

1. 仪 器

石油馏程测定器:符合 SH/T 0121—92 的规定。采用该标准中的石棉垫丙进行蒸馏,允许采用特制的凹型电炉加热。

2. 试验方法

1) 测定前原油需先测定含水量。如果原油含水量大于 0.5%(质量分数),需先脱水。如果含水量不超过 0.5%(质量分数)时,即可直接进行测定。

2) 冷凝器内的水温控制在(20±5) ℃。

3) 将蒸馏烧瓶放在天平上,按增重法称取在 20 ℃下相当于 80 mL 的原油,称准至 0.2 g。

4) 准备完毕后,就开始对蒸馏烧瓶加热,从加热到初馏点温度的时间控制在 15～20 min。

5) 温度达到初馏点之后,蒸馏速度应该控制均匀。低于 250 ℃时,每分钟为 2～4 mL;高于 250 ℃时,每分钟为 4～5 mL。馏出温度高于 200 ℃时,应逐渐升高冷凝水槽的水温。馏出温度到 250 ℃时,调节冷凝水槽的水温为 50～65 ℃。

6) 馏出温度到 100 ℃时,记录量筒内的馏出量(mL)。以后,每 20 ℃记录一次,到馏出温度为 300 ℃时停止加热,使试样的蒸气在冷凝管内冷凝并继续流入同一量筒中,时间为 5 min。记录量筒内的总馏出量(mL)。

3. 精密度

1) 平行测定的两个结果,在相同温度下的馏出量之差数,不应超过 1 mL。

2) 取平行测定两个结果的算术平均值,作为测定结果。

九、原油灰分的测定

原油灰分的测定按 GB/T 508—85(91)《石油灰分测定法》进行。

十、原油盐含量的测定

原油盐含量按第一章中第四节(五)《原油含盐量的测定》GB/T 6532—86(91)方法进行测定。

十一、原油沉淀物的测定

按 GB/T 6531—86(91)进行。

十二、原油水和沉淀物的测定

按 GB 6533—86 进行。

十三、原油酸值的测定

按 GB/T 7304—87 进行。

第二节　石油和液体石油产品密度测定法

密度为单位体积内所含物质的质量数，其单位为千克每立方米(kg/m^3)或克每立方厘米(g/cm^3)，千克每升(kg/L)。

原油及石油产品随温度变化而改变其体积，密度也随之发生变化。因此，油品密度的测定结果必须注明测定温度，用 ρ_t 表示。其中，t 为测定该值时的温度。

我国统一把 20 ℃下的密度规定为石油和液体石油产品的标准密度。以 ρ_{20}表示。因此，石油密度计在 20 ℃时进行分度，即使用时只有在 20 ℃时密度计的示值才是正确的。在其他温度如 t'度时所测定之密度称为视密度 ρ_t'，需按本方法中《石油计量换算表》(GB/T 1885—83)换算为 20 ℃时的密度 ρ_{20}。

密度计法是以阿基米德原理为基础。当被石油密度计所排开的液体重量等于密度计本身重量时，密度计处于平衡状态，即稳定地漂浮于液体石油产品中。

试油密度不同，同一密度计在试油中下沉程度不同，试油密度愈大，密度计下沉得愈少。

石油密度常用的测定方法有以下 3 种：

1. 密度计法：适用于粘度不太大的液体石油产品。该方法简单易行，准确度不高，绝对误差为 0.001 左右。一般用于生产现场及质量检验。

2. 比重瓶法：操作较繁琐，准确度较高，绝对误差最大为 0.000 4，是科学研究中常用的方法。

3. 混合法：适用于经加热仍难以得到流动性较好的均匀液体的粘稠试油。采用等体积的已知 20 ℃密度 ρ_2 的煤油稀释试油，混合均匀后，用密度计法测定混合液的 20 ℃密度 ρ_1，然后按下式计算试样的密度 ρ_{20}：

$$\rho_{20} = 2\rho_1 - \rho_2$$

混合法的准确度较差，应尽量避免使用。

密度是一些油品(如喷气燃料)的重要质量指标，它在一定程度上反映了油品的组成，因而可用来确定原油的类别及与其他物性结合，确定润滑油的组成(如 n-d-M 法、n-d-ν 法)。在石油储运中，密度是油料计量的重要根据。

(一) 密度计法［参考 GB/T 1884—92］

一、仪　器

1. 石油密度计一盒：符合 SH 0316—92 的 SY-Ⅰ型(最小分度值为 0.000 5 g/cm^3)或 SY-Ⅱ型(最小分度值为 0.001 g/cm^3)。作石油计量用时，必须使用 SY-Ⅰ型的石油密度计。

2. 玻璃量筒：内径比密度计外径至少大 25 mm，高度能使密度计下端距量筒底部至少高 25 mm。

3. 温度计：经检定合格，分度值为 0.1～0.2 ℃的全浸式水银温度计。

4. 恒温浴：恒温准确到±0.5 ℃。

二、试验方法

1. 根据试油类型确定测定温度(可在－18～90 ℃间选择)，尽可能在室温下进行。雷德蒸气压在 180 kPa 以下的高挥发性试样，应在原容器中冷却到 2 ℃或更低温度下测定，对原油等中等挥发性粘稠试样，应加热到试样具有足够流动性的最低温度下测定。

为计量而测定密度时，测定温度应尽量接近储油的实际温度。

2. 在非室温温度下测定时，试油应置于恒温浴中，以保证温度变化不大于 0.5 ℃。选用适当密度范围的石油密度计。取(放)密度计时，切忌悬臂拿取密度计的细端，以免折断密度计。

3. 将清洁干燥的量筒、合适的温度计和密度计置于与所测试样温度接近的环境。

4. 将调好温度的试样，小心地沿壁倾入量筒中，量筒应放在没有空气流动的地方，并保持平稳，注意不要溅泼，以免生成气泡。当试样表面有气泡聚集时，可用一片清洁滤纸除去气泡。

5. 将选好的清洁、干燥密度计小心地放入搅拌均匀的试样中，注意液面以上的密度计杆体浸湿不得超过两个最小分度值，因为杆体上附着过多的液体会影响所得读数。待其稳定后，按弯月面上缘读数，并估计密度计读数，读准至 0.000 1 g/cm^3。读数时必须注意，密度计不应与量筒壁接触，眼睛要与弯月面的上缘 $a-b$ 成同一水平，如图Ⅱ-2-1 所示。

同时测量试样的温度，注意温度计要保持全浸(水银线)，温度读准至 0.2 ℃。

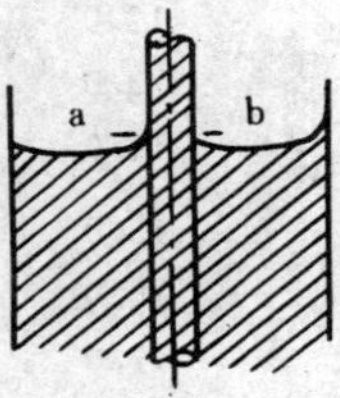

图Ⅱ-2-1

将密度计在量筒中轻轻转动一下，再放开，按 5 要求再测定一次。立即再用温度计小心搅拌试样，温度读准至 0.2 ℃。若这个温度读数和前次读数相差超过 0.5 ℃，应重新读取密度和温度，直到温度变化稳定在 0.5 ℃以内。记录连续两次测定温度和视密度的结果。

三、计　算

根据测定温度及视密度，由《石油密度计量换算表》中的表Ⅰ查得试样的 20 ℃密度。

《石油密度计量换算表》[GB/T 1885—83(91)]中共有各种换算表 8 个、附表 5 个。其中，表Ⅰ是石油视密度换算表，ρ_{20}的范围为 0.600 0～1.009 0、温度的范围为－25～100 ℃，共 107 页。

四、精密度

1. 连续测定两个结果之差不应超过下列数值：

密度计型号	允许差数，g/cm^3
SY-Ⅰ	0.000 5
SY-Ⅱ	0.001

2. 取连续测定两个结果的算术平均值作为测定结果。

五、影响因素

1. 在密度测定过程中，量筒、试样、温度计、密度计应处于相同的温度下(为什么?)。

2. 整个测定过程中，密度计不能与量筒的任何部位接触，尤其不能在未判定是否有接触的情况下读数。

表Ⅱ-2-1　视密度换算表　温度：0.0～45.0 ℃　视密度：0.750 0～0.759 0

20 ℃密度 \ 视密度 / 温度/℃	0.750 0	0.751 0	0.752 0	0.753 0	0.754 0	0.755 0	0.756 0	0.757 0	0.758 0	0.759 0
0.0	0.733 8	0.734 8	0.735 8	0.736 9	0.737 9	0.738 9	0.740 0	0.741 0	0.742 0	0.743 1
1.0	0.734 6	0.735 6	0.736 7	0.737 7	0.738 7	0.739 8	0.740 8	0.741 8	0.742 8	0.743 9
2.0	0.735 4	0.736 5	0.737 5	0.738 5	0.739 5	0.740 6	0.741 6	0.742 6	0.743 7	0.744 7

表Ⅱ-2-1(续)

温度/ ℃ \ 20 ℃密度 \ 视密度	0.750 0	0.751 0	0.752 0	0.753 0	0.754 0	0.755 0	0.756 0	0.757 0	0.758 0	0.759 0
3.0	0.736 3	0.737 3	0.738 3	0.738 3	0.740 4	0.741 4	0.742 4	0.743 5	0.744 5	0.745 5
4.0	0.737 1	0.738 1	0.739 1	0.740 2	0.741 2	0.742 2	0.743 2	0.744 3	0.745 3	0.746 3
5.0	0.737 9	0.738 9	0.740 0	0.741 0	0.742 0	0.743 0	0.744 1	0.745 1	0.746 1	0.747 1
6.0	0.738 7	0.739 8	0.740 8	0.741 9	0.742 8	0.743 9	0.744 9	0.745 9	0.746 9	0.747 9
7.0	0.739 6	0.740 6	0.741 6	0.742 6	0.743 6	0.744 7	0.745 7	0.746 7	0.747 7	0.748 8
8.0	0.740 4	0.741 4	0.742 4	0.743 4	0.744 5	0.745 5	0.746 5	0.747 5	0.748 5	0.749 6
9.0	0.741 2	0.742 2	0.743 2	0.744 2	0.745 3	0.746 3	0.747 3	0.748 3	0.749 3	0.750 4
10.0	0.742 0	0.743 0	0.744 0	0.745 1	0.746 1	0.747 1	0.748 1	0.759 1	0.750 1	0.751 2
11.0	0.742 8	0.743 8	0.744 8	0.745 9	0.746 9	0.747 9	0.748 9	0.759 9	0.750 9	0.751 9
12.0	0.743 6	0.744 6	0.745 7	0.746 7	0.747 7	0.748 7	0.749 7	0.750 7	0.751 7	0.752 7
13.0	0.744 4	0.745 4	0.746 5	0.747 5	0.748 5	0.749 5	0.750 5	0.751 5	0.752 5	0.753 5
14.0	0.745 2	0.746 2	0.747 3	0.748 3	0.749 3	0.750 3	0.751 3	0.752 3	0.753 3	0.754 3
15.0	0.746 0	0.747 0	0.748 1	0.749 1	0.750 1	0.751 1	0.752 1	0.753 1	0.754 1	0.755 1
16.0	0.746 8	0.747 8	0.748 8	0.749 9	0.750 9	0.751 9	0.752 9	0.753 9	0.754 9	0.755 9
17.0	0.747 6	0.748 6	0.749 6	0.750 6	0.751 6	0.752 7	0.753 7	0.754 7	0.755 7	0.756 7
18.0	0.748 4	0.749 4	0.750 4	0.751 4	0.752 4	0.753 4	0.754 4	0.755 4	0.756 4	0.757 4
19.0	0.749 2	0.750 2	0.751 2	0.752 2	0.753 2	0.754 2	0.755 2	0.756 2	0.757 2	0.758 2
20.0	0.750 0	0.751 0	0.752 0	0.753 0	0.754 0	0.755 0	0.756 0	0.757 0	0.758 0	0.759 0
21.0	0.750 8	0.751 8	0.752 8	0.753 8	0.754 8	0.755 8	0.756 8	0.757 8	0.758 8	0.759 8
22.0	0.751 6	0.752 6	0.753 6	0.754 6	0.755 6	0.756 6	0.757 6	0.758 5	0.759 5	0.760 5
23.0	0.752 3	0.753 3	0.754 3	0.755 3	0.756 3	0.757 3	0.758 3	0.759 3	0.760 3	0.761 3
24.0	0.753 1	0.754 1	0.755 1	0.756 1	0.757 1	0.758 1	0.759 1	0.760 1	0.761 1	0.762 1
25.0	0.753 9	0.754 9	0.755 9	0.756 9	0.757 9	0.758 9	0.759 9	0.760 9	0.761 8	0.762 8
26.0	0.754 7	0.755 7	0.756 7	0.757 6	0.758 6	0.759 6	0.760 6	0.761 6	0.762 6	0.763 6
27.0	0.755 4	0.756 4	0.757 4	0.758 4	0.759 4	0.760 4	0.761 4	0.762 4	0.763 4	0.764 4
28.0	0.756 2	0.757 2	0.758 2	0.759 2	0.760 2	0.761 2	0.762 1	0.763 1	0.764 1	0.765 1
29.0	0.157 0	0.758 0	0.759 0	0.759 9	0.760 0	0.761 9	0.762 9	0.763 9	0.764 9	0.765 9
30.0	0.757 7	0.758 7	0.759 7	0.760 7	0.761 7	0.762 7	0.763 7	0.764 6	0.765 6	0.766 6
31.0	0.758 5	0.759 5	0.760 5	0.761 5	0.762 4	0.763 4	0.7464 4	0.765 4	0.766 4	0.767 4
32.0	0.759 3	0.760 3	0.761 2	0.76 2	0.763 2	0.764 2	0.765 2	0.766 1	0.767 1	0.768 1
33.0	0.760 0	0.761 0	0.762 0	0.763 0	0.764 0	0.764 9	0.765 9	0.766 9	0.767 9	0.768 9
34.0	0.760 8	0.761 8	0.762 7	0.763 7	0.764 7	0.765 7	0.766 7	0.767 6	0.768 6	0.769 6
35.0	0.761 5	0.762 5	0.763 5	0.764 5	0.765 4	0.766 4	0.767 4	0.768 4	0.769 4	0.770 3
36.0	0.762 3	0.763 3	0.764 2	0.765 2	0.766 2	0.767 2	0.768 1	0.769 1	0.770 1	0.771 1
37.0	0.763 0	0.764 0	0.765 0	0.766 0	0.766 9	0.767 9	0.768 9	0.769 9	0.770 8	0.771 8
38.0	0.763 8	0.764 8	0.765 7	0.766 7	0.767 7	0.768 7	0.769 6	0.770 6	0.771 6	0.772 5
39.0	0.764 5	0.765 5	0.766 5	0.767 4	0.768 4	0.769 4	0.770 4	0.771 3	0.772 7	0.773 3
40.0	0.765 3	0.766 2	0.767 2	0.768 2	0.769 2	0.770 1	0.771 1	0.772 1	0.773 0	0.774 0
41.0	0.766 0	0.767 0	0.768 0	0.768 9	0.769 9	0.770 9	0.771 8	0.772 8	0.773 8	0.774 7
42.0	0.766 8	0.767 7	0.768 7	0.799 7	0.770 6	0.771 6	0.772 6	0.773 5	0.774 5	0.775 5
43.0	0.767 5	0.768 5	0.769 4	0.770 4	0.771 4	0.772 3	0.773 3	0.774 3	0.775 2	0.776 2
44.0	0.768 2	0.769 2	0.770 2	0.771 1	0.772 1	0.773 0	0.774 0	0.775 0	0.775 9	0.776 9
45.0	0.769 0	0.769 9	0.770 9	0.771 8	0.772 8	0.773 8	0.774 7	0.775 7	0.776 7	0.777 6

(二) 比重瓶法[参考 GB/T 2540—81(88)]

本方法适用于测定液体或固体石油产品的密度,但不适宜测定高挥发性液体(如液化石油气等)的密度。

一、仪　器

1. 比重瓶:瓶颈上带有标线或毛细管磨口塞子,体积为 25 mL。如图所示 3 种型式。

磨口盖型:除粘性产品外,它对各种试样都适用,通常多用于较易挥发的产品(如汽油等),它能防止试样的挥发。有膨胀室,可用于室温高于测定温度的情况。

毛细管塞型:适用于不易挥发的液体,如润滑油,但不适用于粘度太高的试样。

广口型:上部为一带毛细管的磨口塞。它适用于高粘度液体(如重油等)或固体产品。

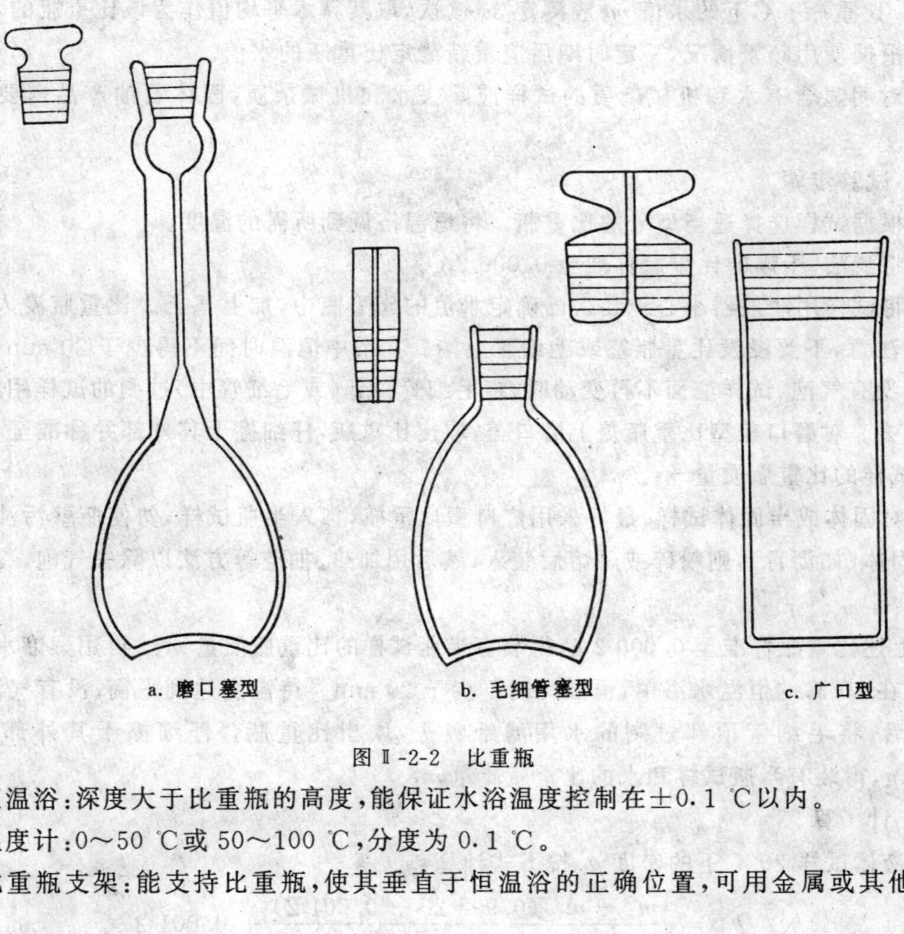

图 Ⅱ-2-2　比重瓶

2. 恒温浴:深度大于比重瓶的高度,能保证水浴温度控制在±0.1 ℃以内。

3. 温度计:0～50 ℃或 50～100 ℃,分度为 0.1 ℃。

4. 比重瓶支架:能支持比重瓶,使其垂直于恒温浴的正确位置,可用金属或其他材料制成。

二、准备工作

1. 比重瓶和塞子经铬酸洗液、水、蒸馏水洗净并干燥。

比重瓶应清洗到瓶的内、外壁上不挂水珠,水能从比重瓶内壁或毛细管内完全流出。

2. 比重瓶 20 ℃水值的测定

将仔细洗涤、干燥好并冷至室温的比重瓶称准至 0.0002 g,得空比重瓶质量 m_1。用注射器将新煮沸并经冷却至 18～20 ℃的蒸馏水装至比重瓶顶端,加上塞子,然后放入(20±0.1) ℃的恒温水浴中,但不要浸没比重瓶或毛细管上端。

将上述装有蒸馏水的比重瓶在恒温浴中至少保持 30 min。待温度达到平衡、没有气泡、液面不再变动时，将过剩的水用滤纸吸去。对磨口盖比重瓶，擦去标线以上部分的试样后，盖上磨口盖。取出比重瓶，仔细用绸布将比重瓶外部擦干，称准至 0.000 2 g，得装有水的比重瓶质量 m_2。比重瓶的 20 ℃水值 m_{20}按下式计算：

$$m_{20} = m_2 - m_1$$

式中　m_{20}——比重瓶 20 ℃ 的水值，g；

m_2——装有 20 ℃ 水的比重瓶质量，g；

m_1——空比重瓶质量，g。

比重瓶的水值应测定 3～5 次，取其算术平均值作为该比重瓶的水值。

3. 如果需要测定 t ℃下的密度，可在所需温度 t ℃下测定比重瓶的水值 m_t，操作方法同第 2 条。比重瓶 t ℃下的水值 m_t 应测定 3～5 次，取其算术平均值作为该比重瓶的水值。

4. 根据使用频繁情况，一定时期后应重新测定比重瓶的水值。

5. 对明显含有水和机械杂质的试样应除去水和机械杂质，固体石油产品需要粉碎成小块。

三、试验步骤

1. 根据试样选择适当型号的比重瓶。将恒温浴调到所需的温度。

2. 将清洁、干燥的比重瓶称准至 0.000 2 g。

3. 将试样用注射器小心地装入已确定水值的比重瓶中，加上塞子。比重瓶浸入恒温浴直到顶部，注意，不要浸没比重瓶塞或毛细管上端。在浴中恒温时间不得少于 20 min，待温度达到平衡、没有气泡、试样液面不再变动时，将毛细管顶部（或毛细管中）过剩的试样用滤纸（或注射器）吸去。对磨口盖型比重瓶盖上磨口盖，取出比重瓶，仔细擦干其外部并称准至 0.0002 g，得装有试样的比重瓶质量 m_3。

4. 对固体或半固体试样，最好采用广口型比重瓶，加入半瓶试样，勿使瓶壁污浊。如试样为脆性固体（如沥青），则粉碎或融熔后装入，然后用加热、抽空等方法以除去气泡，冷却到接近 20 ℃。

将上述比重瓶称准至 0.000 2 g，得装有半瓶试样的比重瓶质量 m_3。再用蒸馏水充满比重瓶，并放在 20 ℃的恒温水浴中，恒温时间不少于 20 min。待温度达到平衡、没有气泡、液面不再变动后，将毛细管顶部过剩的水用滤纸吸去，取出比重瓶。仔细擦干其外部并称准至 0.000 2 g，得装有半瓶试样和水的比重瓶质量 m_4。

四、计　算

1. 液体试样 20 ℃下的密度 ρ_{20}按下式计算：

$$\rho_{20} = \frac{(m_3 - m_1)(0.998\,20 - 0.001\,2)}{m_{20}} + 0.001\,2$$

式中　m_3——在 20 ℃ 时装有试样的比重瓶质量，g；

m_1——空比重瓶质量，g；

m_{20}——在 20 ℃ 时比重瓶的水值，g；

0.998 20——水的 20 ℃ 密度，以 g/cm^3 表示的值；

0.001 2——在 20 ℃、大气压力为 760 mm Hg 时的空气密度，以 g/cm^3 表示的值。

2. 固体或半固体试样的 20 ℃下的密度 ρ_{20}按下式计算：

$$\rho_{20}=\frac{(m_3-m_1)(0.998\ 20-0.001\ 2)}{m_{20}-(m_4-m_3)}+0.001\ 2$$

式中　m_3——在 20 ℃ 时装有半瓶试样的比重瓶质量，g；

m_1——空比重瓶质量，g；

m_{20}——在 20 ℃ 时比重瓶的水值，g；

m_4——在 20 时装有半瓶试样和水的比重瓶质量，g。

3. 液体试样的 t ℃密度，按下式计算：

$$\rho_t=\frac{(m_3-m_1)(\delta-0.001\ 2)}{m_t}+0.001\ 2$$

式中　m_3——在 t ℃ 时装有试样的比重瓶质量，g；

m_1——空比重瓶质量，g；

m_t——在 t ℃ 时比重瓶水值（在 t ℃ 下装有水的比重瓶质量减去空比重瓶质量），g；

δ——水在 t ℃ 时的密度，g/cm³，见本节附表。

某些试样（如原油、重油等）在 20 ℃已凝固或很粘稠，而要求 20 ℃密度测定结果。这种情况下，可按测定 t ℃密度操作，不需测定 t ℃水值，用 20 ℃下水值，按下式计算 t ℃下视密度 ρ'_t：

$$\rho'_t=\frac{(m_3-m_1)(0.998\ 20-0.001\ 2)}{m_{20}}+0.001\ 2$$

式中　ρ'_t——t ℃ 视密度，g/cm³；

m_3——在 t ℃ 时装有试样的比重瓶质量，g；

m_1——空比重瓶质量，g；

m_{20}——比重瓶 20 ℃ 水值，g。

然后将计算所得 ρ'_t 的值，由石油密度计量换算表[GB/T 1885—83(91)]表 I《视密度换算表》查得 20 ℃密度值。

五、精密度

1. 平行测定两个结果之差不应超过以下数值：

试　　样	允许差值，g/cm³
液体石油产品	0.000 4
固体或半固体石油产品	0.000 8

此精密度规定只适用于 20 ℃，对于 t ℃测定的精密度不作规定。

2. 取平行测定两个结果的算术平均值作为测定结果。

附　　表

水的密度表

温　度/℃	密度/g·cm⁻³	温　度/℃	密度/g·cm⁻³	温　度/℃	密度/g·cm⁻³
0	0.999 84	20	0.998 20	39	0.992 60
1	0.999 90	21	0.997 99	40	0.992 22
2	0.999 94	22	0.997 77	45	0.990 21
3	0.999 96	23	0.997 54	50	0.988 04
4	0.999 97	24	0.997 30	55	0.985 70

续表

温　度/℃	密度/g·cm⁻³	温　度/℃	密度/g·cm⁻³	温　度/℃	密度/g·cm⁻³
5	0.999 96	25	0.997 04	60	0.983 21
6	0.999 94	26	0.996 78	65	0.980 56
7	0.999 90	27	0.996 51	70	0.977 78
8	0.999 85	28	0.996 23	75	0.974 86
9	0.999 78	29	0.995 94	80	0.971 80
10	0.999 70	30	0.995 65	85	0.968 62
11	0.999 60	31	0.995 34	90	0.965 31
12	0.999 50	32	0.995 03	95	0.961 89
13	0.999 38	33	0.994 70	98.89	0.959 14
14	0.999 24	34	0.994 37	100	0.958 35
15	0.999 10	35	0.994 03		
16	0.998 94	36	0.993 68		
17	0.998 77	37	0.993 33		
18	0.998 60	37.38	0.993 05		
19	0.998 40	38	0.992 97		

第三节　石油产品馏程测定法

在一定压力下加热纯物质时，其蒸气压随温度升高而增大，当蒸气压力与外界压力相等时，液体开始沸腾，此时的温度称为沸点。纯物质的沸点是压力的单值函数，与测定方法无关。石油及其产品是烃类和非烃类的复杂混合物，它被加热蒸馏时，沸点较低的组分最先气化馏出，此时的温度称为初馏点。在不断加热的情况下，蒸出来的组分的沸点由低逐渐升高，直到最高的组分被蒸馏出来为止，此时的温度称为终馏点。从初馏点到终馏点代表油品的沸点范围，称为沸程或馏程。不同的方法测得的油品沸程是有差别的，因而测定馏程时必须严格按照规定方法进行。

油品的馏程是汽油、煤油、柴油的重要质量指标，又是工艺计算的重要基础数据，在生产中常用作控制操作条件的依据。不同油品的馏程测定方法有些差别，详见 GB/T 255—77(88)。

为了向国际标准靠拢，我国已制定了 GB/T 6536 石油产品蒸馏测定法，其仪器结构和试验方法与 GB/T 255 类似，但详细尺寸、操作步骤等差别很大。最新制定的油品质量标准如轻柴油(GB/T 252—87)等已用 GB/T 6536 取代 GB/T 255 来测定馏程。

GB/T 6536 适用于车用汽油、航空汽油、喷气燃料、特殊沸点的溶剂、石脑油、煤油、柴油、馏分燃料和相似的石油产品的蒸馏测定。方法规定，100 mL 试样按适合于产品性质规定的条件分为几组进行蒸馏。系统地观察温度计读数和冷凝液体积，并根据这些数据计算和报告结果。产品是根据蒸气压的差别分为四组，各组试验条件不同，详见 GB/T 3536—86(91)。

(一) 石油产品馏程测定法[参考 GB/T 255—77(88)]

一、概　说

本方法适用于测定发动机燃料、溶剂油和轻质石油产品的馏分组成。

二、仪　器

1. 石油产品馏程测定器：符合 GB/T 515—77 技术条件，如图Ⅱ-3-1。

2. 温度计：符合 GB/T 514—75 技术条件。

3. 秒表。

4. 配有自耦变压器的电炉或喷灯。

5. 量筒：0～100 mL，刻度 1 mL。

三、试验方法

1. 试样如果含水，试验前应先脱水(为什么?)。实验室中一般在试油中加入无水氯化钙，摇动 10～15 min，静置后把澄清部分经过干燥滤纸过滤，即可供试验之用。

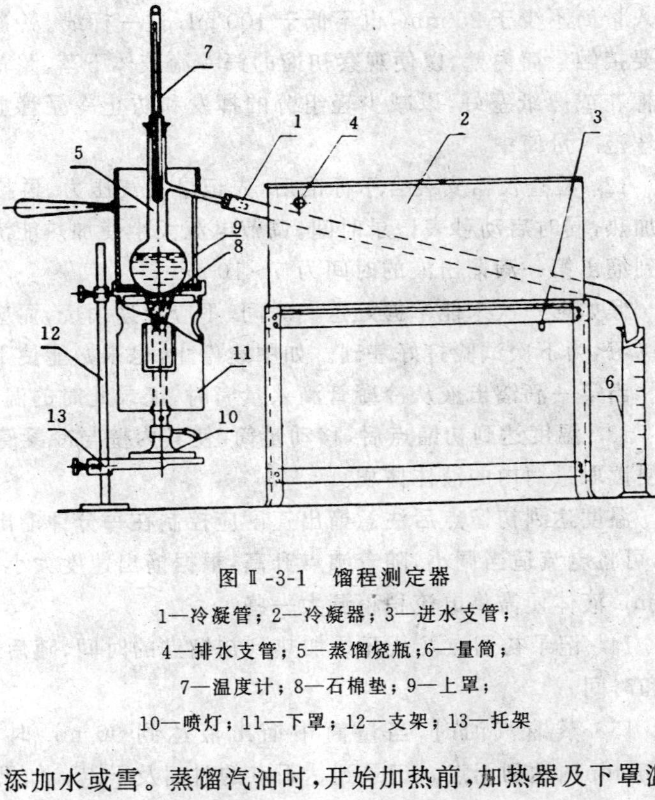

图Ⅱ-3-1　馏程测定器

1—冷凝管；2—冷凝器；3—进水支管；4—排水支管；5—蒸馏烧瓶；6—量筒；7—温度计；8—石棉垫；9—上罩；10—喷灯；11—下罩；12—支架；13—托架

2. 蒸馏前，用缠在金属丝上的软布或棉花擦拭冷凝管的内壁，以除去上次蒸馏遗留的液体或空气中冷凝下来的水分。擦拭方法是将金属丝没有布片的一端由冷凝管上端插入，当金属丝从冷凝管下端穿出时，将金属丝连同布片一起由下端拉出来。

3. 蒸馏汽油时，为保证油蒸气全部冷凝，冷凝器水槽中应装满冰块或雪，再加入冷水，使水面达到排水支管 4 的高度，蒸馏时水温必须保持在 0～5 ℃，必要时可添加水或雪。蒸馏汽油时，开始加热前，加热器及下罩温度都不应高于室温。

4. 在装试样前，蒸馏烧瓶必须洗净、干燥。如瓶底稍有积炭，因对蒸馏没有影响，并能防止突沸，所以每次蒸馏后不必都把积炭除净。如积炭很厚，可用铬酸洗液或碱洗液洗涤除去，用过的蒸馏烧瓶先用轻汽油洗涤，再用空气吹干或烘干。

5. 测定试样温度如不在(20±3) ℃范围内，应该将试样放在水浴中，使其温度达到(20±3) ℃。

6. 用清洁、干燥的 100 mL 量筒量取(20±3) ℃的试油 100 mL，体积按凹液面的下边缘计算，试样在注入蒸馏烧瓶时，拿蒸馏烧瓶时注意应使支管向上，以免试油从蒸馏烧瓶支管中流失。

7. 向蒸馏烧瓶中放入数粒无釉碎瓷片或封口的玻璃毛细管，以免蒸馏时产生突沸(如果蒸馏烧瓶底部有少量积聚的焦炭，则不必加瓷片）。

在蒸馏烧瓶口上紧密地塞上插有干净温度计的软木塞，使温度计与蒸馏烧瓶的轴心线相重合，并使水银球的上边缘与支管焊接处的下边缘在同一水平面。如图Ⅱ-3-2所示。

8. 装有汽油的蒸馏烧瓶安装在30 mm孔径的石棉垫上。

9. 蒸馏烧瓶支管用软木塞与冷凝器上端相连接。支管插入冷凝管内的长度为25～40 mm，注意，不要与冷凝管的内壁相接触。安装时注意切勿折断支管。

10. 在软木塞连接处都用火棉胶封住，火棉胶涂得越薄越好。如果仪器安装本身是紧密的，可不必封口，以免引起拆卸困难。

将上罩9放在石棉垫上罩住蒸馏烧瓶。

11. 量取试油的量筒不经干燥，就放在冷凝管下面，使冷凝管插入量筒不少于25 mm，也不低于100 mL这一标线。冷凝管下端不要接触量筒内壁，以便观察初馏的第一滴液体下落。量筒口都要用棉花或厚纸塞好，以减少轻组分的挥发和防止冷凝管上凝结的水珠落入量筒中。

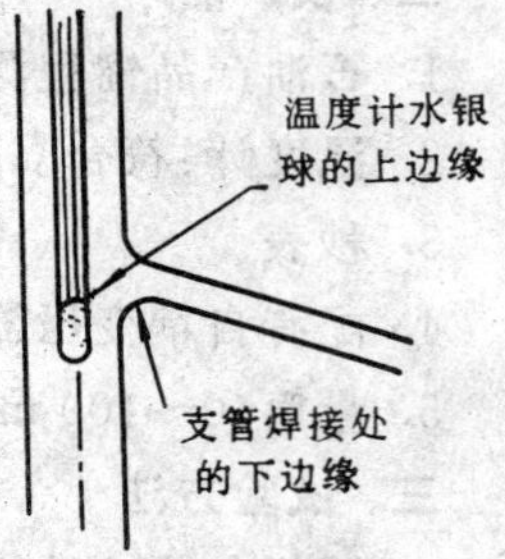

图Ⅱ-3-2 温度计插入位置示意图

12. 检查仪器安装合乎标准后，先记录大气压力，再接上电源，用自耦变压器调节电流，开始加热，同时启动秒表记录时间。调节电流大小使加热能满足下述要求：蒸馏汽油时，从开始加热到馏出第一滴馏出液的时间为5～10 min；

假如第一次未能掌握好这一时间，不应半途而废，而应继续进行蒸馏，并记录数据，以这次为练习，为下次试验打好基础。如中途停止，也未必能使下次试验完全做好。

当第一滴馏出液从冷凝管滴入量筒时，记录此时的温度作为初馏点。

13. 温度达到初馏点后，移动量筒，使其内壁与冷凝管末端接触，让冷凝液沿量筒壁流下，以便读取量筒内的液体体积。

温度达到初馏点后注意馏出速度应控制在每分钟馏出4～5 mL。如果开始时馏出速度过快，可将电流适当调小，随着沸点升高，根据馏出速度大小，再逐渐加大电流。大约每馏出20～30 mL液体便需将电流稍稍调大一些。

14. 记录初馏点及从开始加热到初馏点的时间，随后每馏出10%（即10 mL）记录一次温度和时间。

15. 蒸馏汽油时，当量筒中馏出液达到90 mL时，立即最后一次加大电流，要求在3～5 min内达到干点。记录到达干点的时间及干点。如果这段时间超过规定，实验无效。

干点定义为温度计的水银柱在继续加热的情况下停止升高并开始下降时的蒸气最高温度。干点与油品最后馏分的沸点及瓶底的加热强度有关，因此，达到干点的时间必须符合规定。

在达到干点前瓶内尚有微量液体烃类和胶状物质，因局部过热而分解。生成的气体与烃类蒸气在瓶内形成白雾，并在瓶底沉积一些炭渣。

温度到达干点后，立即停止加热，让冷凝管中液体流出5 min后，记录量筒中的液体总体积作为总馏出量。

16. 蒸馏时，读数必须分别准确到0.5 mL、1 ℃和10 s。

17. 试验结束时，取出上罩，让蒸馏烧瓶冷却5 min后，从冷凝管上卸下蒸馏烧瓶，取下瓶塞和温度计。将蒸馏烧瓶中热的残留物仔细倒入5 mL或10 mL的量筒内，冷至(20±3) ℃时，记下残留物体积，准确至0.1 mL。在蒸馏烧瓶支管中的液体亦应倒入这个量筒中。

试油 100 mL 减去馏出液和残留物的总体积所得之差就是蒸馏损失。其中，蒸馏烧瓶与冷凝管内壁沾去的部分损失是固定的，其他部分损失是汽油中含有的石油气体和轻组分在蒸馏时未冷凝而造成的，另一部分是干点时油品分解引起的。

四、计　算

1. 温度计示值应根据温度计检定证上的修正数进行修正，精确到 1 ℃。

2. 大气压力高于 102.7 kPa(770 mmHg)或低于 100.0 kPa(750 mmHg)时，馏出温度所受大气压力的影响要按下式计算修正值 C：

$$C = 0.000\,9(101.3 - p)(273 + t)$$

或：

$$C = 0.000\,12(760 - p_1)(273 + t)$$

式中　p——试验时大气压力，kPa；

p_1——试验时大气压力，mmHg；

t——温度计读数，℃。

馏出温度在大气压力 p 时的数据 t 和在 101.3 kPa(760 mmHg)时的数据 t_0，存在以下关系：

$$t_0 = t + C$$

3. 实际大气压力在 100.0～102.7 kPa(750～770 mmHg)范围内，馏出温度不需要进行上述修正，即认为

$$t = t_0$$

五、精密度

1. 平行测定的两次结果，允许有如下的差数：

1) 初馏点为 4 ℃；

2) 干点和中间馏分为 2 ℃和 1 mL；

3) 残留物为 0.2 mL。

2. 试油的馏程用平行测定结果的算术平均值表示。

六、影响因素

1. 试油必须不含水分，否则，水分会导致测定时产生突沸冲油，并使温度计指示失真(为什么?)。

2. 严格控制加热速度，保持规定的馏出速度是保证试验准确性的关键。

如果加热速度过快，瓶内产生过多的蒸气来不及从支管逸出，可使瓶中压力大于外界压力，以致蒸馏温度高于常压蒸馏温度。

3. 仪器安装应严格符合规定要求。如果温度计的插入位置不正确，会影响馏出温度，当水银球偏向支管时，因水银球靠近瓶壁，此处气流速度太快，与携带上来液滴接触较多，导致指示温度偏高。

蒸馏烧瓶支管插入冷凝管中的长度为 25～40 mm，插入长度相差太大，初馏点读数可相差 1～2 ℃，一般以插入 30 mm 为宜。平行试验时，更应注意两次插入长度要接近。

4. 取样和收集蒸馏残留物及馏出油时，均应保持油温为(20±3) ℃。对于 100 mL 汽油来说，在 17 ℃和 23 ℃取样时，体积可相差 0.2～0.3 mL。

5. 经常检查仪器的严密程度，防止漏气。

（二）石油产品蒸馏测定法[参考 GB/T 6536—86(91)]

本方法适用于车用汽油、航空汽油、喷气燃料、特殊沸点的溶剂、石脑油、煤油、柴油、馏分燃料和相似的石油产品的蒸馏测定。

一、定　义

1. 初馏点：在标准条件下进行蒸馏时，从冷凝管下端滴下第 1 滴冷凝液所观察到的温度计读数（需要时要作校正）。

2. 终点或终馏点：在标准条件下进行蒸馏时，全部液体从蒸馏烧瓶底部蒸发后所观察到的温度计最高读数（需要时要作校正）。

3. 干点：在标准条件下进行蒸馏时，蒸馏烧瓶内最低点的最后 1 滴液体气化的一瞬间所观察到的温度计读数（需要时要作校正）。在蒸馏烧瓶壁或温度计上的任何液滴或液膜则不予考虑。

一般用终点（终馏点）而不用干点。对特殊用途的石脑油，例如涂料工业用石脑油，可报告干点。此外，当某试样终点（终馏点）的精密度总是不符合有关规定时，可以用干点来代替终点。

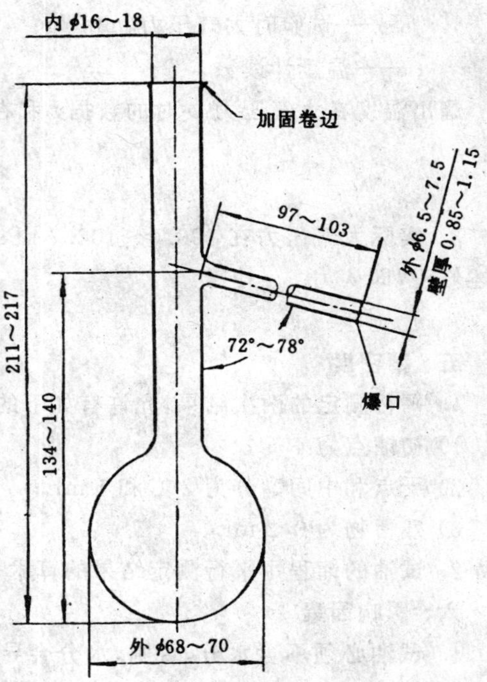

图 Ⅱ-3-3　蒸馏烧瓶

4. 分解点：蒸馏烧瓶中液体开始呈现热分解时的温度。热分解时，蒸馏烧瓶中出现烟雾，温度发生波动，即使调节加热，温度仍明显下降。

5. 回收体积：与观察温度计同时观察到的接受量筒内的冷凝液体的 mL 数。

6. 回收体积分数：观察到的最大回收体积分数。

7. 总回收体积分数：观察到的蒸馏烧瓶中残留量体积分数与回收体积分数之和。

8. 损失体积分数：1 减去总回收体积分数。

9. 残留体积分数：总回收体积分数减去回收体积分数，或由直接测出的残留 mL 数计算而得。

10. 蒸发体积分数：回收体积分数与损失体积分数之和。

二、仪　器

1. 蒸馏烧瓶

蒸馏烧瓶应该用耐热玻璃制造，其尺寸见图 Ⅱ-3-3。

2. 冷凝器和冷浴

冷凝器和冷浴的型式如图 Ⅱ-3-4 和图 Ⅱ-3-5 所示。如果其他型式仪器能满足规定的精密度要求，则也可使用。

冷凝管应该用无缝铜管制成，长度560 mm，外径 14 mm，壁厚 0.8～0.9 mm。

冷凝器内的铜管长约 390 mm,全浸在冷却介质中。在冷浴外的部分,上端约 50 mm,下端约 114 mm,上端伸出部分与径向成 75 度角。在冷浴内的铜管可以是直管式或弯成连续平滑的曲管。每毫米冷凝弯曲管的平均梯度0.26 mm(相当于 15 度角)。浸入部分的每毫米梯度不应小于 0.24 mm 和大于 0.28 mm。下端伸出部分稍偏后向下弯曲,长度为 76 mm,使管的末端能与在位的量筒在接受馏出液时与玻璃量筒顶部 25 mm 至 32 mm 处相接触。冷凝管下端应切成锐角,使管的末端能与在位的量筒壁相接触。

冷浴的体积不应少于容纳 5.5 L的冷却介质。冷凝管的中心线在入口处应该离浴顶至少 32 mm,出口处应离浴底至少 19 mm。

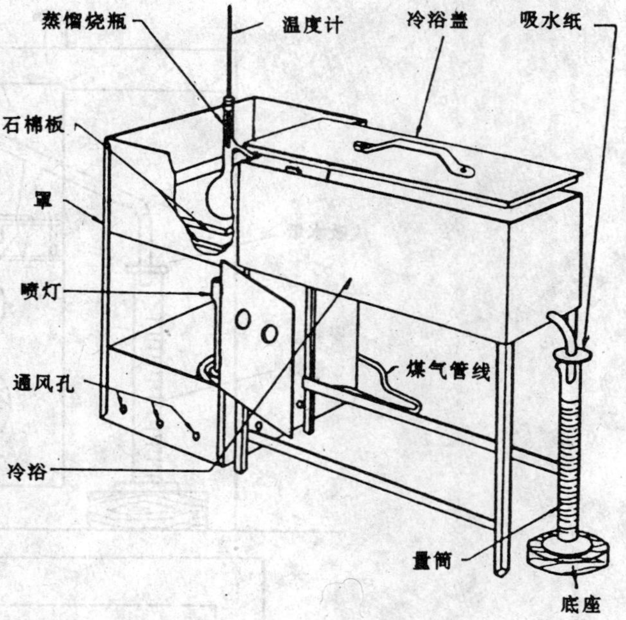

图 Ⅱ-3-4　利用喷灯的蒸馏仪器总图

除邻近于出口处外,冷凝管与浴壁的间距至少为 13 mm。

3. 蒸馏烧瓶用的金属罩或围屏

第一种型式金属罩(见图 Ⅱ-3-4)是用厚 0.8 mm 金属制成的,高 480 mm,长 280 mm,宽 200 mm。在罩的一个窄面上有一个门。在两个窄面上等位地各开有两个 25 mm 直径的孔。罩的另一面开有一个通蒸馏烧瓶支管的窄条。这 4 个孔的中心线应离罩顶 215 mm。4 个面都开有 3 个约 13 mm 直径的小孔。

第二种型式金属罩(见图 Ⅱ-3-5)是用厚约 0.8 mm 金属制成。高 440 mm,长 200 mm,宽 200 mm。罩前方的一面有一个窗。罩的开口端离装置基底约 50 mm。罩后方的一面有通蒸馏烧瓶支管的椭圆形孔。调节蒸馏烧瓶支板(石棉板)的旋钮应位于罩的正面。如果用电炉加热(图 Ⅱ-3-5),应使用带有指示盘的连续式的热控装置。加热器和热控装置都应置于罩的下部,在烧瓶支板以上的罩的其他部件安装应与使用气体加热器的装置相同,只是可以不用罩的下部,加热器、控制装置以及上部罩均可用任何方便的形式予以支撑。

4. 热　源

气体加热器(见图 Ⅱ-3-4)能燃烧一般气体,能提供足够热量,使被测试样按规定速度蒸馏。为更好地控制加热,可采用一个灵敏的调节阀和压力控制器。

可用电加热器(见图 Ⅱ-3-5,0～1 000 W 可调节的电加热器就能满足要求。)代替气体加热器,只要能按规定的速度进行蒸馏就行。

5. 蒸馏烧瓶支架

第一种型式,用于气体燃烧器(见图 Ⅱ-3-4)。一般实验室用,直径为 100 mm 或稍大的支环支于罩内的支架或在罩外的可调节的平台上。

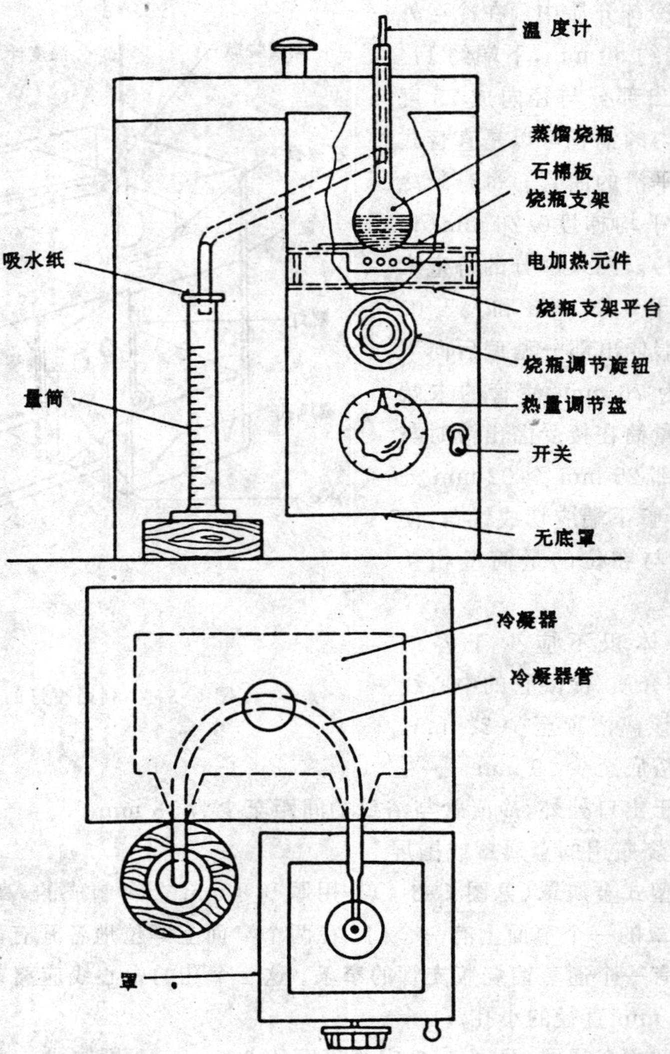

图Ⅱ-3-5　采用电加热器的仪器总图

两块厚 3～6 mm 的陶瓷或硬石棉板，放在所采用的支环或平台上。直接放在支环或平台上的板应有一个 76～100 mm 的中心孔，其外缘尺寸应稍小于罩的内缘。

第二块用于支放蒸馏烧瓶的板，其外缘尺寸应稍小于第一块板，其中心有一个直径为 37.5 mm 或 50 mm 的孔。在中心孔的边缘，板的厚度应为 3～6 mm。这块蒸馏烧瓶支板可根据蒸馏烧瓶放置的方向而稍作移动，使之只能通过板孔直接加热烧瓶。

第二种型式，用于电加热器（见图Ⅱ-3-5）。电加热器的上面有一块中心孔直径为 37.5 mm 或 50 mm 的瓷板或石棉板。孔边厚为 3～6 mm。加热装置和其上面的支板应该可移动，以便在放置蒸馏烧瓶后，只能通过板孔直接加热蒸馏烧瓶。

6. 量　筒

量筒容积为 100 mL，分度为 1 mL，量筒底部型式不作规定，但在置于倾斜 15 度的台面上时，应不倾倒。

7. 量筒的冷却浴

任何高型、透明的玻璃或塑料烧杯，只要其高度能将量筒浸入冷却液中到 100 mL 刻线处即可。

8. 温度计

水银玻璃温度计，棒状。应符合表Ⅱ-3-1 要求：

表Ⅱ-3-1　温度计规格

项　　目	低　温　范　围	高　温　范　围
测量范围	−2～300 ℃	−2～400 ℃①
最小分度值	1 ℃	1 ℃
浸入型式	全　浸	全　浸
总长度	381～391 mm	381～391 mm
棒直径	6～7 mm	6～7 mm
感温泡长度	10～15 mm	10～15 mm
感温泡直径	5～6 mm	5～6 mm
感温泡底至 0 ℃刻线的距离	100～110 mm	25～45 mm
感温泡底至 300 ℃刻线的距离	333～354 mm	—
感温泡底至 400 ℃刻线的距离	—	333～354 mm
中线刻度间隔	5 ℃	5 ℃
数字刻度间隔	10 ℃	10 ℃
刻度允许误差	0.5 ℃，直至 300 ℃	1.0 ℃，直至 370 ℃
刻线最大宽度	0.23 mm	0.23 mm
安全泡允许加热的最高温度	350 ℃	不超过最高温度读数
示值稳定性②		

注：① 温度计在指示温度 371 ℃以上使用之后，不经零位校正，就不应再次使用。

② 示值稳定性检验方法：

a. 在上限温度处理 30 min 后，取出自然冷却至室温，测定零位。

b. 在上限温度处理 24 h 后，取出自然冷却至室温，测定零位。

c. 在上限温度处理 30 min 后，然后关闭恒温槽的加热电源，使温度计在介质中缓慢冷却至接近室温后取出测定零位。由 b 项中测得的零位，减去 a 项中测得的零位即为零位永久性升值。由 b 项中测得的零位，减去 c 项中测得的零位为零位低降值。

三、试验方法

1. 如果试样有明显的可见水，就不适合作试验用。如果试样不干燥而预期初馏点是低于 66 ℃，则应另取一份无悬浮水的试样供试验用；如果初馏点高于 66 ℃，则用无水硫酸钠或其他适宜的干燥剂与试样一起摇动，再用倾注法将试样从干燥剂中分离出来。

2. 按表Ⅱ-3-2 要求，选择被测试样所需的蒸馏烧瓶支板和温度计。把蒸馏烧瓶、温度计、量筒、蒸馏烧瓶支板和罩处理到开始试验时各自所需的温度。

3. 将适合于表Ⅱ-3-2 规定温度的不燃性冷却液，如碎冰、水、盐水或乙二醇溶液注入冷浴，使之浸过冷凝管。如果用碎冰，则必须有足够的水，使之能浸过冷凝管，以保持整个试验过程中冷浴所需的温度。同样，也应该使量筒保持按表Ⅱ-3-2 所规定的温度。

4. 用缠在一根绳或铜丝上的一块无绒软布擦洗冷凝管内的残存液。

5. 使试样的温度达到表Ⅱ-3-2 所规定的范围。用量筒量取 100 mL 试样，尽可能完全倒入蒸馏烧瓶，要注意不能使液体流入蒸馏烧瓶支管。

表Ⅱ-3-2 试验条件

	第 1 组	第 2 组	第 3 组	第 4 组
试样性质：				
蒸气压(37.8 ℃)	不小于 65.5 kPa (491.3 mmHg)	小于 65.5 kPa (491.3 mmHg)	小于 65.5 kPa (491.3 mmHg)	小于 65.5 kPa (491.3 mmHg)
蒸　馏				
初馏点①	—	—	不高于 100 ℃	高于 100 ℃
终馏点	不高于 250 ℃	不高于 250 ℃	高于 250 ℃	高于 250 ℃
仪器的准备：				
蒸馏温度计	低温度范围	低温度范围	低温度范围	高温度范围
烧瓶支板(即石棉垫)的孔径	37.5 mm	37.5 mm	50 mm	50 mm
开始试验的温度：				
烧瓶和温度计	13～18 ℃	13～18 ℃	13～18 ℃	13 ℃～室温
烧瓶支板和罩	不高于室温	不高于室温	不高于室温	—
刻度量筒和加 100 mL 试样	13～18 ℃	13～18 ℃	13～18 ℃	13 ℃～室温
蒸馏烧瓶(图Ⅱ-3-3)	125 mL	125 mL	125 mL	125 mL
试验时的条件：				
冷浴温度②	0～1 ℃	0～4 ℃	0～4 ℃	0～60 ℃
刻度量筒周围介质温度	13～18 ℃	13～18 ℃	13～18 ℃	装试样温度的±3 ℃
开始加热到初馏点的时间	5～10 min	5～10 min	5～10 min	5～15 min
初馏点到回收 5%的时间	60～75 s	60～75 s	—	—
从回收 5%到烧瓶中残留量为 5mL 的平均速度	4～5 mL/min	4～5 mL/min	4～5 mL/min	4～5 mL/min
从烧瓶中残留量为 5 mL 到终点的时间	3～5 min	3～5 min	不大于 5 min	不大于 5 min

注：① 按有关组别的所有试验条件测定的。

② 合适的冷浴温度须视试样和其馏分的石蜡含量而定。应为能允许顺利操作的最低温度。

6. 用一紧贴的打孔良好的软木塞将温度计紧密地装在蒸馏烧瓶颈上，使温度计球位于颈的中心线，温度计毛细管的低端与支管内壁底部的最高点齐平(见图Ⅱ-3-6)。

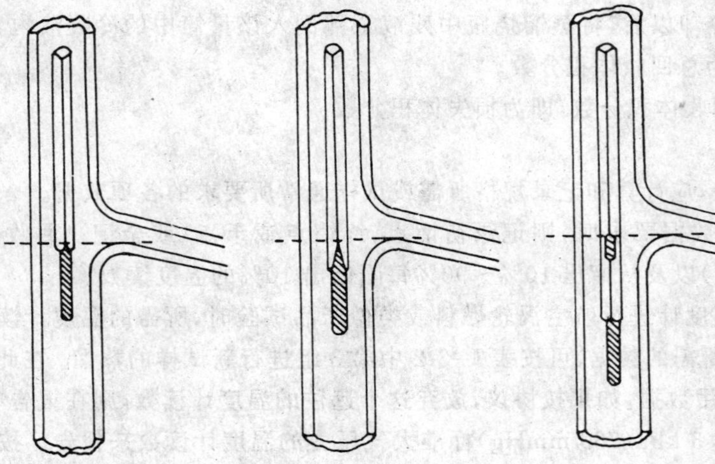

图Ⅱ-3-6　温度计在蒸馏烧瓶中的位置

7. 将装有试样的蒸馏烧瓶置于支板上，穿过支架上的软木塞与冷凝管紧密地连接。把蒸馏烧瓶调整到垂直位置，并使支管伸入冷凝管内25～50 mm。

8. 把量取试样的同一个量筒，不经干燥，放入冷凝管下的浴内，使冷凝管的底端位于量筒的中心，伸入量筒至少25 mm，但不要低于100 mL的刻线。量筒用一块吸水纸或相似的材料盖严密。这块吸水纸应剪成恰恰能让冷凝管穿过，并能恰好盖紧量筒口。量筒冷却浴的液面至少要高于量筒100 mL刻线。(如果量筒周围空气温度不符合表Ⅱ-3-2要求，则应该备一个冷却浴，并将量筒放于冷浴，浴内液面应高于100 mL刻线。)

9. 记录大气压力，立即按以下步骤进行蒸馏。

10. 试验步骤

1) 将装有试样的蒸馏烧瓶加热。按表Ⅱ-3-2的要求调节加热速度，并掌握好开始加热到初馏点的时间间隔。

2) 观察到初馏点时，立即移动量筒，使冷凝管尖端与量筒内壁相接触。调节加热器，使冷凝液均匀地滴入量筒，其速度应符合表Ⅱ-3-2的规定。当蒸馏不符合表Ⅱ-3-2规定的条件时，应重新试验。

3) 从初馏点到蒸馏结束这一时间内，观察和记录计算和试验报告所需的各项数据。这些数据包括指定的回收体积下的温度读数，或规定温度读数下的回收体积，或两者都作记录。体积读准到0.5 mL，温度读准到0.5 ℃。

4) 如观察到分解点，则停止加热，按(7)规定操作，否则按(5)规定操作。

5) 当烧瓶中残留液的体积约剩5 mL时，如果需要则可作最后一次加热调节，使烧瓶中残留液从5 mL到终点的时间间隔符合表Ⅱ-3-2的规定。否则要重做试验，此时对加热再做适当调节。

6) 观察和记录终馏点或干点，如果有要求时两者都作记录，停止加热。到达终馏点时，观察蒸馏烧瓶底部的液体是否已全部蒸干。如未蒸干，则在报告中按四所述给以注明。

7) 当冷凝管继续有液体滴入量筒时，每2 min观察一次冷凝液的体积，直至连续两次观察的读数相同。准确测量这一体积，准至0.5 mL，并记录，作为回收体积分数。如属(4)停止蒸馏时，则从1减去回收体积分数，其差值报告为残留和损失的体积分数，并省去(8)和(9)所述的步骤。

8）在蒸馏烧瓶冷却以后，将蒸馏烧瓶中残液全部倒入该量筒中的冷凝液内，记录这个体积，准至0.5 mL，作为总回收体积分数。

9）从1减去总回收体积分数，即为损失体积分数。

四、计　算

1. 对每一次试验，应计算和记录规格所需或试样通常所要求的各项数据。

在没有指定特殊数据要求时，则记录初馏点、终馏点或干点(或全记)、回收5%(体积分数)和95%(体积分数)以及从馏出10%～90%每隔馏出10%的温度读数。

2. 当用高蒸馏温度计进行航空涡轮燃料或类似产品试验时，所需的温度计读数可能被软木塞遮住。为了得到所需的数据，可按表Ⅱ-3-2中第3组进行新试样的蒸馏。在此情况下试验报告中应指明这种代用数据。如果按协议，放弃这个遮住的温度计读数，则在报告中也要注明。

3. 用修正到101.3 kPa(760 mmHg)标准大气压力的温度计读数来报告。按下列悉尼杨(Sydney Young)公式或用表Ⅱ-3-3对每点温度进行修正，修正至0.5 ℃，用修正后的值作计算：

$$C = 0.000\,9(101.3 - p)(273 + t) \tag{2-1}$$

或

$$C = 0.000\,12(760 - p)(273 + t)$$

式中　C——观察到的温度计读数应加的修正值(表Ⅱ-3-3为修正的近似值)；

p——试验时大气压力，kPa或mmHg；

t——温度计读数，℃。

4. 在对温度进行大气压力修正后，以下数据可先不必作进一步计算：初馏点、干点、终馏点、分解点和所有各对应的回收体积和温度计读数。损失和残留物所占体积分数，按定义8、9进行计算。

5. 对汽油或其他属于表Ⅱ-3-2中第1组或损失的体积分数大于2.0%的产品，报告温度计读数与蒸发的体积分数之间的关系为宜。其他情况，则报告温度计读数与蒸发的体积分数或回收体积之间的关系均可。每个报告应指明所使用的是蒸发还是回收对温度的关系。

6. 将指定温度下的每个观察回收体积加上损失的体积分数报告为蒸发的体积分数。

表Ⅱ-3-3　修正温度计读数的近似值

温度范围/℃	每1.3 kPa(10 mmHg)的修正值/℃
10～30	0.35
30～50	0.38
50～70	0.40
70～90	0.42
90～110	0.45
110～130	0.47
130～150	0.50
150～170	0.52

表Ⅱ-3-3(续)

温度范围/℃	每1.3 kPa(10 mmHg)的修正值/℃
170～190	0.54
190～210	0.57
210～230	0.59
230～250	0.62
250～270	0.64
270～290	0.66
290～310	0.69
310～330	0.71
330～350	0.74
350～370	0.76
370～390	0.78
390～410	0.81

注:大气压力低于101.3 kPa(760 mmHg)时加此数；
大气压力高于101.3 kPa(760 mmHg)时减此数。

7. 报告回收体积的温度换算成规定的蒸发的体积分数的温度读数可采用图解法和计算法。

1) 图解法:在均匀的细格图纸上绘制温度计读数(要经大气压修正)对相应回收体积的曲线。初馏点是在0%(体积分数)回收体积处。连接各点画出一条平滑的曲线。将每个规定蒸发的体积分数减去损失的体积分数,得到其相应的回收体积,从图解法得到的值,受人为绘制曲线的精度影响。

2) 计算法:从每个规定的蒸发的体积分数减去蒸馏损失的体积分数,求得相应的回收体积。按下式计算所得回收体积的对应温度读数：

$$T = T_L + \frac{(T_H - T_L)(R - R_L)}{(R_H - R_L)} \tag{2-2}$$

式中 T——在规定的蒸发体积分数时的温度计读数；
R——对应于规定的蒸发体积分数的回收体积；
R_H——邻近并高于 R 的回收体积；
T_H——在 R_H 时观察到的温度计读数；
R_L——邻近并低于 R 的回收体积；
T_L——在 R_L 时观察到的温度计读数。

需要说明:计算法取得的值受蒸馏曲线非线性程度的影响。在试验中每一阶段相继两点的间隔至少要在上述四之1中第二段所指的小范围内,决不能以外推法进行计算。

图解法和计算法的实例见本节附录A。

8. 如果规格指标要求最大损失的体积分数或最小回收的体积分数，或两者都要求时，实际损失的体积分数应按下述公式修正到101.3 kPa(760 mmHg)大气压力。在此基础上按下式计算得到相应修正后的损失的体积分数(L')小于实际损失的体积分数，而相应修正后的回收体积分数大于实际回收体积分数。在记录中要注明是否用了此修正。

$$L' = A \cdot L + B/100 \tag{2-3}$$

式中 L——由试验结果计算的损失体积分数；

A、B——常数，其值取决于大气压力，不同大气压力下的常数值列于表Ⅱ-3-4。

表Ⅱ-3-4 修正损失体积分数×100的A、B常数值

观察大气压力/kPa(mmHg)	A	B
74.7(560)	0.231	0.384
76.0(570)	0.240	0.380
77.3(580)	0.250	0.375
78.7(590)	0.260	0.369
80.0(600)	0.273	0.363
81.3(610)	0.286	0.357
82.6(620)	0.300	0.350
84.0(630)	0.316	0.342
85.3(640)	0.333	0.333
86.6(650)	0.353	0.323
88.0(660)	0.375	0.312
89.3(670)	0.400	0.300
90.6(680)	0.428	0.286
92.0(690)	0.461	0.269
93.3(700)	0.500	0.250
94.6(710)	0.545	0.227
96.0(720)	0.600	0.200
97.3(730)	0.667	0.166
98.6(740)	0.750	0.125
100.0(750)	0.857	0.071
101.3(760)	1.000	0.000

五、精密度

1. 用下述规定判断试验结果的可靠性(95%置信水平)：

同一操作者用同一台仪器对同一个试样，在相同操作条件下重复测定所得到的两个结果之差，不应大于图Ⅱ-3-7的重复性规定。

不同操作者在两个实验室对同一个试样所测得两个结果之差，不应大于图Ⅱ-3-7的再现性规定。

为便于图Ⅱ-3-7的应用，可假定在初馏点与终馏点或干点之间的任何一点，其蒸发或回收体积的温度变化率(见本节附录B)，是与所述点等距的上下两点的平均变化率相同。在

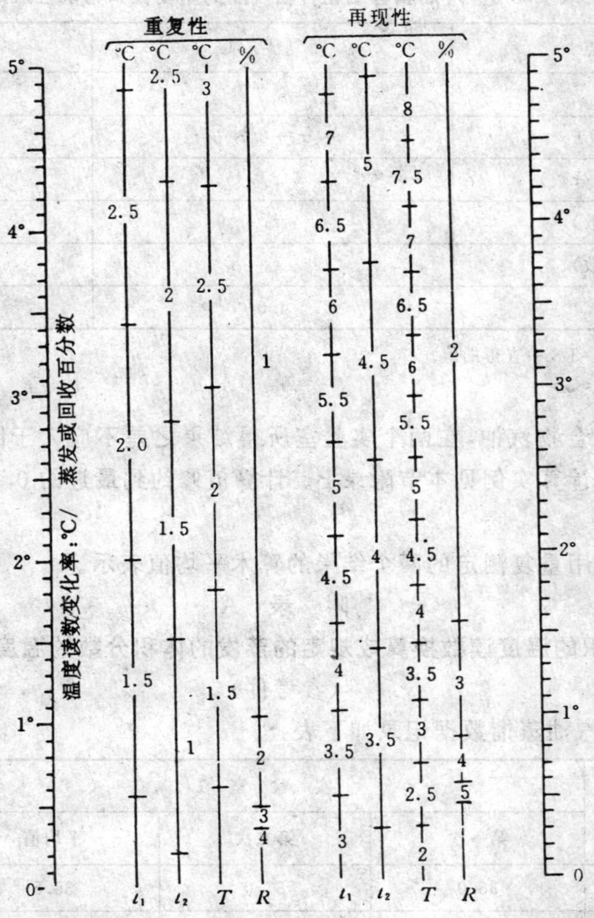

图Ⅱ-3-7 蒸馏的精密度

t_1 — 初馏点，℃；t_2 — 终点（终馏点）或干点，℃；T — 在规定的蒸发的体积分数或回收体积的温度读数，℃；$R\times10^{-2}$— 在规定温度读数的蒸发的体积分数或回收体积分数

10%～90%（体积分数）的范围内，从所述点至其他一个点的跨度不能大于蒸发或回收的10%（体积分数）；在10～90%范围外的点，则不能大于5%。对初馏点、终馏点或干点，变化率应假定是与其上或下邻近两点之间变化率相同。

图Ⅱ-3-7中左右两边同时标出温度变化率，以便于在所需水平处画一条通过图表的水平横线，横线与相应的精密度标线相交，交点落下的区域即为重复性或再现性的规定范围。

对汽油和含氧化合物的汽油，同一操作者用同一台仪器所得的重复两个结果的差值不应大于图Ⅱ-3-8和表Ⅱ-3-5重复性规定。

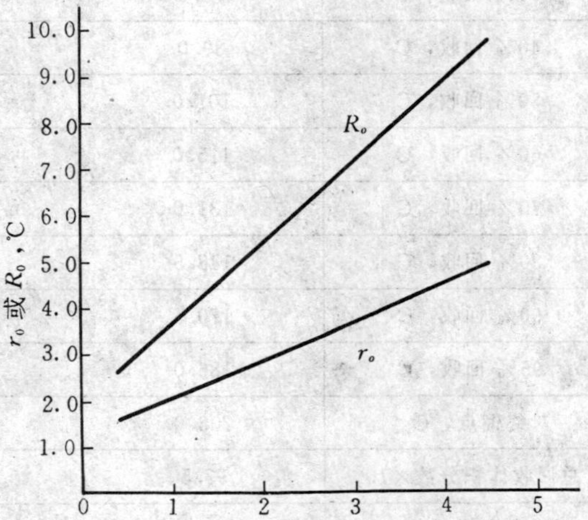

图Ⅱ-3-8 汽油和含氧化合物汽油的 r_0 和 R_0

表Ⅱ-3-5　汽油和含氧化合物汽油的重复性和再现性规定

蒸发或回收点	重复性 r/℃	再现性 R/℃
初馏点	3.5	5.5
5%(体积分数)	$r_0+0.7$	$R_0+1.1$
10%～80%(体积分数)	r_0	R_0
90%(体积分数)	r_0	$R_0-1.2$
95%(体积分数)	r_0	$R_0-0.9$
终馏点	4.0	7.0

注：r_0，R_0——是从图Ⅱ-3-8中查得的值。

对汽油和含氧化合物汽油，在两个实验室所得结果之差不应大于图Ⅱ-3-8和表Ⅱ-3-5的再现性规定。精密度计算实例见本节附录B。计算值修约到最近的0.5℃。

六、报　告

试样的蒸馏结果用重复测定的两个结果的算术平均值表示。

附　录　A

由回收体积的温度读数换算成规定的蒸发的体积分数的温度读数的实例

（参考件）

A.1　假定实测汽油蒸馏数据记录如下表：

蒸馏结果	实验室1			实验室2
	第一次	第二次	平均值	平均值
初馏点，℃	36.0	37.0	36.5	38.5
5% 回收，℃	44.5	46.5	45.5	48.0
10% 回收，℃	53.5	54.5	54.0	56.0
20% 回收，℃	65.0	66.0	65.5	67.5
30% 回收，℃	76.5	77.5	77.0	78.0
40% 回收，℃	89.0	90.0	89.5	91.0
50% 回收，℃	101.0	102.0	101.5	102.0
60% 回收，℃	115.0	115.0	115.0	116.0
70% 回收，℃	131.0	131.0	131.0	132.0
80% 回收，℃	148.5	149.5	149.0	150.0
90% 回收，℃	170.5	171.5	171.0	172.0
95% 回收，℃	186.0	187.0	186.5	188.0
终馏点，℃	208.0	210.0	209.0	211.0
总回收体积分数×10^2	97.5	97.5	97.5	97.5
残余体积分数×10^2	1.0	1.0	1.0	1.0
损失体积分数×10^2	1.5	1.5	1.5	1.5

注：①此表中的百分数均指体积分数。

A.2　采用图解法：先将 A.1 的数据（实验室 1）绘图（见图Ⅱ-3-9）。从图中读取相当于规定蒸发百分数的回收体积下的温度读数如下：

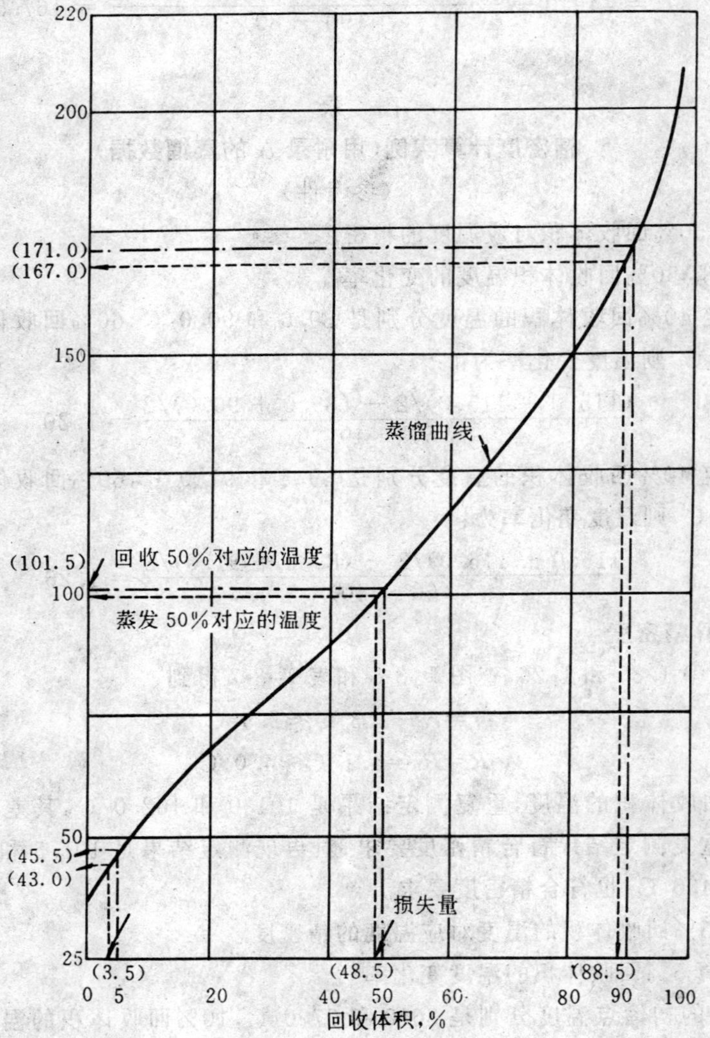

图Ⅱ-3-9　蒸馏曲线

规定的蒸发体积分数$\times 10^2$	相当的回收体积分数$\times 10^2$	温度读数
5	3.5	43 ℃
50	48.5	100 ℃
90	88.5	167 ℃

A.3　采用计算法：将 A.1 数据（实验室 1）代入式（2-2）。

A.3.1　5%蒸发（3.5%回收）时温度读数（℃）：

$$T = 36.5 + \frac{(45.5 - 36.5)(3.5 - 0)}{(5 - 0)} = 43.0$$

A.3.2　50%蒸发（48.5%回收）时温度读数（℃）：

$$T = 89.5 + \frac{(101.5 - 89.5)(48.5 - 40.0)}{(50 - 40)} = 99.5$$

A.3.3 90%蒸发(88.5%回收)时温度读数(℃):

$$T = 149.0 + \frac{(171.0 - 149.0)(88.5 - 80.0)}{(90 - 80)} = 167.5$$

附 录 B
精密度计算实例(用附录A的蒸馏数据)
(参考件)

B.1 计算50%回收体积对应温度的精密度

B.1.1 计算50%回收体积温度的变化率

对重复测定40%回收体积的温度分别是89.0和90.0℃,60%回收体积的温度分别是115.0和115.0℃,则温度变化率为:

$$\frac{(115.0 + 115.0)/2 - (89.0 + 90.0)/2}{60 - 40} = 1.30$$

对再现测定40%回收体积的温度分别是89.5和91.0℃,60%回收体积的温度分别是115.0和116.0℃,则温度变化率为:

$$\frac{(115.0 + 116.0)/2 - (89.5 + 91.0)/2}{(60 - 40)} = 1.26$$

B.1.2 计算精密度

由温度变化率1.30和1.26,查图Ⅱ-3-8和表Ⅱ-3-7得到

重复性 $r = r_0 - 2.3$ ℃≈2.5℃

再现性 $R = R_0 = 4.1$ ℃≈4.0℃

实测50%回收体积的温度,重复测定结果是101.0和102.0℃,其差值为1.0℃,小于2.5℃,即实测重复测定结果符合精密度要求;对再现测定结果是101.5和102.0℃,其差值为0.5℃,小于4.0℃,也符合精密度要求。

B.2 计算5%回收体积的温度对应温度的精密度

B.2.1 计算5%回收体积的温度变化率

对重复测定的初馏点温度分别是36.0和37.0℃,10%回收体积的温度分别是53.5和54.5℃,则温度变化率为:

$$\frac{(53.5 + 54.5)/2 - (36.0 + 37.0)/2}{10 - 0} = 1.75$$

对再现测定初馏点分别是36.5和38.5℃,10%回收体积的温度分别是54.0和56.0℃,则温度变化率为:

$$\frac{(54.0 + 56.0)/2 - (36.5 + 38.5)/2}{10 - 0} = 1.75$$

B.2.2 计算精密度

由温度变化率1.75查图Ⅱ-3-8,得 $r_0 = 2.7$ ℃,$R_0 = 5.0$ ℃,再查表Ⅱ-3-7得重复性 $r = r_0 + 0.7 = 3.4$ ℃≈3.5℃,再现性 $R = R_0 + 1.1 = 6.1$ ℃≈6.0℃。

实测5%回收体积的温度,对其重复测定是44.5和46.5℃,其差值2.0℃,小于3.5℃,符合精密度要求;对其再现测定是45.5和48.0℃,其差值2.5℃,小于6.0℃,也符合精密度

要求。

B.3　蒸馏的精密度图的使用

喷气燃料、煤油和柴油等使用图Ⅱ-3-7，温度变化率计算与B.1和B.2一样。查图Ⅱ-3-7时，是在两边找温度变化率的点，此两点连一条水平线。这直线与所要求的初馏点或终馏点或回收体积的温度读数等线相交，其交点就是重复性 r 或再现性 R 的数值。

第四节　石油产品闪点测定法（闭口杯法）
［参考GB/T 261—83(91)］

一、概　说

石油产品在特制的闭口杯中，在规定的条件下加热到油品蒸气与空气的混合气在接触火焰而发生闪火时的最低温度，称为闭口杯法闪点。

本方法适用于测定煤油、柴油、润滑油的闪点。油品的闪点可以判断其在储存、运输和使用中的安全性；重质油（如润滑油）的闪点还反映了油品的均匀性（是否混入低沸组分）。

石油气或油品蒸气与空气的混合物，在一定浓度范围内，遇到明火能发生爆炸。如果混合气中可燃气体过少或过多，超出上述浓度范围，混合物不会爆炸（为什么？）。此浓度范围称为爆炸范围，其上限浓度称为爆炸上限，下限浓度称为爆炸下限。爆炸范围决定于混合物的化学组成和物理条件，如测定它的方法、温度、压力等。

当其他条件不变时，在石油产品液面上的蒸气浓度，决定于油品的温度。当蒸气浓度达到爆炸下限（汽油以外的各种产品）或爆炸上限（汽油）时的油品温度称为闪点。由于油品液面上部的蒸气浓度和爆炸限度与油品温度以外的条件如加热温度、蒸发速度、蒸发空间的大小、压力等有关，所以石油产品的闪点与测定仪器及操作方法密切相关，是个条

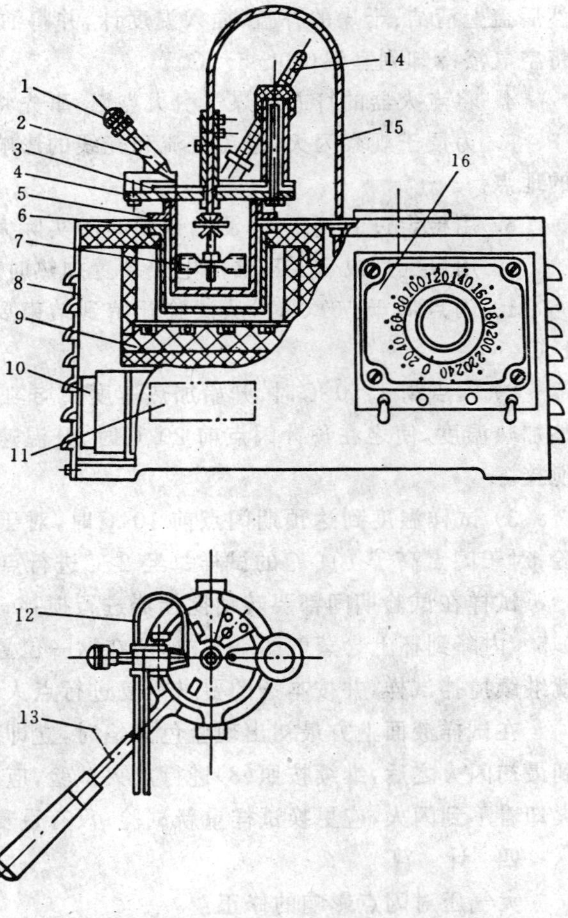

图Ⅱ-4-1　闭口闪点测定器

1—点火器调节螺丝；2—点火器；3—滑板；4—油杯盖；5—油杯；6—浴套；7—搅拌桨；8—壳体；9—电炉盘；10—电动机；11—铭牌；12—点火管；13—油杯手柄；14—温度计；15—传动软轴；16—开关箱

件性很强的指标。

外界压力对闪点影响很大，在外压超过一定范围时，需进行压力校正。

二、仪　器

1．闭口闪点测定器(图Ⅱ-4-1)应符合 SH/T 0315—92。

2．温度计：符合 GB/T 514—83(91)。

3．防护屏：用镀锌铁皮制成，高度 550～650 mm，宽度以适用为宜，屏身内涂成黑色。

三、试验方法

1．试样的水分超过 0.05％（质量分数）时，必须脱水。脱水处理是在试样中加入新煅烧并冷却的食盐、硫酸钠或无水氯化钙，试样闪点估计低于 100 ℃时不必加热，闪点估计高于 100 ℃时，可以加热到 50～80 ℃。

脱水后，取试样的上层澄清部分供试验使用。

2．油杯要用无铅汽油洗涤，再用空气吹干。

3．在试样和油杯的温度都低于试样脱水温度的情况下，向杯中注入试样到环状标记处，然后盖上清洁、干燥的杯盖，插入温度计，并将油杯放在空气浴中。如闪点低于 50 ℃时，应预先将空气浴冷却到室温(20±5) ℃。

4．将点火器的灯芯或煤气引火点燃，事先将火焰调整到接近球形，其直径为 3～4 mm。

5．为便于观察闪火，避免气流和光线的影响，闪点测定器应围以防护屏，放在避风和较暗的地点。

6．用检定过的气压计，测出试验时的实际大气压力 p。

7．用煤气灯或带变压器的电热装置加热时，应注意下列事项：

1）闪点低于 50 ℃时，从试验开始到结束要不断地进行搅拌，并使试样温度每分钟升高 1 ℃。

2）闪点高于 50 ℃时，开始加热速度要均匀，并定期进行搅拌。到预计闪点前 40 ℃时，调整加热温度，使之在预计闪点前 20 ℃时，升温速度能控制在每分钟升高 2～3 ℃，并不断进行搅拌。

3）试样温度到达预期闪点前 10 ℃时，对于闪点低于104 ℃的试样每经 1 ℃进行点火试验；对于闪点高于 104 ℃的试样每经 2 ℃进行点火试验。

试样在试验期间都要转动搅拌器进行搅拌；只有在点火时才停止搅拌。点火时，使火焰在 0.5 s 内降到杯上含蒸气的空气中，留在这一位置上 1 s，立即迅速回到原位。如果看不到闪火，就继续搅拌试样，并按本条的要求重复进行点火试验。

在试样液面上方最初出现蓝色火焰时，立即从温度计上读出温度作为闪点的测定结果。得到最初闪火之后，继续按照(3)进行点火试验，应能继续闪火。在最初闪火之后，如果再进行点火却看不到闪火，应更换试样重新试验；只有重复试验的结果依然如此，才能认为测定有效。

四、计　算

大气压对闪点影响的修正：

观察和记录大气压力，按式(2-4)或式(2-5)计算在标准大气压力 101.3 kPa(760 mmHg)时闪点修正值 Δt(℃)：

$$\Delta t = 0.25(101.3 - p) \tag{2-4}$$

或：

$$\Delta t = 0.0345(760 - p) \tag{2-5}$$

式中　p ——实际大气压力。式(2-4)中 p 的单位为 kPa；式(2-5)中 p 的单位为 mmHg。

观察到的闪点数值加修正值，修约后以整数报结果。此外，式(2-5)修正数 Δt(℃)还可以从Ⅱ-4-1表查出：

表Ⅱ-4-1　大气压力与修正值的关系

大　气　压　力/mmHg	修正值 Δt/℃
630～658	+4
659～687	+3
688～716	+2
717～745	+1
775～803	−1

五、精密度

1. 精密度应符合下表要求：

闪　点　范　围	重复性允许差数/℃	再现性允许差数/℃
104℃或低于104℃	2	4
高于104℃	6	8

2. 取重复测定两个结果的算术平均值，作为试样的闪点。

六、影响因素

1. 试油含水的影响：当含水试油加热时，油中少量水分气化，使油面上方混合气中油蒸气浓度变小，导致闪点增高。

2. 试油加入量必须严格遵照规定。如果加入量过多，油面上方空间容积相对减少，升温时，油气与空气混合物的浓度更易达到爆炸范围，导致闪点偏低；如果装油量过少，闪点偏高。加油时，油杯必须放在试验台上，慢慢注入试油，以防起泡而影响观察刻线。

3. 点火器火焰大小、火焰离油面高度、停留时间长短均会影响结果。

4. 升温速度影响甚大，升温速度过快，单位时间内给予试油的热量多，试油蒸发量大，与空气组成的混合气浓度容易达到爆炸范围，影响结果的准确性。

第五节　石油产品闪点与燃点测定法(开口杯法)

[参考 GB/T 267—88]

一、概　说

石油产品在本方法的规定条件下加热到它的蒸气与空气的混合气接触火焰发生闪火时的最低温度，称为开口杯闪点。

石油产品在本方法的规定条件下加热到它的蒸气能被接触的火焰点着并燃烧时间不少于5 s时的最低温度，称为开口杯法燃点。

本方法适用于测定润滑油与深色石油产品的开口杯法闪点和开口杯法燃点。

在测定开口闪点时由于一部分油蒸气自由地扩散到空气中去，所以同一油品的闭口闪点与开口闪点有很大差别，油品闪点愈高，差别愈大。

二、仪器与试剂

1. 开口闪点测定器：符合 SH/T 0318—92。

2. 温度计：符合 GB/T 514—83(91)

3. 煤气灯或酒精喷灯或电炉（测定其闪点高于 200 ℃的试样时，必须使用电炉）。

4. 无铅汽油。

三、试验方法

1. 准备工作

1）试样的水分大于 0.1%（质量分数）时，必须脱水。脱水处理是在试样中加入新煅烧并冷却的食盐、硫酸钠或无水氯化钙。

闪点低于 100 ℃的试样脱水时不必加热；其他试样允许加热至 50～80 ℃时用脱水剂脱水。

脱水后，取试样的上层澄清部分供试验使用。

2）内坩埚用无铅汽油洗涤后，放在点燃的煤气灯上加热，除去遗留的汽油。待内坩埚冷却至室温时，放入装有细砂（经过煅烧）的外坩埚中，使细砂表面距离内坩埚口的边缘约达 12 mm，并使内坩埚底部与外坩埚底部之间保持厚度为 5～8 mm 的砂层。对闪点在 300 ℃以上的试样进行测定时，两只坩埚底部之间的砂层厚度允许酌量减薄，但在试验时必须保持本方法三、2.1）条规定的升温速度。

3）试样注入内坩埚时，对于闪点在 210 ℃和 210 ℃以下的试样，液面刚好达到内坩埚内的上刻线处；对于闪点在 210 ℃以上的试样，液面恰好达到内坩埚内的下刻线处。

试样向内坩埚注入时，不应溅出，液面以上的坩埚壁不应沾有试样。

4）将装好试样的坩埚平稳地放置在支架的铁环（或电炉）中，再将温度计垂直地固定在温度计夹上，使温度计的水银球位于内坩埚中央，与坩埚底和试样液面的距离大致相等。

(5) 测定装置应放在避风和较暗的地方并用防护屏围着，以便看清闪点。

2. 闪点试验步骤

1）加热坩埚，逐渐升温，当试样温度达到预计闪点前 60 ℃时，调整加热速度，使试样温度达到闪点前 40 ℃时能控制升温速度为每分钟升高(4±1) ℃。

2）试样温度达到预计闪点前 10 ℃时，将点火器的火焰放到距离试样液面 10～14 mm处，并在该处水平面上沿着坩埚内径作直线运动，从坩埚的一边移至另一边所经过的时间为 2～3 s。试样温度每升高 2 ℃应重复一次点火试验。

点火器的火焰长度，应预先调整为 3～4 mm。

3）试样液面上方最初出现蓝色火焰时，立即从温度计上读出温度，作为闪点的测定结果，同时记录大气压力。

应注意：试样蒸气的闪火同点火器火焰的闪光不应混淆。如果闪火现象不明显，必须在试样升高 2 ℃时继续点火以证实。

3. 燃点试验步骤

1）测得试样的闪点之后，如果还需要测得燃点，应继续对外坩埚进行加热，使试样的升温速度为每分钟升高(4±1) ℃。然后，按本节第三、2.(2)条用点火器的火焰进行点火试验。

2）试样接触火焰后立即着火，并继续燃烧不少于5 s，此时立即从温度计上读出温度，作为燃点的测定结果。

四、计　算

1. 大气压力对闪点和燃点影响修正

1）大气压力低于99.3 kPa(745 mmHg)时，试验所得的闪点或燃点t_0(℃)按式(2-6)修正(精确到1 ℃)。

$$t_0 = t + \Delta t \tag{2-6}$$

式中　t_0——相当于101.3 kPa(760 mmHg)大气压力时的闪点或燃点，℃；

t——在试验条件下测得的闪点或燃点，℃；

Δt——修正值，℃。

2）大气压力在72.0～101.3 kPa(540～760 mmHg)范围内，修正值Δt可按式(2-7)或式(2-8)

3）计算：

$$\Delta t = 7.5(0.000\,15 \times t + 0.028)(101.3 - p) \tag{2-7}$$

式中　p——试验条件下的大气压，kPa；

t——试验条件下测得的闪点或燃点，℃(300 ℃以上仍按300 ℃计)；

0.000 15、0.028——试验常数；

7.5——大气压力单位换算系数。

$$\Delta t = (0.000\,015 \times t + 0.028)(760 - p_1) \tag{2-8}$$

式中　p_1——试验条件下的大气压力，mmHg。其余符号意义同上。

对64.0～71.9 kPa(480～539 mmHg)大气压力范围内测得的闪点或燃点的修正值Δt(℃)，也可以用式(2-7)或(2-8)进行计算。

此外，修正值还可以由表Ⅱ-5-1查出。

表Ⅱ-5-1　闪点或燃点修正值

闪点或燃点/℃	在下列大气压力(kPa)(括号内为mmHg)时修正值Δt/℃										
	72.0 (540)	74.6 (560)	77.3 (580)	80.0 (600)	82.6 (620)	85.3 (640)	88.0 (660)	90.6 (680)	93.3 (700)	96.0 (720)	98.6 (740)
100	9	9	8	7	6	5	4	3	2	2	1
125	10	9	8	8	7	6	5	4	3	2	1
150	11	10	9	8	7	6	5	4	3	2	1
175	12	11	10	9	8	6	5	4	3	2	1
200	13	12	10	9	8	7	6	5	4	2	1
225	14	12	11	10	9	7	6	5	4	2	1
250	14	13	12	11	9	8	7	5	4	3	1
275	15	14	12	11	10	8	7	6	4	3	1
300	16	15	13	12	10	9	7	6	4	3	1

五、精密度

1. 平行测定的两个结果，闪点差数不应超过下列数值：

闪点 /℃	允许差数/℃
150 和 150 以下	4
大于 150	6

2. 取平行测定的两个结果的算术平均值，作为试样的闪点。

3. 平行测定的两个结果，燃点值差数不应超过 6 ℃。

4. 取平行测定的两个结果的算术平均值，作为试样的燃点。

六、影响开口杯闪点准确性的因素

1. 如果试油含水量大于 0.1%(质量分数)时，加热时试油易起泡而溢出杯外，使试验无法进行。即使试油不外溢，因水分气化，降低了混合气中的油蒸气分压，也会导致闪点增高。

2. 点火火焰离液面高低及停留时间长短都对闪点有影响。火焰离油液面愈近，停留时间愈长，测得结果数值愈低。

第六节　石油产品凝点测定法

[参考 GB/T 510—83(91)]

一、概　说

润滑油及深色石油产品在试验条件下冷却到将试管倾斜 45 度经过 1 min 液面不再移动时的最高温度，称为凝点。

对于纯物质来说，有一个固定的凝点。如水在常压下 0 ℃时凝结为冰。石油产品是以各种烃类为主的复杂混合物，在温度渐渐降低时，会逐渐失去流动性。同一种油品，测定条件不同，其凝点也有差异。因此凝点是一个条件性参数，必须在严格的规定条件下测定。

低温下油品失去流动性有两种不同情况：含蜡少的油品是由于温度降低，油品粘度迅速增大，形成了均匀的玻璃状物质，粘度增大到某一程度而使油品失去流动性；对于含蜡多的油品来说，在温度降低的过程中，蜡结晶析出、长大并相联结成网状(骨架)，将未凝的油品吸附、包围起来，从而使整个油品失去流动性。可见，油品在凝点时，只是在特定条件下失去流动性而已，并不是真正的凝固。

对于含蜡油来说，凝点高低反映了含蜡量的多少，含蜡量高的其凝点也高。原油的凝点除与油中含蜡量有关外，还与油中所含胶质、沥青质的数量有关，由于胶质、沥青质能阻碍蜡结晶网的形成，从而使原油凝点降低。

二、仪器与试剂

1. 仪器(图Ⅱ-6-1)

1) 圆底试管：高度(160±10) mm，内径(20±1) mm，在距管底 30 mm 的外壁处有一环形标线。

2) 圆底玻璃套管：高度(130±10) mm，内径(40±2) mm。

3）装冷却剂用的广口保温瓶或筒形容器：高度不小于160 mm，内径不小于120 mm。

4）水银温度计：符合GB/T 514—83(91)的规定，供测定凝点高于－35 ℃的石油产品的凝点使用。

5）液体温度计：符合GB/T 514－83(91)的规定，供测定凝点低于－35 ℃的石油产品的凝点使用。

6）任何型式的温度计：供测量冷却剂温度用。

7）支架：有能固定套管、冷却剂容器和温度计的装置。

8）水浴。

2．试　剂

1）冷却剂：试验温度在0 ℃以上用水和冰；在0～－20 ℃用盐和碎冰或雪；在－20 ℃以下用工业乙醇(溶剂汽油、直馏的低凝点汽油或直馏的低凝点煤油)和干冰(固体二氧化碳)。缺乏干冰时，可以使用液态氮或液态空气或其他适当的冷却剂，也可以使用半导体致冷器(当用液态空气时应使它通入金属管盘冷却器并注意安全)。

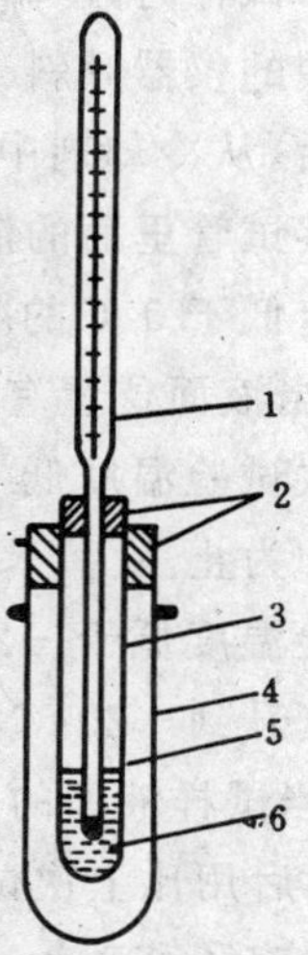

图Ⅱ-6-1　凝点测定器安装图

1—温度计；2—固定用软木塞(或磨砂口)；3—圆底试管；4—圆底玻璃套管；5—环形刻线；6—试油

2）无水乙醇：化学纯。

三、试验方法

1．制备含有干冰的冷却剂时，向装冷却剂的容器中注入工业乙醇到器内深度的2/3处，然后用匙将细块的干冰放进搅拌着的工业乙醇中，根据温度要求下降的程度，逐渐增加干冰的用量。每次加入干冰时，应注意搅拌，不使工业乙醇外溅或溢出。冷却剂不再剧烈冒出气体之后，添加工业乙醇达到必要的高度。

2．无水的试样直接按本节方法三、3开始试验。含水的试样试验前需要脱水，但在产品质量验收试验及仲裁试验时，只要试样的水分在产品标准允许范围内，应直接按本节方法三、3开始试验。

试样的脱水按下述方法进行：

对于含水多的试样应先经静置，取其澄清部分并进行脱水。

对于容易流动的试样，在试样中加入新煅烧的粉状硫酸钠或小粒状氯化钙，在10～15 min内定期摇荡、静置，用干燥的滤纸滤取澄清部分。

对于粘度大的试样，将试样预热到不高于50 ℃，经食盐层过滤。食盐层的制备是在漏斗中放入金属网或少许棉花，然后在漏斗上铺以新煅烧的粗食盐结晶。试样含水多时需要经过2～3个漏斗的食盐层过滤。

3．在干燥、清洁的试管中注入试样，使液面达到环形标线处。用软木塞将温度计固定在试管中央，使水银球距离管底8～10 mm。

4．装有试样和温度计的试管，垂直地浸在(50±1) ℃的水浴中，直至试样的温度达到(50±1) ℃为止。

5．从水浴中取出装有试样和温度计的试管，擦干外壁，用软木塞将试管牢固地装在套管中，试管外壁与套管内壁距离要处处相等。

装好的仪器垂直地固定在支架的夹子上，在室温中静置冷却试样到(35±5) ℃，然后将这套仪器浸在装好冷却剂的容器中。冷却剂的温度应比试样的预期凝点低7～8 ℃。试管(外套管)浸入冷却剂的深度应不小于70 mm。

冷却试样时,冷却剂的温度必须准确到±1 ℃。当试样温度冷却到预期的凝点时,将浸在冷却剂中的仪器倾斜45°,保持1 min,但仪器的试样部分仍应浸没在冷却剂内。

然后,从冷却剂中小心取出仪器,迅速地用工业乙醇擦拭套管外壁,垂直放置仪器并透过套管观察试管里面的液面是否有移动的迹象。

测定低于0 ℃的凝点时,试验前应在套管底部注入无水乙醇1～2 mL。

6. 当液面位置有移动时,从套管中取出试管,并将试管重新预热至试样(50±1) ℃,然后用比上次试验温度低4 ℃或其他更低的温度重新进行测定,直至某试验温度时能使液面位置停止移动为止。

试验温度低于-20 ℃时,重新测定前应将装有试样和温度计的试管放在室温环境中,待试样温度升到-20 ℃后,才将试管浸在水浴中加热。

7. 当试样液面的位置没有移动时,从套管中取出试管,并将试管重新预热使试样达(50±1) ℃,然后用比上次试验温度高4 ℃或其他更高的温度重新进行测定,直至某试验温度能使液面位置有了移动为止。

8. 找出液面位置从移动到不移动或从不移动到移动的温度范围之后,采用比移动时的温度低2 ℃,或采用比不移动时的温度高2 ℃,重新进行4、5试验步骤。如此重复试验,直至确定某试验温度能使试样的液面不移动而提高2 ℃又能使液面移动时,取液面不移动时的温度,作为试样的凝点。

9. 试样的凝点必须进行重复测定。第二次测定时的开始试验温度,要比第一次所测出的凝点高2 ℃。

四、计 算

取重复测定两个结果的算术平均值,作为试样的凝点。

五、精密度

同一操作者重复测定两个结果之差不应超过2.0 ℃。

两个实验室提出的两个结果之差不应超过4.0 ℃。

六、影响因素及讨论

1. 试油含水小于1%(质量分数)者影响不大,当含水5%(质量分数)以上时对凝点影响较大。如果试油含水多,水分在0 ℃结冰,影响试油流动,使凝点偏高。

2. 试油必须按规定方法在(50±1) ℃下预热后再降温,否则影响结果。曾试验大庆原油经预热测得凝点为24 ℃,而不预热所测之凝点为34 ℃,可见影响之大。

3. 冷却剂与试油预计凝点的温差要符合规定,如温差大,则冷却速度太快,油品中石蜡来不及形成大的网状骨架,而形成很多小结晶,结果使凝点偏低。

4. 仪器规格必须符合标准。试验中仪器安装必须严格按照方法规定的要求,例如温度计必须插在内试管中心,不许偏斜,否则,因水银球受冷温差不均匀,影响测定结果。

5. 最大的人为影响是未达到预期凝点时任意取出试管观察和晃动,然后又放回冷浴中继续降温,或温度计安装不稳,产生摇摆等,均会破坏正在结晶中的蜡结构。

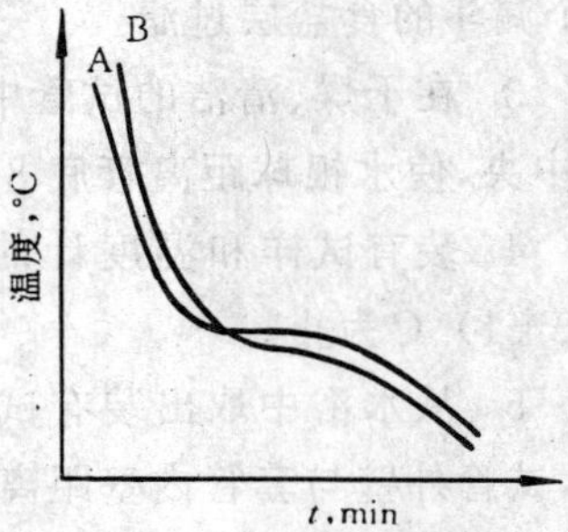

图Ⅱ-6-2 降温曲线

6. 含蜡试油的降温曲线如图Ⅱ-6-2中B,而纯化合物的降温曲线为 A，两条曲线形状为什么会有这么大的差别？

7. 原油为什么经热处理后要经 48 h 才能取样，测定凝点？

第七节　石油产品运动粘度测定法和动力粘度计算法［参考 GB/T 265—88］

一、概　说

本方法适用于测定液体石油产品的运动粘度（指牛顿液体）和计算动力粘度。所谓牛顿液体是指剪切应力和剪切速率成比例，也就是粘度与剪切应力和剪切速率无关的液体。在国际单位（SI）制中，运动粘度单位为 m^2/s，实用中以 mm^2/s 为基本单位，在温度 t 时的运动粘度用符号 υ_t 表示。在温度 t 时试油的动力粘度为 t 时运动粘度与 t 时密度之乘积，单位为 Pa·s 或 mPa·s，用计算得到，其符号为 η_t。

本方法是在恒定的温度下，测定一定体积的液体在重力下流过一个经标定的玻璃毛细管粘度计的时间（s），粘度计的常数与流动时间的乘积，即为该温度下被测液体的运动粘度。

用毛细管粘度计测定粘度是以泊氏（Poiseuitle）公式为基础的：

$$\eta = \frac{\pi p r^4 \tau}{8VL}$$

式中　η——动力粘度，Pa·s（N·s/m²）

V——通过毛细管的液体体积，m^3；

L——毛细管长度，m；

p——推动液体流动的压力，Pa；

r——毛细管半径，m；

τ——液体流过毛细管的时间，s。

当液体流动靠重力流动时，其压力 p 为：

$$p = h\rho g$$

式中　h——液柱高度，m；

ρ——液体密度，kg/m^3；

g——重力加速度，m/s^2。

将此式代入泊氏公式，可得：

$$\eta/\rho = \nu = \frac{\pi r^4 hg}{8VL} \times \tau$$

设 $C = \frac{\pi r^4 hg}{8VL}$，代入上式，则得

$$\nu = C\tau \tag{2-9}$$

C 即为粘度计常数，它只与粘度计的几何形状与尺寸有关。如忽略粘度计本身玻璃的膨胀系数，则在不同温度下，同一支粘度计可以用同一常数。所以运动粘度的测定，只要用已知常数 C 的毛细管粘度计在一定温度下测定试油流过毛细管的时间，代入（2-9）式即可求得试油的运动粘度。

粘度计的常数 C，通常采用已知20 ℃粘度 ν_{20} 的标准油，在20 ℃下测定其流过粘度计的时间 τ，然后按 $C=\frac{\nu_{20}}{\tau}$ 计算得到。

温度对油品粘度有很大影响，必须严格控制测定温度误差在±0.1 ℃以内，测定结果必须标明温度。

油品的粘度是评价油品流动性能的指标，在油品输送和使用过程中，粘度对流量和压力降影响很大，是石油化工设计中必不可少的物理性质参数。油品的粘度与其化学组成密切相关，它反映了油品的烃类组成特性，所以是柴油、喷气燃料和润滑油的重要质量指标。

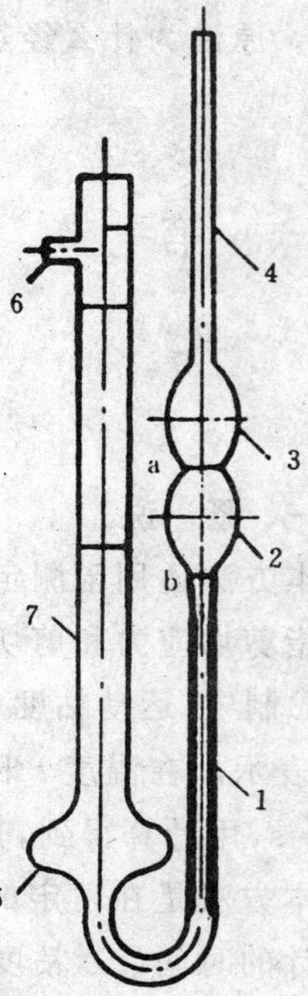

图Ⅱ-7-1 毛细管粘度计

1—毛细管；2、3、5—扩张部分；4、7—管身；6—支管；a、b—标线

二、仪器与试剂

1. 仪 器

1）毛细管粘度计一组：毛细管内径分别为0.4，0.6，0.8，1.0，1.2，1.5，2.0，2.5，3.0，3.5，4.0，5.0和6.0 mm。见图Ⅱ-7-1。

每支粘度计必须按 JJG 155—79《工作毛细管粘度计检定规程》进行检定并确定其常数。

测定试样的运动粘度时，应根据试样的温度选用适当的粘度计，务必使试样的流动时间不少于200 s。内径为0.4 mm的粘度计，流动时间不少于350 s。

2）恒温浴：带有透明壁或装有观察孔的恒温浴，其高度不小于180 mm，容积不小于2 L，并附有自动搅拌装置和能准确调节温度的电热装置。

根据测定的条件，在恒温浴中注入表Ⅱ-7-1中列举的任一液体。恒温浴中的矿物油最好加有抗氧化添加剂，防止氧化。

表Ⅱ-7-1 不同温度恒温浴所使用的液体

测定的温度/℃	恒 温 的 液 体
50～100	透明矿物油、甘油或25%硝酸铵水溶液（这溶液的表面要浮着一层透明的矿物油）
20～50	水
0～—20	水与冰的混合物，或乙醇与干冰（固体二氧化碳）的混合物
0～—50	乙醇与干冰的混合物；在无乙醇的情况下，可用无铅汽油代替

3）玻璃水银温度计：分度为0.1 ℃。测定温度—30 ℃以下的粘度时，可以使用同样分度的玻璃合金温度计或其他玻璃液体温度计。

4）秒表：分度为0.1 s。这种秒表专供测定粘度使用，不应移作它用。用来测定运动粘度的秒表、毛细管粘度计、温度计，都必须定期进行鉴定。

2. 试 剂

1）洗涤用轻汽油或NY120溶剂油。

2）铬酸洗液。

3）石油醚：60～90 ℃。

4）95%（体积分数）乙醇：化学纯。

三、试验方法

1. 试油如果含水，试验前必须先脱水，并用滤纸过滤，除去机械杂质。将过滤后的试油放入小烧杯中。

2. 装入试油前，粘度计必须用轻汽油或石油醚洗涤干净，如果沾有污垢，可先用铬酸洗液再用蒸馏水等仔细洗净，然后放入烘箱(烘箱温度不得高于100 ℃)烘干，或用经棉花过滤的热空气吹干。

3. 将橡皮管套在选好的粘度计支管6上，将粘度计倒置，并用大拇指堵住管身7的管口，然后将管身4的一端插入小烧杯所盛的试油中，此时用橡皮球从橡皮管的一端将试油吸入粘度计中到达标线b处，同时注意粘度计中试油不得产生气泡和裂隙。当液面正好到达标线b时，从烧杯中提起粘度计，并迅速将它倒置过来，恢复正常位置，将管身外壁所沾试油拭去，让试油自由流下。从支管6上取下橡皮管套在管身4上，以备试验时吸油之用。在管身7上端套上一个软木塞，以便用夹子夹住软木塞而将粘度计固定在恒温浴中。

4. 将粘度计浸入恒温浴中，使粘度计扩张部分3浸入一半，并用夹子将粘度计固定在支架上。将粘度计毛细管调整成垂直位置，须用铅垂线从两个交叉的方向检查毛细管1的垂直状况。

5. 恒温浴中温度计的水银球位置，必须与粘度计的毛细管1中点处于同一水平面。为了使温度指示准确，最好使用全浸式温度计，并使水银线只有10 mm露出在恒温浴液面之上。

使用全浸式温度计时，如果它的测温刻度露出恒温浴的液面高于10 mm，应按照式(2-10)计算温度计液柱露出部分的补正数Δt，才能准确地测量出液体的温度。

$$\Delta t = K \cdot h(t_1 - t_2) \tag{2-10}$$

式中 K——常数，水银温度计采用0.000 16，酒精温度计采用0.001；

h——露出在浴面上的水银柱或酒精柱高度，用温度计的度数表示；

t_1——测定粘度时的规定温度，℃；

t_2——接近温度计液柱露出部分的空气温度，℃(用另一支温度计测出)。

试验时，t_1减去Δt作为温度计上的温度读数。

6. 将恒温浴调节到规定的温度，试验温度必须保持恒定，误差为±0.1 ℃。

装好油的粘度计在规定温度的恒温浴内经过如表Ⅱ-7-2所规定的预热时间，才可以开始测定。

表Ⅱ-7-2 粘度计在恒温浴中的恒温时间

试验温度/℃	恒温时间/min
80,100	20
40,50	15
20	10
0～−50	15

7. 用橡皮球通过管身4所套着的橡皮管将试油吸入扩张部分2，使油面稍高于标线a，但不得高出恒温浴的液面，并且注意，不要让毛细管和扩张部分2中的液体产生气泡或裂隙。让试油自动流下，当液面正好达到标线a时，启动秒表，当液面下降达到标线b时，停住秒表。记

录试油流经的时间(s)。

在测定中，恒温浴的温度要保持不变，记录测定时间的温度，准确至 0.1 ℃，并注意，自由流下的试油中不应有气泡。

8. 每个试样至少重复测定 4 次，各次流动时间与其算术平均值的差数应符合如下要求：在温度 100～15 ℃测定粘度时，这个差数不应超过算术平均值的±0.5%；在 15～－30 ℃温度测定粘度时，这个差数不应超过算术平均值的±1.5%；在低于－30 ℃温度测定粘度时，这个差数不应超过算术平均值的±2.5%。

然后，取不少于 3 次的流动时间所得算术平均值，作为试样的平均流动时间。

四、计　算

在温度 t 时，试样的运动粘度 ν_t，(单位：mm^2/s)，按下式计算：

$$\nu_t = C \cdot \tau_t$$

式中　C——粘度计常数，mm^2/s^2；

τ_t——试样的平均流动时间，s。

例　粘度计常数为 0.478 mm^2/s^2，试样在 50 ℃时的流动时间分别为 318.0，322.4，322.6，321.0 s，因此，流动时间的算术平均值为：

$$\tau_{50} = \frac{(318.0 + 322.4 + 322.6 + 321.0)\text{s}}{4} = 321.0\ \text{s}$$

各次流动时间与平均流动时间的允许差数等于

$$\frac{321.0\ \text{s} \times 0.5}{100} = 1.6\ \text{s}$$

因为 318.0 s 与平均流动时间之差，已超过 1.6(0.5%)，所以这个读数应弃去，计算平均流动时间时，只采用 322.4、322.6、321.0 s 的观测读数，它们与算术平均值之差，都没有超过 1.6 s(0.5%)。

于是，平均流动时间为

$$\tau_{50} = \frac{(322.4 + 322.6 + 321.0)\text{s}}{3} = 322.0\ \text{s}$$

试样运动粘度的测定结果为：

$$\nu_{50} = C \cdot \tau_{50} = 0.478\text{mm}^2/\text{s}^2 \times 322\ \text{s} = 154.0\ \text{mm}^2/\text{s}$$

五、动力粘度的计算

在温度 t 时，试样的动力粘度 η_t(mPa·s)按下式计算：

$$\eta_t = \nu_t \cdot \rho_t$$

式中　ν_t——在温度 t 时试样的运动粘度，mm^2/s；

ρ_t——在温度 t 时试样的密度，g/cm^3。

六、精密度

1. 同一操作者，用同一试样重复测定两个结果之差，不应超过下列数值：

测定粘度时的温度/℃	重复性
100～15	算术平均值的 1.0%
15～－30	算术平均值的 3.0%
低于－30～－60	算术平均值的 5.0%。

2. 不同操作者，在两个实验室提出的两个结果之差，不应超过下列数值：

测定粘度时的温度/℃	占算术平均值的百分数
15～100	2.2

粘度测定结果的数值,取 4 位有效数字。

取重复测定两个结果的算术平均值,作为试样的运动粘度。

七、影响因素

1. 试样必需脱水和除去机械杂质,否则,会影响试样在粘度计中的正常流动。

2. 吸油及测定时粘度计中的试样里均不得有气泡。

3. 油品的粘度受温度影响极大,测定中温度的恒定是至关重要的因素。

4. 流动时间必须符合规定:流动时间太短,使得流动速度太快,液体在毛细管中无法保持层液状态。

5. 测定时粘度计必须处于垂直状态,不然,会改变液柱高度和流动阻力,影响测定结果。

第八节　深色石油产品运动粘度测定法(逆流法)和动力粘度计算法
[参考 GB/T 11137—89]

一、概　说

本方法适用于测定深色石油产品、使用后的润滑油、原油等 0 ℃以上的运动粘度及通过测得的运动粘度计算动力粘度。对于一般原油测定 50 ℃粘度,对于重质原油测定 80 ℃粘度,对于轻质原油测定 20 ℃粘度。

二、仪器与试剂

1. 坎农-芬斯克粘度计,如图Ⅱ-8-1 所示。在扩张部分 D 球下端,A、C、J 球之间与 J 球上端均刻有环形标线 a、b、c、d,借此观测试油流动情况。一组坎农-芬斯克粘度计共 12 支,毛细管直径分别为 0.31、0.42、0.54、0.63、0.78、1.02、1.26、1.48、1.88、2.20、3.10、4.00 mm。

2. 恒温浴:同 GB/T 265,并具有足够深度,使恒温浴液面高于试样液面 20 mm 以上,粘度计底部高于恒温浴底 20 mm 以上,温度误差控制在±0.1 ℃。测定温度为 20～50 ℃时,恒温浴用蒸馏水;测定温度为 50～100 ℃时,用甘油或透明矿物油等。

3. 玻璃温度计:分度为 0.1 ℃。

4. 秒表:分度为 0.1 s。

粘度计、秒表均应定期鉴定,粘度计的校正法同 GB/T 265。

5. 铬酸洗液。

6. 洗涤汽油、轻汽油或石油醚。

三、试验方法

1. 测定前,需根据试油的估计粘度与温度选用合适的粘度计,务使流动时间大于200 s。选出粘度计后,将粘度计常数 C 与试油估计的粘度 ν_t 代入公式 $\nu = C\tau$,核算时间 τ 是否大于 200 s。

2. 调节恒温浴温度，使之达到测定温度。控制温度精确到±0.1 ℃。

3. 试油如果含水，试验前必须先脱水。

4. 残渣燃料和类似蜡状产品粘度受预热过程影响，应先将试样置于烘箱中，在(60±2) ℃加热1 h。对高粘度油可适当提高加热温度，使试样完全混合，但不能超过试验温度。

用玻璃棒充分搅拌试样，直至无沉淀或蜡状物粘在棒上。

将容器盖重新盖紧，并剧烈摇动，使其完全混合。然后用75 μm(200目)的滤网进行过滤，以除去机械杂质。过滤后的试油倒入100 mL烧杯中。此试样的粘度测定应在1 h内完成。

5. 装入试油前，粘度计必须用轻汽油或石油醚洗涤干净，如沾有污垢，可先用铬酸洗液再用蒸馏水等仔细洗净，然后放入烘箱(烘箱温度不得高于100 ℃)烘干，或用经棉花过滤的热空气吹干。

准备一根一端用螺旋夹夹紧的短橡皮管，或一端带一玻璃考克的短橡皮管。

6. 将洁净并干燥的粘度计垂直倒立，使E端(毛细管的一端)浸入试油中，用大拇指堵住G端，从套在支管F上的橡皮管的一端用橡皮球或水流泵抽取，使试油充满D球并流到标线a处为止，试油中及管中不应有气泡。

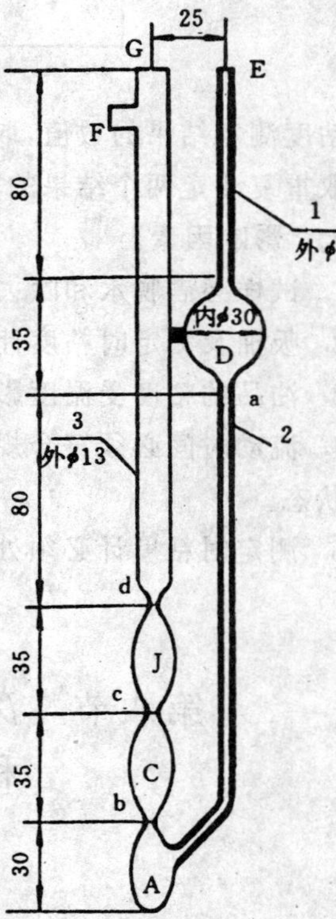

图Ⅱ-8-1 坎农-芬斯克不透明粘度计
1、3—管身；2—毛细管；
a、b、c、d—标线；D、A、C、J—球

取出粘度计，擦净毛细管外壁上所沾试油，然后微微倾斜粘度计，以便使试油慢慢地靠重力从D球毛细管流入A球。注意，当A球中进入少量试样后，立即用一端已夹紧的短橡皮管套在D球上端的管口E上。然后再将粘度计按图示放垂直，在管G上端套上一个软木塞，以便用夹子夹住软木塞，将粘度计固定在恒温浴中。粘度计浸入恒温浴中，应使液体浸没整个D球。用铅垂线从两个交叉的方向去调整粘度计毛细管呈垂直状态。

7. 恒温浴中温度计的水银球位置必须和毛细管中点处于同一水平面。为了使温度计的示值准确，最好用全浸式温度计，并使水银线只有10 mm露在恒温浴液面之上。

温度计的校正与GB/T 264相同。

粘度计在恒温浴中恒温时间如下：

测定温度/℃	恒温时间/min
50	大于20
80或100	大于25

达到规定恒温时间后，放开短橡皮管上的夹子，使试油自动流入A球，再从A球流入C球、J球，当试油面正好达到标线b时，启动秒表，当试油到达标线c时，停住秒表。

8. 用上述方法测定某试油样的粘度时，每一试验温度应作平行试验。

9. 在与测定粘度相同温度下，按 GB/T 1884 和 GB/T 1885 测定试样密度，准至 0.001 g/cm³。

四、计　算

1. 按下式计算试样的运动粘度：

$$\nu_t = C \cdot \tau$$

式中　C——C 球的粘度计常数，($mm^2 \cdot s^{-1}$)/s；

τ——试油经 C 球的流动时间，s。

2. 试样的动力粘度 η_t(mPa·s)按下式计算：

$$\eta_t = \rho_t \cdot \nu_t$$

式中　ν_t——试油在 t ℃ 时的运动粘度，mm^2/s；

ρ_t——试油在 t ℃ 时的密度，g/cm^3。

3. 取重复测定两个结果的算术平均值，作为最终的测定结果，取 4 位有效数字。

五、精密度

按下述规定判断结果的可靠性(95%置信水平)。

温度/℃	重复性(mm^2/s)	再现性(mm^2/s)
50	1.5%x_1	7.4%x_2
80 和 100	1.3%(x_1+8)	4.0%(x_2+8)

其中　x_1——同一操作者重复测定两个结果的算术平均值；

x_2——不同实验室提出的两个结果的算术平均值。

第九节　深色石油产品硫含量测定法(管式炉法)［参考 GB/T 387—90］

一、概　说

本方法适用于测定硫含量不小于 0.1%(质量分数)的润滑油、原油、石油焦、残渣油、石蜡、重质石油产品和含硫添加剂等石油产品的硫含量。

原油、石油产品和石油焦中含有数量不一的各种硫化物，对于石油加工和石油产品使用均有很大不良影响，因此硫含量是油品的重要质量指标之一。

已标准化的定硫方法还有：

1. 氧弹法［GB/T 388—64(90)］。
2. 氨-硫酸铜法［GB/J 505—82(90)］。
3. 镍还原法［SH/T 0252—92］。
4. 燃灯法［GB/T 380—77(88)，本书第二章第十节］。

管式炉法定硫，是将试样置于 900～950 ℃高温及 500 mL/min 的弱空气流中燃烧生成 SO_2 及微量 SO_3，用 H_2O_2 水溶液(内加 7 mL H_2SO_4 溶液)吸收、氧化成为 H_2SO_4，然后用

NaOH 标准溶液滴定，测定硫含量（同时作空白试验），以质量分数表示之。

测定过程的主要反应为：

$$硫化物 + O_2 \xrightarrow[空气流中燃烧]{900 \sim 950\ ℃} SO_2\uparrow + SO_3\uparrow$$

SO_2 和 SO_3 都极易溶于水：

$$SO_2 + H_2O \rightleftharpoons H_2SO_3$$

$$SO_3 + H_2O \longrightarrow H_2SO_4$$

在水溶液中生成的 H_2SO_3 是极不稳定的，受热时反应向左移动，SO_2 将会重新逸出，因此用氧化剂 H_2O_2 将 H_2SO_3 进一步氧化为 H_2SO_4：

$$H_2SO_3 + H_2O_2 \longrightarrow H_2SO_4 + H_2O$$

然后用 0.02 mol/L NaOH 标准溶液滴定生成的硫酸：

$$H_2SO_4 + 2NaOH \longrightarrow 2H_2O + Na_2SO_4$$

为防止空气中含硫气体对测定结果的影响，空气进入石英管燃烧以前，需先通过高锰酸钾（$KMnO_4$）水溶液和氢氧化钠（NaOH）水溶液以净化。$KMnO_4$ 可以脱除空气中的 H_2S、SO_2 等含硫气体，将其氧化为游离硫或硫酸盐，使其不进入到石英管中。$KMnO_4$ 水溶液与 SO_2 的反应为：

$$5SO_3^{2-} + 2MnO_4^- + 6H^+ = 2Mn^{2+} + 5SO_4^{2-} + 3H_2O$$

含硫气体通过 NaOH 溶液，H_2S 可以生成可溶性硫化物而被脱除，反应为：

$$2NaOH + H_2S = Na_2S + 2H_2O$$

二、仪器与试剂

管式炉定硫的设备流程如图Ⅱ-9-1 所示：

1. 管式电阻炉：水平型，其长度为不小于 130 mm，炉膛直径约为 22 mm，附温度控制器，能保证加热到 900～950 ℃，并包括镍铬-镍硅（镍铬-镍铝）热电偶测温装置。

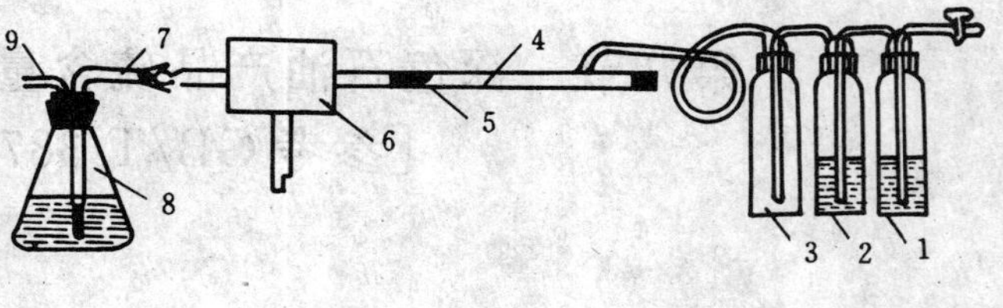

图Ⅱ-9-1　管式炉定硫的设备流程

1、2、3—洗气瓶；4—磨砂口石英管；5—瓷舟；6—电炉；7—石英弯管；8—吸收瓶；9—连接泵的出口管

2. 瓷舟：符合 SH/T 0317—92 中规定的定硫用瓷舟的要求，供装试样燃烧用。新瓷舟在使用前需在 900～950 ℃煅烧 30 min，取出后，在室温中冷却、备用。

3. 石英管：带石英弯管（见图Ⅱ-9-1），也可以用瓷制管。

4. 流量计：测量送入空气的流速，其测量范围为 0～800 mL/min。

5. 洗气瓶：3 个（见图Ⅱ-9-1 中的 1、2、3），净化空气用，每个容量不小于 250 mL。

6. 水流泵或实验室用空气压缩机，或用实验室装备的压缩空气管线。

7. 量筒：250 mL。

8. 微量滴定管：10 mL，最小分度为 0.02 mL，备有瓶子、压液用橡胶囊和充满碱石灰的氯化钙管。

9. 滴定管：25 mL，分度为 0.1 mL。

10. 吸管：5 mL，分度为 0.02 mL；10 mL，分度为 0.1 mL。

三、材　料

1. 细砂（或耐火粘土或石英砂）：经 900～950 ℃煅烧脱硫，并在研钵中磨细。经孔径为 0.25 mm的金属过滤器筛选，选取微粒尺寸大于 0.25 mm 的部分。

2. 医用凡士林：符合 GB 1790 规格（或硫的质量分数小于 5×10^{-6}的任何低粘度矿物油）。

3. 医用脱脂棉。

四、试　剂

1. 硫酸：分析纯，配成 $c(1/2H_2SO_4)=0.02$ mol/L 的硫酸溶液。

2. 氢氧化钠：分析纯。配成 40％（质量分数）和 0.02 mol/L 的氢氧化钠溶液，不得含碳酸盐。

3. 30％过氧化氢：分析纯。

4. 高锰酸钾：化学纯，配成 $c(\frac{1}{5}KMNO_4)=0.1$ mol/L 的高锰酸钾溶液。

5. 苯二甲酸氢钾：基准试剂。

6. 95％（体积分数）乙醇：分析纯。

7. 甲基红指示剂：配成质量浓度为 2.0 g/L 甲基红乙醇溶液。

8. 次甲基蓝指示剂：配成质量浓度为 1.0 g/L 次甲基蓝乙醇溶液。

9. 混合指示剂：将四中 7 条与四中 8 条指示剂溶液按体积比 1∶1 混合制成。

10. 酚酞指示剂：配成质量浓度为 10 g/L 乙醇溶液。

11. 蒸馏水：符合 GB 6682 中三级水规格。

五、准备工作

1. $c(NaOH)=0.02$ mol/L 氢氧化钠标准滴定溶液的配制、标定及计算。

1）配制（有两种方法）

（1）称取 3 g 氢氧化钠（称准至 0.01 g），将其溶解在 3 L 蒸馏水中。将得到的溶液仔细地混合，并在暗处存放一昼夜，然后，倾出上层清晰层待标定和供分析用。

（2）也可以在临用前，将浓度高的氢氧化钠标准滴定溶液，用煮沸并冷却后的蒸馏水稀释，必要时重新标定后供分析用。

2）标　定

称取于 110～115 ℃干燥至质量恒定的苯二甲酸氢钾 0.08 g（精确至 0.000 2 g），将其溶于 35 mL 新鲜的、重新充分煮沸的蒸馏水中，加入三四滴酚酞乙醇溶液。尽快地用待标定的氢氧化钠标准滴定溶液（五中 1 条）进行滴定（滴定时，在滴定管上部末端用装满碱石棉或碱石灰的氯化钙管保护），直至溶液呈淡粉红色，稳定 30 s。

3）计　算

氢氧化钠标准滴定溶液的实际浓度 $c(NaOH)$按下式计算：

$$c(\mathrm{NaOH})=\frac{1\ 000\ m_1}{M(\mathrm{C_8H_5O_4K})V_1}$$

式中　m_1——苯二甲酸氢钾的质量，g；

V_1——滴定时，消耗的氢氧化钠标准滴定溶液（五．1）条的体积，mL；

$M(C_8H_5O_4K)$——苯二甲酸氢钾的摩尔质量，g/mol，等于 204.2。

2. 在试验前，将接受器、洗气瓶、石英弯管等用蒸馏水洗净，并干燥。

3. 在空气净化装置(见图Ⅱ-9-1)装配之前，将高锰酸钾溶液注入洗气瓶1内，达其容量的一半；将40%(质量分数)氢氧化钾溶液注入洗气瓶2中，达其容量的一半；将医用脱脂棉装入洗气瓶3中。然后用橡胶管依次将它们连接起来。

4. 用量筒量取150 mL 蒸馏水，用两支吸管分别量取5 mL 30%(质量分数)过氧化氢和7 mL硫酸溶液(四中1条)，并注入接受器8中，然后用橡胶塞将接受器塞住，该橡胶塞上带有石英弯管7和一支连接水流泵的出口管9。将石英弯管与石英管4连接。将石英管水平地安装在管式电阻炉中，石英管的另一端用塞子塞住，并将侧支管与净化系统连接起来。

5. 在进行试验前须检查安装好的设备的密闭性。检查的方法是将接受器的支管连接到水流泵上，整个系统通入空气，然后将净化系统支管上的活塞关闭。此时在接受器和空气净化系统中都不应该有空气泡出现。如果遇到漏气时，则表明整个系统不密闭。可以将所有连接处涂上肥皂水试漏，并排除漏气现象。

6. 整个装置检查合格后，打开管式电阻炉电源开关，调节温度控制器，慢慢地把石英管加热到900～950 ℃。为了测量和调节管式电阻炉加热的温度，将热电偶插入管式电阻炉内，使热电偶的接合点位于管式电阻炉的中央，它的两端连接在温度控制器上。

如果实验室空气的硫含量经常有变化，则可以在洗气瓶前连接一支装有活性炭的U形管。

六、试验步骤

1. 在瓷舟中称入被分析的试样，精确至0.000 2 g。试样应均匀地分布在瓷舟的底部。按表Ⅱ-9-1称取试样量。

表Ⅱ-9-1

试样中预计硫质量分数$\times 10^2$	试样量/g
<2	0.2～0.1
2～5	0.1～0.05

如果试样的硫含量大于5%(质量分数)，则用医用凡士林(或任何低粘度矿物油)预先进行稀释，以使其中硫含量不大于5%(质量分数)。

分析高含硫样品[硫的质量分数大于5%]时，准许在微量天平上称取少于0.03 g试样，精确至0.00003 g。分析石油焦时，按SH/T 0229和SH/T 0313中有关石油焦取样的规定进行取样，准备好试样，并在研钵中将其捣碎。

2. 瓷舟中的试样须用已预先筛选或煅烧过的细砂(或耐火粘土或石英砂)覆盖(石油焦试样可以不必撒细砂)。将装有试样的瓷舟放入石英管(放在管式炉进口的前部)。然后很快地将塞子塞住石英管，连接水流泵或将空气通入系统，并将空气送入整个系统。空气流速用流量计来测量。其流速约为500 mL/min。

试样的燃烧在900～950 ℃下进行，燃烧时间为30～40 min；而对芳烃含量为50%(体积分数)或大于50%的石油产品，燃烧时间为50～60 min。管式电阻炉要逐渐地移到瓷舟的位置上去(或将石英管慢慢地移动，使瓷舟逐渐地置于管式电阻炉的加热部分)。试样不准着火。在燃烧完毕后，将装有瓷舟的石英管放在管式电阻炉中部最红的部分再焙烧15 min。

3. 试验结束时，将管式电阻炉(或石英管)逐渐地移回原来的位置，关闭水流泵。取下接受器，用25 mL蒸馏水洗涤石英弯管，使洗涤液流入接受器中。向接受器的溶液中加入8滴混合指示剂溶液(四中 9 条),用氢氧化钠标准滴定溶液(五中 1 条)进行滴定,直至红紫色变成亮绿色为止。如果试样中硫的质量分数大于 2%,则滴定时用容量为 25 mL 的滴定管。

4. 试验前,按同样条件进行空白试验。

七、计　算

1. 试样的硫含量 w_S 按式(2)计算:

$$w_S = \frac{M_S \cdot c(NaOH)(V_2 - V_0)}{1\,000\, m_2}$$

式中　w_S——试样中硫的质量分数;

$c(NaOH)$——氢氧化钠标准滴定溶液(五 . 1 条)的实际浓度,mol/L;

V_2——滴定试样燃烧后生成物时,消耗氢氧化钠标准滴定溶液(五 . 1 条)的体积,mL;

V_0——滴定空白试验时,消耗氢氧化钠标准滴定溶液(五 . 1 条)的体积,mL;

M_S——硫的摩尔质量,g/mol,等于 16;

m_2——试样的质量,g。

2. 稀释试样的硫含量 w_S' 按下式计算:

$$w_S' = \frac{M_S \cdot c(NaOH)(V_3 - V_0) m_3}{1\,000 m_4 \cdot m_5}$$

式中　w_S'——稀释试样中硫的质量分数;

$c(NaOH)$——氢氧化钠标准滴定溶液(五 . 1 条)的实际浓度,mol/L;

V_3——滴定试样燃烧后生成物时,消耗氢氧化钠标准滴定溶液(五 . 1 条)的体积,mL;

V_0——滴定空白试验时,消耗氢氧化钠标准滴定溶液(五 . 1 条)的体积,mL;

m_3——稀释时所取医用凡士林(或任何低粘度矿物油)和被测试样的总质量,g;

m_4——稀释时所取高硫含量被测试样的质量,g;

m_5——试验时所取混合物的质量,g。

八、精密度

重复测定两个结果间的差数,不应超过较小结果的 5%,但当试样中硫含量小于 0.5%(质量分数)时,重复测定两个结果间的差数,允许不超过较小结果的 10%。

九、报　告

取重复测定的两个结果的算术平均值作为试样的硫含量测定的最终结果。

第十节　石油产品硫含量测定法(燃灯法)

[参考 GB/T 380—77(88)]

一、概　说

本方法适用于测定雷德蒸气压不高于 600 mmHg 的轻质石油产品(汽油、煤油、柴油等)的硫含量。将石油产品在灯焰上燃烧,用碳酸钠水溶液吸收生成的二氧化硫,并用容量分析法测定之。其基本反应为:

$$硫化合物 + O_2 \xrightarrow{燃烧} SO_2\uparrow$$

二氧化硫由过量的碳酸钠水溶液吸收而起反应：

$$SO_2 + Na_2CO_3 \longrightarrow Na_2SO_3 + CO_2\uparrow$$

反应后，剩余的 Na_2CO_3 用已知浓度的盐酸溶液回滴：

$$Na_2CO_3 + 2HCl \longrightarrow 2NaCl + H_2O + CO_2\uparrow$$

通过用盐酸滴定剩余的 Na_2CO_3，间接测定硫含量。

二、仪器与试剂

1. 灯法定硫器如图Ⅱ-10-1。

2. 玻璃珠：直径 5～6 mm(或短玻璃棒，长 8～10 mm，直径 5～6 mm)。

3. 吸滤瓶：500～1 000 mL。

4. 滴定管：25 mL。

5. 吸量管：2.5 和 10 mL。

6. 洗　瓶。

7. 水流泵或真空泵。

8. 棉纱灯芯：带有灯芯管。

9. 碳酸钠：分析纯，配成 0.3%(质量分数)的水溶液。

10. 盐酸：分析纯，配成 0.05 mol/L 的标准溶液。

11. 95%(体积分数)乙醇：分析纯。

12. 标准正庚烷。

13. 汽油：沸点范围 80～120 ℃，硫含量不超过 0.005%(质量分数)。

14. 石油醚：60～90 ℃，化学纯。

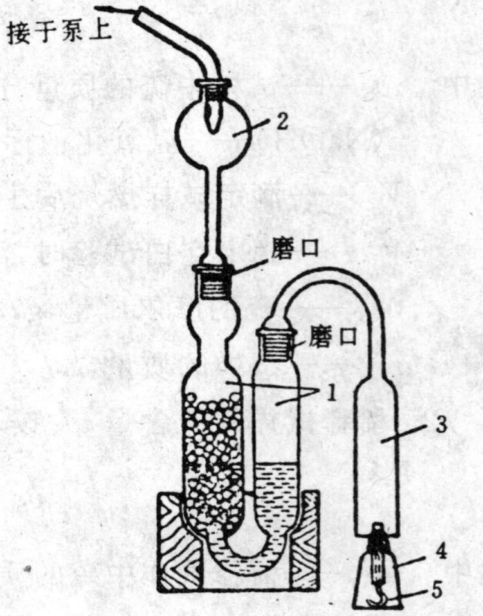

图Ⅱ-10-1　灯法定硫器

1—吸收器；2—液滴收集器；3—烟道；4—带有灯芯的燃烧灯；5—灯芯

15. 指示剂：预先配制 0.2%(体积分数)溴甲酚绿乙醇溶液和 0.2%(体积分数)甲基红乙醇溶液。使用时，用 5 份体积的溴甲酚绿溶液和 1 份体积的甲基红溶液混合而成(酸性显红色，碱性显绿色)。

三、试验方法

硫含量的测定必须在空气流动的室内进行，但要避免剧烈的通风。

仪器安装之前，将吸收器、液滴收集器及烟道仔细用蒸馏水洗净。灯及灯芯用石油醚洗涤并干燥。

1. 按下述手续，将试样装入灯中：

1) 在灯上燃烧无烟的石油产品，按下列数量注入清洁、干燥的灯(无须预先称量)中：含微量硫(硫质量分数在 0.05%以下)的低沸点的产品(如航空汽油)，其注入量为 4～5 mL；硫含量在 0.05%(质量分数)以上及高沸点的产品(如汽油、煤油等)其注入量为 1.5～3 mL(具体数量视硫含量而定)。

将灯用穿着灯芯的灯芯管塞上。灯芯的下端沿着灯的底部周围放置。当石油产品把灯芯浸润后，即将灯芯管外的灯芯剪断，使之与灯芯管的上边缘齐平。然后将灯点燃，调整火焰，使其高度为 5～6 mm。然后把灯火熄灭，用灯罩将灯盖上，在分析天平上称量，称准至 0.0004 g。依照同样方法将试样装入第二个灯中；将标准正庚烷或 95%(体积分数)乙醇或汽油(不必称量)装入作空白试验的第三个灯中。

2) 单独在灯中燃烧而发生浓烟的石油产品(含多量芳香烃或不饱和烃的高温裂解产品、

催化裂化产品等)以及高沸点的石油产品(如柴油),则取 1～2 mL 注入预先连同灯芯及灯罩一起称量(称准至 0.000 4 g)过的洁净、干燥的灯中。

然后,往灯内注入标准正庚烷或 95%(体积分数)乙醇或汽油,使之成 1∶1 或 2∶1 的比例,在必要时可使之成 3∶1(体积比)的比例,使所组成的混合液在灯中燃烧的火焰不带烟。试样和注入标准正庚烷或 95%(体积分数)乙醇或汽油所组成的混合液的总体积为 4～5 mL。依照同样方法将试样装入第二个灯中,将标准正庚烷或 95%(体积分数)乙醇或汽油(不必称量)装入作空白试验的第三个灯中。

2. 用橡皮管将吸滤瓶与水流泵或真空泵连接起来,并将玻璃三通栓的一端穿过胶塞而插入瓶颈中,另两端用橡皮管和吸收器相连接。第三套吸收器也用橡皮管及玻璃弯管连接到吸滤瓶的胶塞上,以便三套仪器同时进行试验。

往吸收器 1 的大容器里装入用蒸馏水小心洗涤过的玻璃球或玻璃棒约达 2/3 高度。并用吸量管准确地注入 0.3%(质量分数)碳酸钠溶液 10 mL,用量筒注入蒸馏水 10 mL。在吸滤瓶与抽气泵及液滴收集器 2 与三通栓之间的橡皮管套上螺旋夹子。

3. 仪器装妥后,开动水流泵,使空气从全部吸收器均匀而和缓地通过。然后自灯 4 上取下灯罩,将所有灯点燃,放在各烟道 3 的下面,使灯芯管的边缘不高过烟道下边 8 mm 处。点灯时须用不含硫的火苗,例如酒精灯火苗(不许用火柴点灯)。每个灯的火焰高度须要调整为 6～8 mm。调整火焰高度时,用针挑拨里面的灯芯。在所有的吸收器中,吸空气的速度要保持均匀,并用螺旋夹调整,使火焰不带黑烟。

4. 使每个灯的试样完全燃烧尽。如果是用标准正庚烷或 95%(体积分数)乙醇或汽油稀释过的试样,当燃尽后,再向灯中注入 1～2 mL 标准正庚烷或 95%(体积分数)乙醇或汽油,使其全部燃烧尽。

5. 试样燃尽后将灯熄灭,盖上灯罩,经过 3～5 min 后,关闭水流泵。

6. 拆开仪器并以洗瓶中的蒸馏水喷射洗涤液滴收集器、烟道及吸收器上部。将洗涤的蒸馏水收集于曾在其中用 0.3%(质量分数)碳酸钠溶液吸收二氧化硫的吸收器中。在吸收器中加入 1～2 滴指示剂,如果此时吸收器中的溶液呈红色,则认为此次试验无效,应重做试验。此时应减少燃烧的试样量。

7. 加入指示剂后,以 0.05 mol/L 盐酸溶液滴定。为了在滴定时搅拌溶液,在吸收器的玻璃管处接上橡皮管,并用橡皮球或泵对溶液进行打气或抽气而搅拌。

先将空白试液(标准正庚烷或 95%(体积分数)乙醇或汽油燃烧后所生成物质的吸收液)滴定至呈现红色为止,作为空白试验。

然后滴定含有试样燃烧生成物的各溶液。当溶液呈现出与已滴定的空白试验所呈现同样的红色时,说明滴定已到终点。

另用 0.3%(质量分数)碳酸钠溶液进行滴定,与空白试验比较。这两次所消耗 0.05 mol/L 盐酸溶液体积之差,如果超过 0.05 mL,即证明空气中已染有硫分。在此种情况下,该试验作废,待实验室通风后另行测定。

8. 试样的燃烧量依下法测定:

(1) 燃烧未稀释的试样时,当燃烧完毕后,将灯放在分析天平上称量(称准至 0.000 4 g)。并计算盛有试样的灯在试验前的质量与该灯在燃烧后的质量差数,作为试样的燃烧量。

(2) 燃烧稀释过的试样时,计算盛有试样的灯的质量与未装试样的清洁、干燥灯的质量的差数,作为试样的燃烧量。

四、计 算

试样的硫含量 w_S(质量分数)按下式计算:

$$w_S = \frac{(V - V_1)K \times 0.000\,8}{m}$$

式中 w_S ——试样中硫的质量分数;

V ——滴定空白试液所消耗盐酸溶液的体积,mL;

V_1 ——滴定吸收试样燃烧生成物的溶液所消耗盐酸溶液的体积,mL;

K ——换算为 0.05 mol/L 盐酸溶液的修正系数(是盐酸的浓度与 0.05 mol/L 之比值);

0.000 8 ——单位体积 0.05 mol/L 盐酸溶液所相当的硫含量,g/mL;

m ——试样的燃烧量,g。

五、精密度

重复测定两个结果间的差数,不应超过下列数值:

硫质量分数$\times 10^2$	允许差数
≤0.1	0.006%
>0.1	最小测定值的 6%

取重复测定两个结果的算术平均值作为试样的硫含量。

六、影响因素

1. 试油在测定器内能否燃烧安全,对测定结果影响很大。例如冒烟及未经燃烧而造成挥发损失,则所得结果偏低。方法中采用调整抽风速度,调节灯芯及火焰的适宜高度,用无硫乙醇、正庚烷稀释等都是为了使试油完全燃烧。

2. 加入每个测定器内的 Na_2CO_3 量是否准确一致、中间有无损失,对测定结果也有影响,例如点燃试油的吸收器内的碳酸钠少于空白试验,则测定结果偏大。方法规定用吸量管计量碳酸钠溶液,及试油燃尽后拆开仪器用蒸馏水洗涤液滴收集器、烟道及吸收器上部,并全部收集于吸收器中,都是为了使每个测定器内 Na_2CO_3 注入量准确及减少损失。

3. 试验环境中不得存在含硫气体,以免影响测定结果,因而规定不许使用火柴等含硫火源点燃灯芯。

第十一节 石油产品的酸度和酸值测定

[参考 GB/T 258—77(88)和 GB/T 264—83(91)]

油品的酸值和汽、煤、柴油的酸度都是表示油品中酸性化合物多寡的质量指标。油品中的酸性化合物主要是环烷酸类、油品因储存氧化生成的酸性产物,有的油品中还含有少量的脂肪酸和无机酸。

所谓酸度是指中和 100 mL 油品所需要的氢氧化钾毫克数,以 mgKOH/100 mL 表示之。

所谓酸值是指中和 1 g 油品所需要的氢氧化钾毫克数，以 mgKOH/1g 表示。

油品的酸度和酸值的大小可以大致判断油品精制的深度和油品的腐蚀性。对于润滑油可以从酸值变化来判断变质的程度。

酸度、酸值（包括含乙基液汽油酸度）的测定，都是用沸腾乙醇抽出试样中的有机酸，然后用氢氧化钾乙醇溶液进行滴定。根据油品颜色不同选择酚酞（深色油品）、碱性蓝 6B（深色油品）、溴麝香草酚蓝（含乙基液汽油）等不同指示剂。

（一）汽油、煤油、柴油酸度测定法

一、仪器和试剂

1. 仪　器

（1）锥形烧瓶：250 mL。

（2）球形回流冷凝管：长约 300 mm。

（3）量筒：25、50 和 100 mL。

（4）微量滴定管：2 mL，分度为 0.02 mL；或 5 mL，分度为 0.05 mL。

（5）电热板或水浴。

2. 试　剂

（1）95%（体积分数）乙醇：分析纯。

精制乙醇：用硝酸银和氢氧化钾溶液处理后，再经沉淀和蒸馏而得。

（2）氢氧化钾：分析纯，配成 0.05 mol/L 氢氧化钾乙醇溶液。

（3）碱性蓝 6B 指示剂。

（4）酚酞指示剂：1%（质量分数）的酚酞乙醇溶液。

酚酞指示剂适用于测定无色油品或在滴定混合物中易看出浅玫瑰红色的油品。

（5）甲酚红指示剂。

二、试验步骤

1. 取 95%（体积分数）乙醇 50 mL 注入清洁无水的锥形烧瓶内。用装有回流冷凝管的软木塞塞住锥形烧瓶之后，将 95%（体积分数）乙醇煮沸 5 min。新软木塞需先用乙醇煮沸后方可使用。

2. 在煮沸过的 95% 乙醇中加入 0.5 mL 的碱性蓝溶液（或甲酚红溶液）后，在不断摇荡下趁热用 0.05 mol/L 氢氧化钾乙醇溶液使 95% 乙醇中和，直至锥形烧瓶中的混合物从蓝色变成浅红色（或甲酚红溶液从黄色变为紫红色）为止。

在煮沸过的 95%（体积分数）乙醇中加入数滴酚酞溶液代替碱性蓝溶液（或甲酚红溶液）时，按同样的方法中和至呈现浅玫瑰红色为止。

3. 将试样注入中和过的热的 95%（体积分数）乙醇中，在（20±3）℃时量取试样：汽油、煤油为 50 mL，柴油为 20 mL。在锥形烧瓶上装上回流冷凝管之后，将锥形烧瓶中的混合物煮沸 5 min（对已加有碱性蓝溶液或甲酚红溶液的混合物，此时应再加入 0.5 mL 的碱性蓝溶液或甲酚红溶液），在不断摇荡下趁热用 0.05 mol/L 氢氧化钾乙醇溶液滴定，直到 95%（体积分数）乙醇层的碱性蓝溶液从蓝色变为浅红色（甲酚红溶液从黄色变为紫红色）为止，或直至 95%（体积分数）乙醇层的酚酞溶液呈现浅玫瑰红色为止。

在每次滴定过程中，自锥形烧瓶停止加热到滴定达到终点，所经过的时间不应该超过 3 min。

三、计　算

试样的酸度 X(mgKOH/100 mL)按下式计算：

$$X = \frac{100\,V \cdot T}{V_1}$$

$$T = M(\mathrm{KOH}) \times c(\mathrm{KOH})$$

式中　V ——滴定时所消耗的氢氧化钾乙醇溶液的体积，mL；

V_1 ——试样的体积，mL；

T ——氢氧化钾乙醇溶液的滴定度，mgKOH/mL；

M(KOH)——氢氧化钾的摩尔质量，g/mol；

c(KOH)——氢氧化钾的浓度，mol/L。

四、精密度

1. 平行测定两个结果间的差数，不应超过下列数值：

试样名称	允许差数(mgKOH/100 mL)
汽油、煤油	0.15
柴油	0.3

2. 取平行测定两个结果的算术平等值，作为试样的酸度。

(二) 石油产品酸值测定法

一、仪器及试剂

除不需要量筒和酚酞指示剂外，其余与酸度测定法相同。

二、试验步骤

1. 用清洁、干燥的锥形烧瓶称取试样 8～10 g，称准至 0.2 g。

2. 在另一清洁无水的锥形烧瓶中，加入 95%(体积分数)乙醇 50 mL，装上回流冷凝管。在不断摇动下，将 95%(体积分数)乙醇煮沸 5 min，除去溶解在乙醇内的二氧化碳。

在煮沸过的 95%(体积分数)乙醇中加入 0.5 mL 碱性蓝 6B(或甲酚红)溶液，趁热用 0.05 mol/L 氢氧化钾乙醇溶液中和，直至溶液由蓝色变成浅红色(或由黄色变成紫红色)为止。

3. 将中和过的 95% 乙醇注入装有已称好试样的锥形烧瓶中，并装上回流冷凝管。在不断摇动下，将溶液煮沸 5 min。

在煮沸过的混合液中，加入 0.5 mL 的碱性蓝 6B(或甲酚红)溶液，趁热用 0.05 mol/L 氢氧化钾乙醇溶液滴定，直至乙醇层由蓝色变成浅红色(或由黄色变成紫红色)为止。

对于在滴定终点不能呈现浅红色(或紫红色)的试样，允许滴定达到混合液的原有颜色开始明显地改变时作为终点。

在每次滴定过程中，自锥形烧瓶停止加热到滴定达到终点所经过的时间不应超过 3 min。

三、计　算

试样的酸值 X，用 mgKOH/g 的数值表示，按下式计算：

$$X = \frac{V \cdot T}{G}$$

$$T = M(\text{KOH}) \times c(\text{KOH})$$

式中 V ——滴定时所消耗氢氧化钾乙醇溶液的体积，mL；

G ——试样的质量，g；

T ——氢氧化钾乙醇溶液的滴定度，mgKOH/mL；

$M(\text{KOH})$ ——氢氧化钾的摩尔质量，g/mol，等于 56.1；

$c(\text{KOH})$ ——氢氧化钾乙醇溶液的浓度，mol/L。

四、精密度

1. 平行测定两个结果间的差数，不应超过下列数值：

酸值(mgKOH/g)	允许差数(mgKOH/g)
0.1 以下	0.02
0.1 至 0.5	0.05
0.5 至 1.0	0.07
1.0 至 2.0	0.10

2. 用符合精密度要求的两个平行测定结果的算术平均值作为试油的酸值。

（三）影响因素

1. 乙醇对油中酸性物质抽提的完全程度对测定结果影响很大。采用 95%(体积分数)乙醇作为溶剂是因为乙醇对有机酸的溶解性好，而它所含的 5%(体积分数)水分对油中可能存在的少量无机酸溶解度比乙醇高，因而不采用无水乙醇作溶剂。由于只有沸腾乙醇才能把酸抽提出来，所以回流时间应从开始出现第一滴回流液才开始计时，否则结果偏低。

2. CO_2 在乙醇中溶解度比在水中大 3 倍，因此，乙醇煮沸 5 min 也是为了赶走 CO_2。由于乙醇层在油层上面，在滴定过程中，容易接触空气中的 CO_2，碱性蓝 6B 对 CO_2 十分敏感，如果滴定时间过长，因 CO_2 重新溶入溶液内，而使结果偏高，所以，回流后的试样必须趁热迅速滴定，并应避免对准瓶口呼吸，以免造成误差。

3. 量筒和试油体积都随温度变化，取样时试样温度必须保持在(20±3) ℃以内。

4. 指示剂加入量不能超过规定，以免引起较大误差。因为所用的碱性蓝 6B 和酚酞都有弱酸性，同时量多也使变色缓慢。

5. 滴定终点判断：碱性蓝 6B 为指示剂时，以蓝紫色消失刚出现全红色为终点。酚酞为指示剂时，以出现浅红玫瑰色为终点。

6. 乙醇用以下方法精制：将 1.5 g 硝酸银溶于 3 mL 蒸馏水，将此溶液倒入 1 000 mL 的 95%(体积分数)乙醇中，摇动几分钟；另取 3 gKOH 溶于 10～15 mL 乙醇(必要时可加热)，将此溶液亦倒入乙醇中，猛烈摇动 2 min，有黑色沉淀产生，将此乙醇静置 10～15 min 后过滤，取清液蒸馏，切取 78 ℃时蒸出物备用。

第十二节　馏分燃料冷滤点测定法

[参考SH/T 0248—92]

一、概　说

柴油的低温性能是保证输送和过滤性的指标，过去以凝点表示。当柴油在高于其凝点5～10 ℃时，虽未失去流动性，但已有细微的蜡结晶析出，以致可以引起供油系统滤清器的堵塞，中断供油。特别是添加了低温流动性改进剂的柴油，这个问题更为严重。我国现采用国际通用的冷滤点指标，逐步代替柴油的凝点指标。

柴油的冷滤点是指在规定条件下冷却试油，当试样不能流过过滤器，或20 mL试样流过过滤器的时间大于60 s，或试样不能完全流回试杯时的最高温度，以℃(按温度的整数)为单位表示。

二、仪器及试剂

1. 试杯：玻璃制，平底筒形，内径31.0～32.0 mm，壁厚1.0～1.5 mm，杯高115～125 mm，杯上45 mL处有刻线。

2. 套管：黄铜制，平底筒形，内径45 mm，壁厚1.5 mm，管高113 mm。

3. 温度计：符合GB/T 3535中附录A(补充件)要求。冷滤点高于－30 ℃(含－30 ℃)，用－38～50 ℃温度计。冷滤点低于－30 ℃，用－80～20 ℃温度计。

4. 过滤器：各部件均为黄铜制，内有黄铜镶嵌的4号(363目/英寸)不锈钢丝网，用带有外螺纹和支脚的圈环自下端旋入，上紧。

5. 吸量管：玻璃制，20 mL处有一刻线。

6. 三通阀：玻璃制，分别与吸量管上部、抽空系统、大气连通。

7. 橡皮塞：用以堵塞试杯的上口，塞子上有3个孔。各用来装温度计、吸量管和通大气支管。稳压水槽上的塞子也有3个孔，分别用以连通水流泵、试验系统和大气。

8. 聚四氟乙烯隔环和垫圈：放入套管内，以支撑试杯。

9. 冷浴：如果冷浴中需放入一个以上套管，各套管之间的距离至少为50 mm。冷却剂可用乙醇加干冰。

10. 抽空系统：由U形管差压计、稳压水槽和水流泵组成。

11. 秒表：分度为0.1～0.2 s。

12. 溶剂油：符合GB 1922中90号与SH 0005规定。

13. 无水乙醇：化学纯。

14. 苯：化学纯。

过滤系统组装图见图Ⅱ-12-1。

三、操作步骤

1. 试油如果含水，必须经过脱水才能测定。试油如果浑浊、有杂质，应在15 ℃以上用不起毛的滤纸过滤。

2. 把套管用支持环固定在冷浴盖板孔中，套管口用塞子塞紧。

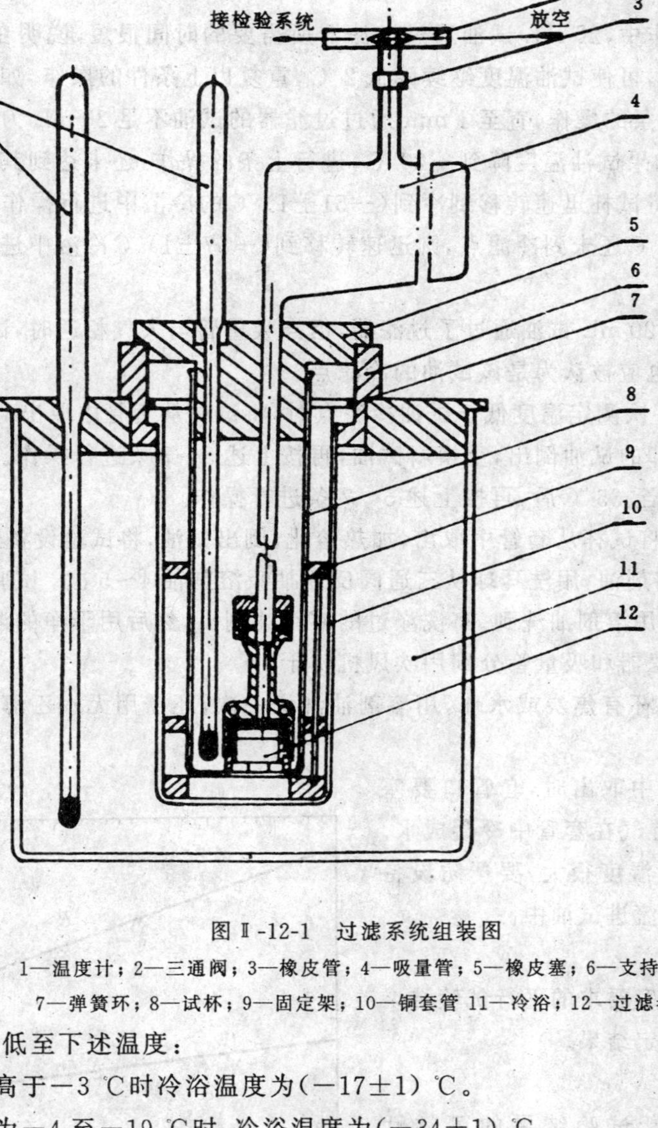

图Ⅱ-12-1　过滤系统组装图

1—温度计；2—三通阀；3—橡皮管；4—吸量管；5—橡皮塞；6—支持环；7—弹簧环；8—试杯；9—固定架；10—铜套管 11—冷浴；12—过滤器

3. 将冷浴降低至下述温度：

试油冷滤点高于－3 ℃时冷浴温度为(－17±1) ℃。

试油冷滤点为－4 至－19 ℃时，冷浴温度为(－34±1) ℃。

试油冷滤点－20 ℃至－35 ℃时，二个冷浴温度分别为(－34±1) ℃和(－51±1) ℃。

试油冷滤点低于－35 ℃时，三个冷浴温度分别为(－34±1) ℃，(－51±1) ℃和(－67±1) ℃。在整个操作过程中冷浴要搅拌均匀。

4. 在室温下将装有温度计、吸量管(已预先与过滤器接好)的橡皮塞塞入盛有 45 mL 试油的试杯中，使温度计垂直，温度计底部应离试杯底部 1.3～1.7 mm。过滤器也应垂直恰好放于试杯底部，然后置于热水浴中，使油温达到(30±5) ℃。打开套管口的塞子，将准备好的试杯垂直放入预先冷却预定温度的冷浴中的套管内。

5. 将抽空系统与吸量管上的三通阀连接好。在进行测定前，不要使吸量管与抽空系统接通。启开水流泵进行抽空，U 形管差压计应稳定指示压差为 1 961 Pa(200 mmH_2O)。

6. 当试油被冷却到预测温度时(一般比冷滤点高 5～6 ℃)，开始第一次测定。转动三通阀，使抽空系统与吸量管接通，同时用秒表计时。由于抽力作用，试油迅速通过过滤器。当试油上升到吸量管 20 mL 刻线处，关闭三通阀，同时秒表停止计时。转动三通阀使吸量管与大气相通，试油自然流回试杯中。

7. 在上条的操作中，20 mL 试油通过过滤器所需要的时间很短，说明在此温度下试油还远没有达到其冷滤点，可使试油温度继续降低 2 ℃，重复以上条件的操作。如果时间明显加长，则每降低 1 ℃重复上条的操作，直至 1 min 通过过滤器的试油不足 20 mL 为止。记下此时的温度，即为其冷滤点。如果试油温度降到 −20 ℃，进行上条的操作，还未达到其冷滤点，则在试油自然流回试杯之后，将试杯迅速转移到冷到(−51±1) ℃的冷浴中进行操作，直至达到其冷滤点。如果试油在 −35 ℃还未到冷滤点，则迅速转移到(−67±1) ℃冷浴中进行操作，直至达到冷滤点。

如果在 1 min 内 20 mL 试油通过了过滤器，但当吸量管与大气相通时，试油不能全部流回试杯内，此时的温度也应被认为是该试油的冷滤点。

8. 如果预计第一次测定温度低于试油冷滤点时，将试杯从套管中取出，加热熔化。如果试油充裕，可将经过冷却的试油倒出，重换新试油，再按上述 5～7 条进行操作。如果试油不充裕，也可将试油加热熔化至 35 ℃后，再按上述 5～7 条进行操作。

9. 试验结束后，将试杯从套管中取出，加热熔化，倒出试油，将试验设备进行洗涤。在试杯内倒入 30～40 mL 溶剂油，用洗耳球从三通阀反复抽吸溶剂油 4～5 次。试验时试油在试验装置内流过的地方都要用溶剂油洗到。将洗涤过的溶剂油倒出，然后用干净的溶剂油重复洗涤一次。最后将试杯、过滤器和吸量管分别用吹风机吹干。

如果吸量管或试杯有焦炭或水珠，用溶剂油洗涤一次，还需用无水乙醇或苯-乙醇混合溶剂洗涤、吹干。

10. 试杯从套管中取出时，套管口要塞好塞子，防止空气中湿气在套管中冷凝成水。

夏季操作时空气湿度很大，要严防设备外壁凝聚的水沿管壁流进试油中。

四、计　算

取两个符合精密度要求的平行试验结果的算术平均值作为测定结果。

五、精密度

用下述规定判断试验结果的可靠性(95%置信水平)。

重复性：同一操作者重复测定两个结果之差，不应超过用式(2-10)算出的数值。

$$Y = 0.033(30 - \overline{x}) \quad (2\text{-}10)$$

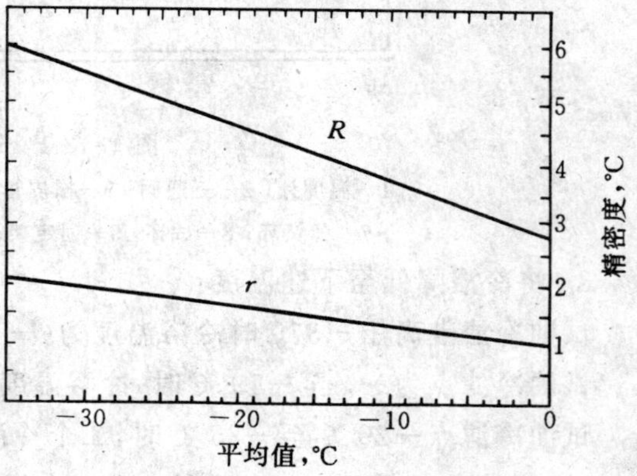

图Ⅱ-12-2　精密度

再现性：由两个实验室各自提出的两个结果之差，不应超过式(2-11)的计算数值。

$$R = 0.092(30 - \overline{x}) \quad (2\text{-}11)$$

式中　$\overline{x}$ 为两个结果的平均值。

冷滤点在 0～−35 ℃时，重复性和再现性可查图Ⅱ-12-2 而获得。

第十三节　轻质石油产品浊点和结晶点的测定方法

[参考 SH/T 0174—92]

一、概　说

轻质油品在规定条件下开始呈现浑浊时的最高温度称为浊点。有肉眼可辨的晶体析出时的最高温度称为结晶点。

轻质油品在低温下出现浑浊和结晶的原因，主要是含有熔点较高的烃类（如正构烷烃等）和溶解水。石蜡基原油（如大庆原油）生产的喷气燃料其结晶点一般较高。油品的吸水性与烃类组成和外界温度有关。芳香烃的吸水性极强，比其他烃类约大 9～14 倍；同一类烃的吸水性随温度升高而增大，随烃的相对分子质量增大而减小。

浊点和结晶点是喷气燃料的重要质量指标，在高空低温下工作的喷气发动机，如果所用燃料的结晶点高，则可能因析出结晶并堵塞滤网而导致发动机熄火的恶性事故。

喷气燃料一般测定未脱水试样的浊点和结晶点，主要原因是喷气燃料在储存中会吸收空气中的水分，而使原来结晶点合格的喷气燃料变成不合格。某些油品在低温下浑浊，主要是由于含有高熔点烃类，这类油品在测浊点以前，必须先行脱水。脱水油样和未脱水油样的测定方法是不同的，现分述如下。

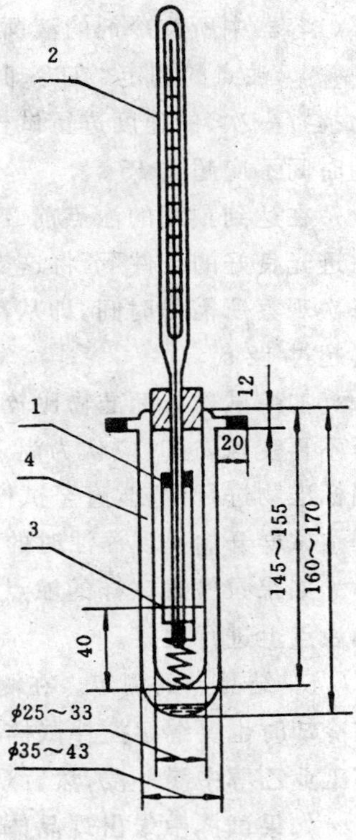

图 Ⅱ-13-1　结晶点测定器

1—搅拌器；2—温度计；3—环形标线；4—双壁试管

二、仪器和试剂

1. 双壁试管（见图 Ⅱ-13-1）：试管上端的两条支管，可以是封闭的或敞开的。

2. 搅拌器，用铝丝或其他金属丝制成。利用手摇、机械或电磁带动。

3. 广口保温瓶或有保温层的圆筒形容器。容器盖上有插试管、温度计和加干冰的孔。

4. 水银温度计：符合 GB 514，供测量不低于－30 ℃的试样温度用。

5. 低温液体温度计：符合 GB 514，供测量低于－30 ℃的试样温度用。

6. 低温液体温度计：具有低于－80 ℃的刻度，供测量冷剂温度用。

7. 试管架：供放置双壁试管用。

8. 干冰。

9. 无水乙醇：化学纯。

10. 工业乙醇。

11. 硫酸钠或氯化钙：化学纯。

三、未脱水试样浊点和结晶点的测定

1. 试油应存放在严密封闭的瓶子中。测定前充分摇荡试油，使之混合均匀。

2. 取两支清洁干燥的双壁试管。

第一支试管装试验油样，如果试管支管未焊闭，则向夹层中注入 0.5～1 mL 无水乙醇，再用一端用夹子夹紧的橡皮管封闭支管口。将已混合均匀的试油注入试管内直至标线处。

第二支试管也用试样装到标线处，作为标准物。

每支试管都用带有温度计和搅拌器的橡皮塞塞住，温度计要位于试管的中轴线上，温度计底部与内试管底部距离应为15 mm。

3. 在装有低温温度计的冷剂容器中，注入乙醇，再慢慢加入干冰，使乙醇温度逐渐下降到比试样预期浊点低(15±2) ℃。将装有试样的第一支试管通过盖上的孔口，插到冷剂容器中。

容器中所装冷剂的液面，必须比试管中试样液面高30～40 mm。

4. 浊点的测定。在冷却时，搅拌器以 60～200 次/min(搅拌器下降到管底再提起到液面作为搅拌一次)的速度进行试样搅拌。使用手摇搅拌器时，连续搅拌的时间至少为 20 s，搅拌中断的时间不应超过 15 s。

在达到预期的浊点前 3 ℃时，从冷剂中取出试管，迅速放在一杯工业乙醇中浸一浸，然后在透光良好的条件下，将这支试管插在试管架上，与并排的标准物进行比较，观察试样的状态。每次观察所需的时间，即从冷剂中取出试管的一瞬间起，到把试管放回冷剂中的一瞬间止，不得超过 12 s。

如果试样与标准物比较，没有发生异样(或有轻微的色泽变化，但在进一步降低温度时，色泽不再变深，这时应认为尚未达到浊点)，将试管放入冷剂中，以后每降 1 ℃就观察一次，仍要同标准物进行比较，直至试样开始呈现浑浊为止。

试样开始呈现浑浊时的温度就是浊点。

如果只检查试样的浊点是否符合标准的要求，就按 2～4 条的规定，在浊点前 1 ℃和规定的浊点上进行观察。

5. 结晶点的测定。在测定浊点后，将冷剂温度下降到比所测试样的结晶点低(15±2)℃，在冷却时也要继续搅拌试样。在达到预期的结晶点前 3 ℃时，从冷剂中取出试管，迅速放在一杯工业乙醇中浸一浸，然后观察试样的状态。

如果试样中未出现晶体，再将试管放入冷剂中，以后每降 1 ℃观察一次，每次观察所需的时间不应超过 12 s。

当试样中开始出现肉眼所能看到的晶体时的温度就是结晶点。

在进行第二次测定时，要在同一天从同一只瓶子中取用未经测定的试样。

四、脱水试样浊点的测定

1. 在试验前，将试样用干燥的滤纸过滤。如果试样中含有水，必须预先脱水。脱水的手续是在试样中加入新煅烧过的粉状硫酸钠，或加入新煅烧过的粒状氯化钙，摇荡 10～15 min；试样澄清后，再经干燥的滤纸过滤。然后按本方法三、2 的规定安装试管。

2. 将装有试样与温度计的试管放入 80～100 ℃的水浴中，使试样温度达到(50±1)℃。

3. 在装有低温温度计的冷剂容器中注入工业乙醇，再加入干冰，使冷剂的温度下降到比试样的预期浊点低(10±2)℃。

容器中冷剂的液面，必须比试管中的试样液面高 30～40 mm。

4. 将装试样的试管从水浴中取出，垂直地固定在支架上，在室温中静置，直至试样冷却至

30～40 ℃，再将试管插在装有冷剂的容器中。

5. 在达到预期的浊点前 3 ℃时，从冷剂中取出试管，迅速放在一杯工业乙醇中浸一浸，然后按本方法的三.4 条所述进行观察试样的浑浊状态。

注意，进行第二次试验时，必须在预先洗涤过和干燥过的试管中装入未经测定的试样。

五、精密度

1. 浊点或结晶点，平行测定两个结果间的差数，都不应超过 2 ℃。

2. 取平行测定两个结果的算术平均值，作为试样的浊点或结晶点。

六、影响因素讨论

1. 试管、温度计和搅拌器本身必须洁净、干燥，以免带进微量水分而影响测定结果。

2. 注意未脱水试样及脱水试样测定条件的差别，决不能混淆，测定条件主要差别如下：

试验步骤	测定条件	
	未脱水试样	脱水试样
脱水	搅荡，使试样混合均匀，不必脱水过滤。	用干燥剂脱水后再经干燥滤纸过滤。
预热	不必预热	在水浴中预热至试油温度为(50±1) ℃
冷却	冷剂温度比估计浊点始终低(15±2) ℃	冷剂温度始终比估计浊点低(10±2) ℃
搅拌	搅拌速度要求为 60～200 次/min	不须搅拌
测定范围	通常用以测定航空汽油、喷气燃料之浊点和结晶点及灯用煤油之浊点	通常用以测定轻柴油之浊点

第十四节　石油产品苯胺点测定法
[参考 GB/T 262—88]

一、概　说

所谓石油产品的苯胺点，就是将石油产品与等体积的苯胺相混合，当加热到两者能互相溶解成为均匀透明单一液相时的最低温度，亦称为石油产品在等体积苯胺中的临界溶解温度。

油品中的各种烃类在苯胺中的溶解度不同，即其苯胺点不同。一般，烷烃苯胺点最高，环烷烃次之，烯烃及环烯烃又次之，芳香烃最低。对于同类烃，其苯胺点随相对分子质量的增大和沸点的升高而升高。因此苯胺点可以大致判断油品中所含烃类的情况。通常油品中含芳香烃越少，苯胺点就越高。根据苯胺点数据，可以计算柴油指数和十六烷值。对于汽油馏分，根据除去芳香烃前后的试样的苯胺点，可计算其烃族组成。

苯胺的结构式为 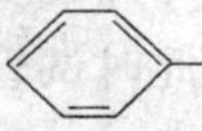—NH_2，是无色油状液体，沸点为 184.4 ℃，有特殊臭味，其蒸气有毒(蒸馏苯胺应在通风橱中进行)，能稍溶于水，易溶于苯、乙醇等。暴露在空气中或日光下易变为棕色。

苯胺点的测定，对于浅色石油产品和深色石油产品分别采用两种不同装置，现仅介绍浅色石油产品苯胺点的测定，深色石油产品可参见 GB/T 262—88。

二、仪器及试剂

1. 苯胺点测定器

试管:直径(25±1) mm,长度(150±3) mm;

金属搅拌丝:下端绕成环形,供搅拌试管中混合物之用;

玻璃套管:直径(40±2) mm,长度(150±3) mm。

2. 水浴或油浴。可在600 mL高型烧杯内贮水或无色油或甘油来作水浴或油浴。杯口需装设一块薄的隔热板,板上有安放试管的孔口。

3. 水浴或油浴搅拌器:用金属丝制成,下端绕成直径略小于油浴内径的环。

4. 温度计:30~100 ℃,分度为0.1 ℃。同熔点温度计,符合GB/T 514—83(91)。

5. 移液管:5 mL的2支,均配有橡皮球,或用滴定管代替。

6. 试 剂

(1) 苯胺:分析纯,符合GB 691。

用这种苯胺所测得的正庚烷的苯胺点应为(69.3±0.2) ℃。如果试验用苯胺达不到此要求,则按三、1(1)精制,直到用来测定正庚烷的苯胺点为(69.3±0.2) ℃为止。

(2) 工业用硫酸钠,经煅烧并放入干燥器中冷却。

(3) 三级纯氢氧化钾或化学纯氢氧化钠。

三、试验步骤

1. 准备工作

(1) 苯胺如果不合乎上述要求,需先进行精制,步骤如下:在苯胺中先加入适量的固体氢氧化钾或氢氧化钠进行脱水。过滤后,滤出的苯胺进行蒸馏,只收集10%~90%(体积分数)的馏出物。所收集的馏出物应贮放在暗色的瓶子里,瓶外用黑纸包住,加入固体氢氧化钾或氢氧化钠,以防苯胺受潮。使用时,取澄清部分苯胺。所得苯胺之ρ_{20}为1.022~1.023,n_D^{20}为1.5863,浊点−6.0~−6.5 ℃。

(2) 试油如果含水,用硫酸钠脱水。在试油中加入新煅烧的硫酸钠(用量约为试油的1/3)之后,摇荡至少2 min,再放置至少1 h,然后经过滤或倾注以除去硫酸钠。

如试油含有析出的石蜡时,应微热试油,使石蜡完全溶化后才能进行过滤。

2. 试验方法

(1) 用两支5 mL移液管分别将5 mL苯胺及5 mL试油注入清洁、干燥的试管中。然后用软木塞将温度计和搅拌丝安装在试管内。温度计水银球的中间,应位于苯胺层与试油层的分界处。搅拌丝的上端要穿出软木塞的特备小孔,其下端的环要浸到苯胺层中。

(2) 用软木塞将试管固定在玻璃套中央。这玻璃套管的下部应浸没在水(油)浴中60~70 mm,套管上部用支持夹固定在支架上。加热水(油)浴时,应经常搅拌试管中的混合物和油浴。

当混合物温度达到预期苯胺点前3~4 ℃时,控制温度慢慢地上升,并不断搅拌混合物。当混合物层呈现透明后,将试管从油浴中提起,搅拌、冷却混合物,冷却速度每分钟不超过1 ℃。

当冷却到透明溶液刚开始呈现浑浊,并不再消失的一瞬间(此时试管中温度计的水银球刚刚模糊不清)立即记录混合物的温度,作为试油苯胺点的测定结果,准确到0.1 ℃。

四、精密度

平行测定的两个结果,其差数不应超过0.2 ℃。

用平行测定的两个结果的算术平均值,作为试油的苯胺点。

五、影响测定结果的因素

1. 苯胺纯度影响很大,测定时必须用新蒸馏的干燥苯胺,以免含氧化物或水而影响测定结果。试验证明,苯胺如果含水,可使苯胺点升高 5～6 ℃。

2. 试油必须是中性的,否则,因苯胺本身为强碱性而影响测定结果。有时因苯胺与油中酸性物质的反应产物本身是浑浊的,导致看不清苯胺点。

3. 仪器安装和操作中应特别注意:温度计水银球中部必须位于苯胺与试油层的分界线上,必须等体积量取试样及苯胺。升温、冷却速度不能过快,否则,均会影响测定结果(为什么)。

第十五节　石油产品残炭测定法

(一) 康氏法[参考 GB/T 268—87]

一、概　说

本方法用于测定石油产品经蒸发和热解后留下的残炭量,以提供判断石油产品相对生焦倾向的指标。本方法一般用于在常压蒸馏时易部分分解、相对地不易挥发的石油产品。对含有能生灰组分的石油产品(用 GB/T 508《石油产品灰分测定法》测定)则会得到残炭值偏高的结果,误差的大小取决于所生成灰分的量。

燃烧器燃料的残炭值,可用来粗略地估计燃料在蒸发式的釜型和套管型燃烧器中形成沉积物的倾向。同样,不含硝酸戊酯(或如果含有硝酸戊酯,则只要事先测定未加此添加剂基础燃料)的柴油,残炭值大体上与燃烧室的沉积物有对应关系。

测定粗柴油的残炭值,对指导粗柴油造气的生产是有用的,而原油残渣油、气缸油料和重质润滑油料的残炭值,对指导润滑油生产也是有用的。

下述情况应予注意:

1. 发动机油:发动机油的残炭值,曾一度被认为能表示发动机的燃烧室中生成碳质沉积物量的指标,但由于许多石油产品中都存在添加剂,所以现在看来这一点是值得怀疑的。例如,有灰分生成的清净添加剂,会增加石油产品的残炭值,但它通常可以减少石油产品生成沉积物的倾向。

2. 柴油:含有硝酸戊酯的柴油的残炭值偏高。但是,如果对不含硝酸戊酯的柴油,或对准备要调入硝酸戊酯的基础燃料进行试验,则其残炭值与燃烧室沉积物有近似的关系。

3. 含有有灰分生成的添加剂的石油产品,残炭值可能与形成沉积物的倾向无关,而且,可能比形成沉积物的相应倾向要高些。

本方法参照采用国际标准 ISO 6615—1983《石油产品残炭测定法(康氏法)》。

把已称其质量的试样置于坩埚内进行分解蒸馏。残余物经强烈加热一定时间即进行裂化和焦化反应。在规定的加热时间结束后,将盛有碳质残余物的坩埚置于干燥器内冷却并称其质量,计算残炭值(以原试样的质量分数表示)。

二、仪　器

石油产品康氏残炭测定仪见图Ⅱ-15-1。

1. 矮型瓷坩埚:全部上釉,广口型,口部外缘直径 46～49 mm,容量为 29～31 mL。

2. 内铁坩埚:带环形凸缘,容量为 65～82 mL,凸缘的内径为 53～57 mm,外径为

60～67 mm。坩埚高 37～39 mm。带有一个盖子，盖上没有导管而有关闭的垂直孔，盖上水平孔的直径约为 6.5 mm。此孔必须保持清洁。坩埚的平底外径为 30～32 mm。

3. 外铁坩埚：顶部外径为 78～82 mm，高为 58～60 mm，壁厚约 0.8 mm，还有一个合适的铁盖。每次试验之前，在坩埚的底部平铺一层约 25 mL 的干沙子，或以放入的沙子量在使内铁坩埚的盖顶几乎碰到外铁坩埚的顶盖为准。

4. 镍铬丝三角架：用直径 2.0～2.3 mm 左右的镍铬丝做成。口的大小能支承外铁坩埚的底部，使之与遮焰体的底面处在同一水平面。

5. 铁圆罩：用薄铁板制成。下段圆筒直径 120～130 mm。高 50～53 mm。上段是烟囱，内径 50～56 mm，高 50～60 mm。中部有圆锥形过渡段，连接上下两段。铁圆罩总高 125～130 mm。此外，在烟囱的顶部有一高度为 50 mm 的火桥（用直径 3 mm 左右的镍铬丝或铁丝制成），用以控制烟囱上方火焰的高度。

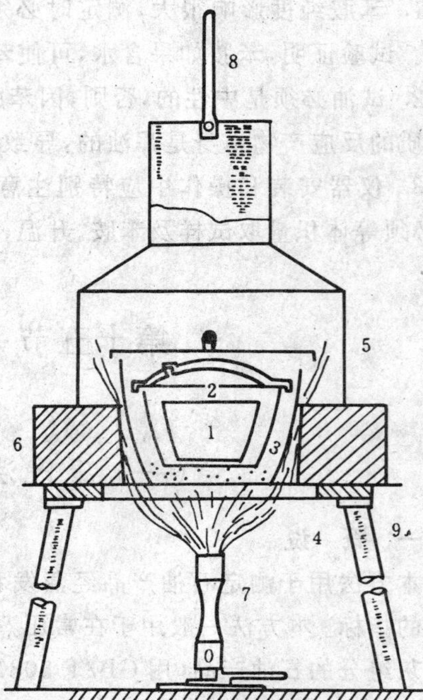

图 Ⅱ-15-1　残炭测定仪

1—矮型瓷坩埚；2—内铁坩埚；3—外铁坩埚；4—镍铬丝三角；5—铁圆罩；6—遮焰体；7—喷灯；8—火桥；9—三角架

6. 遮焰体：遮焰体为绝缘体、陶瓷耐热块、耐火环或空心金属盒。可以做成圆形，也可以做成方形。直径或边长 150～175 mm，高 32～38 mm，中间设置有金属衬里的倒锥形孔，上大下小，孔顶直径 89 mm，孔底直径 83 mm。使用耐火环式遮焰体时，由于环是由硬质耐热材料制成，所以无需金属衬里。

7. 喷灯：孔口直径约 25 mm 的或相当的喷灯。

三、准备工作

1. 瓷坩埚和玻璃珠

(1) 瓷坩埚（特别是使用过的含有残炭的瓷坩埚）必须先放在（800±20）℃的高温炉中煅烧 1.5～2 h，然后清洗、烘干备用。准备直径约 2.5 mm 的玻璃珠，清洗、烘干备用（准备好的瓷坩埚和玻璃珠应保存在干燥器中）。

注：① 本方法中所用的“残炭”一词，是指石油产品经蒸发和热解后所形成的碳质残余物。它不全部是碳，而是一种会进一步热解变化的焦炭。本方法采用“残炭”这个词，只是顺从习惯的称呼。

② 本方法广泛应用于多种石油产品。本方法和 ZBE 30001《石油产品残炭测定法（兰氏法）》这两种方法所测得的残炭值，不但在数值上不相同，而且它们之间也找不到满意的相互关系。对于一些不容易装入兰氏焦化球的重质残渣燃料油、焦化原料等油料，宜用本方法测定残炭。

(2) 将备好的盛有两个玻璃珠的瓷坩埚称量，称准至 0.000 1 g。

2. 试　样

所取的试样必须具有代表性。取样前将装入量不超过瓶内容积 3/4 的试样充分摇动，使其混合均匀。

粘稠的或含石蜡的石油产品，应预先加热至50～60 ℃再进行摇匀。

含水的试样应先脱水和过滤，再进行摇匀。

四、测定步骤

1. 在盛有两个直径约2.5 mm玻璃珠并称过质量的瓷坩埚内称取(10±0.5) g无水、无悬浮物的试样。试样量需根据预计的残炭生成量按下表称取，并称准至0.005 g。

如果出现试样沸腾溢出，需要首先把试样量减少到5 g，如果还不行，再次减至3 g以解决这个困难。

预计残炭质量分数$\times 10^2$	试样量/g
<5	10±0.5
5～15	5±0.5
>15	3±0.1

注：10%蒸余物的试样量均取(10±0.5) g。

将盛有试样的瓷坩埚放入内铁坩埚的中央。在外铁坩埚内铺平砂子，将内铁坩埚放在外铁坩埚的正中。盖好内、外铁坩埚的盖子。外铁坩埚要盖得松一些，以便加热生成的油蒸气容易逸出。

2. 参照图Ⅱ-15-1安装仪器。首先将镍铬丝三角架放到合适的支架(或支环)上，将遮焰体放在镍铬三角架上，然后将上述准备好的全套坩埚放在镍铬丝三角架上，必须使外铁坩埚放在遮焰体的正中心(外铁坩埚在遮焰体内不应倾斜)。全套坩埚用圆铁罩罩上，以使反应过程中受热均匀。

3. 置灯头于外铁坩埚底下约50 mm处，进行强火加热(但不冒烟)，使预点火阶段控制在(10±1.5) min内(时间短则可能由于蒸馏开始得过快而容易引起发泡或火焰太高)。当罩顶出现油烟时，立即移动或倾斜喷灯，令火焰触及坩埚的边缘，使油蒸气着火。然后暂时移开喷灯，调节火焰，再将灯放回原处，要使灯调到使着火的油蒸气均匀燃烧，火焰高于烟囱，但不超过火桥。如果罩上看不见火焰时，可适当加大喷灯的火焰。油蒸气燃烧阶段应控制在13±1 min内完成。如果火焰高度和燃烧时间两者不可能同时符合要求时，则控制燃烧时间符合要求更为重要。

4. 当试样蒸气停止燃烧、罩上看不见蓝烟时，立即重新增强煤气喷灯的火焰，使之恢复到开始状态，使外铁坩埚的底部和下部呈樱桃红色，并准确保持7 min。总加热时间(包括预点火和燃烧阶段在内)应控制在(30±2) min内。

5. 移开煤气喷灯，使仪器冷却到不见烟(约15 min)，然后移去圆铁罩和外、内铁坩埚的盖，用热坩埚钳将瓷坩埚移到干燥器内，冷却10 min后称量，称准至0.000 1 g，计算残炭占试样的质量分数。

五、残炭值超过5%(质量分数)的试样的试验步骤

本试验步骤适用于重质原油、渣油、重燃料油和重柴油之类的油品。按四规定的试验步骤(用10 g试样)测得残炭值大于5%时，会因试样沸腾溢出而使试验正常进行有困难。此外，由于重质油品脱水困难也可能遇到麻烦。

1. 对按四.1规定的试验步骤测得残炭值在5%～15%(质量分数)的试样，需称(5±0.5) g试样来重做试验。若残炭值大于15%(质量分数)，则称(3±0.1) g试样来重做。试样量称准至 0.005 g。

2. 当用 5 或 3 g 试样时，要按四、3 规定的时间来控制预点火和燃烧时间是不大可能的。尽管如此，试验结果仍是可靠的。

六、测定 10%蒸余物残炭的试验步骤

1. 10%(体积分数)蒸余物的制备

10%(体积分数)蒸余物的制备方法有两种：GB/T 6536《石油产品蒸馏测定法》和 GB/T 255《石油产品馏程测定法》。制备时可采用两种方法的任何一种。现把两种方法分述如下。

1) 石油产品蒸馏测定法(GB/T 6536)：

(1) 对要求测定 10%(体积分数)蒸余物残炭的试样，用 GB/T 6536 获得 10%(体积分数)蒸余物。蒸馏时使用 250 mL 蒸馏烧瓶、200 mL 量筒和 50 mm 孔径的石棉垫。

(2) 将温度为 13～18 ℃的 200 mL 试样置于蒸馏烧瓶内。冷凝槽温度维持在 0～4 ℃，对某些凝点较高的试样可能需要维持在 38～60 ℃，以防止蜡类物质在冷凝管中凝固。用量过试样的量筒(不要洗)作为接受器，并置于冷凝器出口的下方，不要使冷凝器出口的尖端与量筒壁接触(为得到较准确的 10%蒸余物，应设法使馏出物温度和装样温度一致)。

(3) 把蒸馏烧瓶匀速加热，使其在加热后 10～15 min 内从冷凝器中滴下第 1 滴液体。第 1 滴落下后，移动量筒，使冷凝器出口尖端与筒壁接触。然后按每分钟 8～10 mL 的均匀蒸馏速度调节加热量。继续蒸馏至馏出物收集到(178±1) mL 时，停止加热，使冷凝器中馏出物收集在量筒中直到 180 mL(蒸馏烧瓶装入量的 90%)时为止。

(4) 立即用小瓶代替量筒接收冷凝器中最后馏出物，趁热把留在蒸馏烧瓶内的残余物倒入小瓶内，混合均匀。此即为由原试样得到的 10%(体积分数)蒸余物。

2) 石油产品馏程测定法(GB/T 255)

对要求测定 10%(体积分数)蒸余物残炭的试样，用 GB/T 255 获得 10%(体积分数)蒸余物，每次试验时进行不少于两次的蒸馏，收集其 10%(体积分数)蒸余物作为试样。

2. 在蒸余物温热、能流动的情况下，将(10±0.5) g 蒸余物倒入已称质量并用作测定残炭的坩埚内。冷却后称试样的质量，称准至 0.005 g，并按"四"所述步骤测定残炭值。

七、计　算

试样或 10%蒸余物的康氏残炭值 $w_{残}$(质量分数)按下式计算：

$$w_{残} = \frac{m_1}{m_0}$$

式中　m_1——残炭的质量，g；

　　m_0——试样的质量，g。

八、精密度

按图Ⅱ-15-2 的有关数值来判断试验结果的可靠性(95%置信水平)。

1. 重复性

同一操作者测得的两个结果之差，不应超过图Ⅱ-15-2 所示的再现性数值。

2. 再现性

由两个实验室提供的两个结果之差，不应超过图Ⅱ-15-2 所示的再现性数值。

九、报　告

取重复测定的两个结果的算术平均值，作为试样或 10%(体积分数)蒸余物的残炭值。

十、影响因素

1. 仪器安装正确与否对测定结果的精确度影响很大，尤其对于康氏法残炭测定结果影响更为突出。所以必须严格按方法规定来安装。

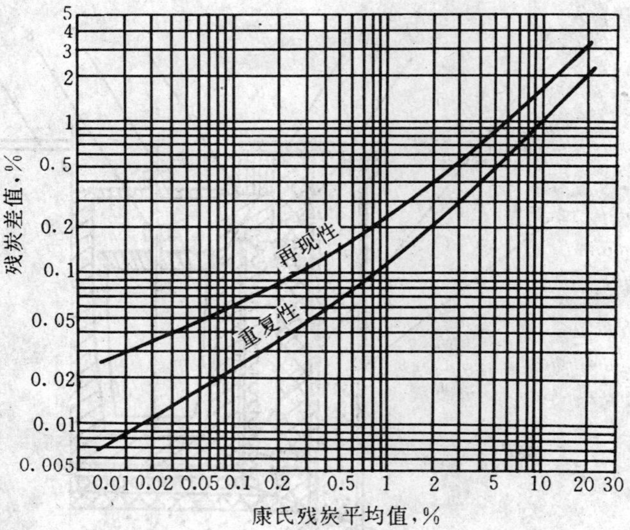

图Ⅱ-15-2　精密度

2. 对于康氏法，加热强度和加热时间测定对结果影响很大。如果加热的三个阶段掌握不好，则测定结果很难理想，通常，预热阶段如果加热强度过大或初弱后强，会使试油飞溅出瓷坩埚外并使燃烧时火焰超过火桥，影响燃烧期提前结束；燃烧期超过规定时间愈长，测出的残炭结果便愈大；强热 7 min 时，如果加热强度不够，会影响所形成的残炭性状，变为无光泽，不会呈现鱼鳞片状。

3. 坩埚的冷却、使质量恒定等操作，应严格按规定时间操作。方法规定，停止加热后经 3 min 取下铁罩和外铁坩埚，再经 15 min 后，将瓷坩埚移入干燥器中，这段时间可使瓷坩埚温度由六七百度降至 200 ℃左右。如刚停止加热，就马上揭开外坩埚盖，使大量空气进入瓷坩埚中，在高温下部分残炭会氧化损失，使结果偏低。如冷却时间过长，因温度降得太低，瓷坩埚有吸收空气中水分的可能。在干燥器中冷却的时间，每次称量时应大致相同，才易于使质量恒定。

（二）电炉法［参考 SH/T 0170—92］

本方法适用于润滑油、重质液体燃料或其他石油产品。

一、方法概要

在规定的试验条件下，用电炉来加热、蒸发润滑油、重质液体燃料或其他石油产品的试样，并测定燃烧后形成的焦黑色残留物（残炭）的含量。

二、仪器与材料

1. 仪　器

（1）电炉法残炭测定仪：见图Ⅱ-15-3，包括加热设备和配电设备两部分。

（2）高温炉。

（3）干燥器。

（4）坩埚盖：尺寸见图Ⅱ-15-4。

（5）瓷坩埚：尺寸见图Ⅱ-15-5。

2. 材　料

细砂：要预先充分灼烧过。在残炭测定仪中，每个装坩埚的空穴底部装入细砂 5～6 mL。

三、准备工作

1. 仪器安装

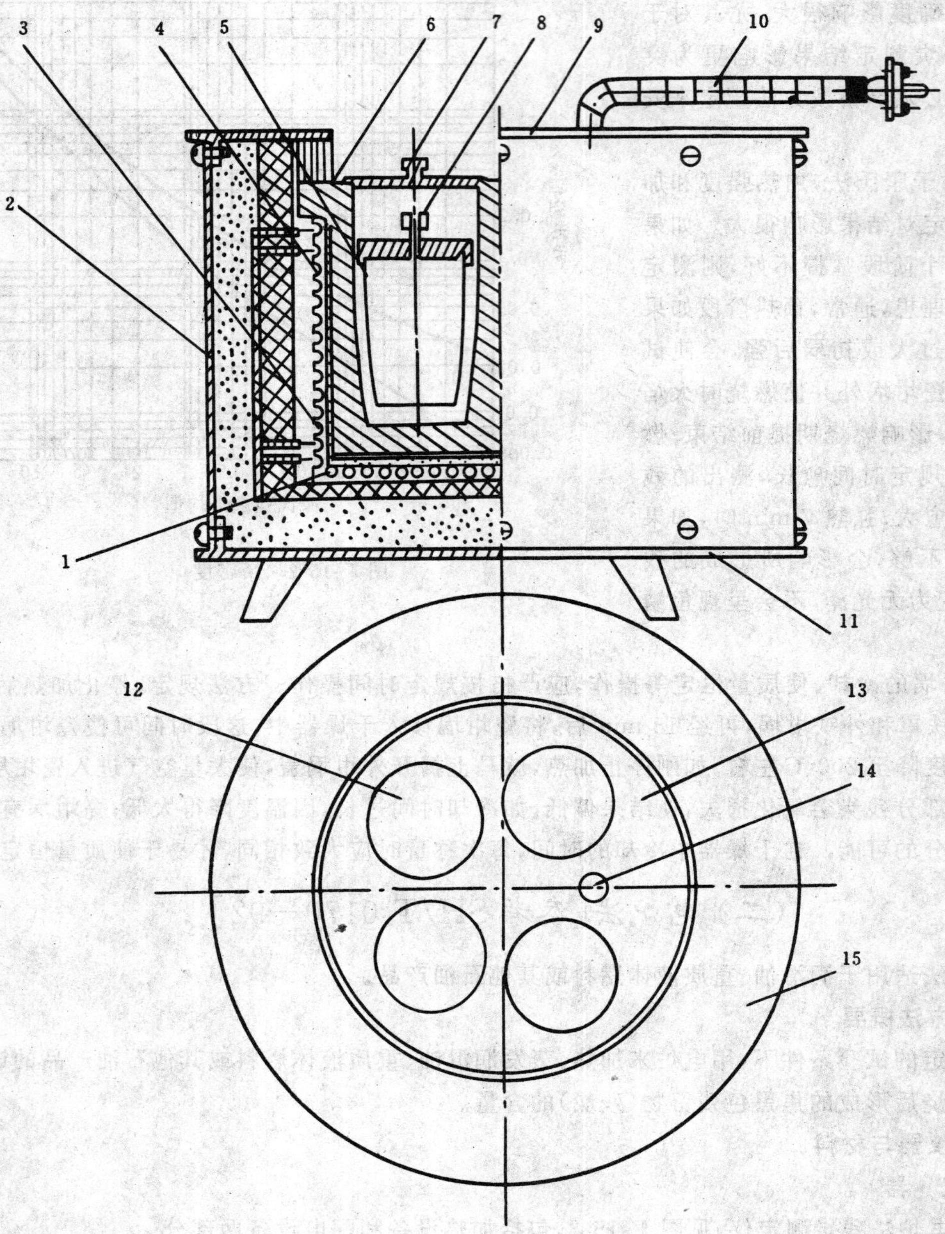

图Ⅱ-15-3　电炉法残炭测定仪

1—电热丝(300 W);2—壳体;3—电热丝(600 W);4—电热丝(1 000 W);5—瓷坩埚;
6、13—钢浴;7—钢浴盖;8—坩埚盖;9、15—加热炉盖;
10—热电偶;11—加热炉底;12—空穴;14—热电偶插孔

将仪器的电加热炉和温度测量控制系统按照仪器说明书安装、调整好。其中,热电偶要经过校正,并用相应的补偿导线引出冷端,再用普通导线连接冷端和温度指示调节仪表;冷端要插入盛有变压器油的玻璃管内,并放进盛有冰水的保温瓶里,以保障冷端恒温于 0 ℃;温度测量和控制要用热电偶检验结果进行补正,以确保准确地测量、控制电炉温度。

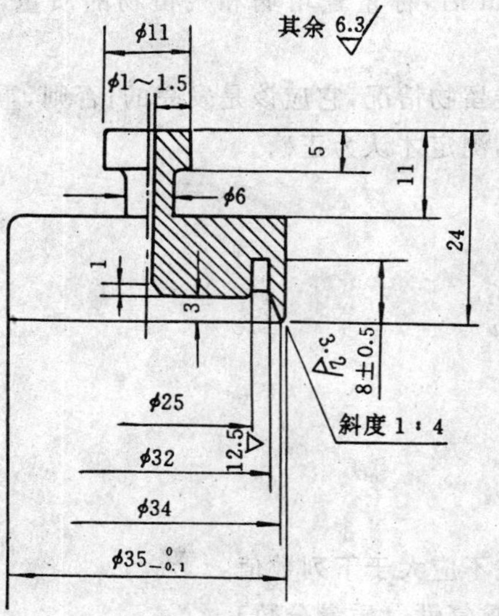

图Ⅱ-15-4 坩埚盖

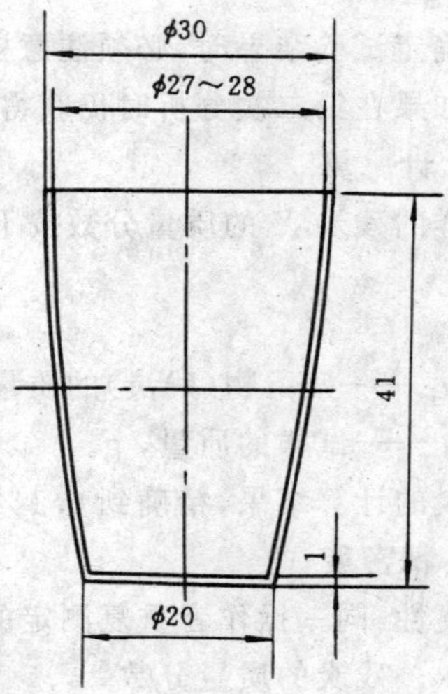

图Ⅱ-15-5 瓷坩埚

2. 将清洁的瓷坩埚放在(800±20) ℃的高温炉中煅烧 1 h 之后，取出，先在空气中放置 1～2 min，然后移入干燥器中。

在干燥器中冷却约 40 min，然后称出瓷坩埚的质量，精确至 0.000 2 g。

新的瓷坩埚第一次在高温炉中煅烧时要不少于 2 h，在干燥器中冷却约 40 min，然后称精确至 0.0002 g。再重新放在高温炉中煅烧 1 h，并进行如上的准确称量；如此重复煅烧、冷却和称量，直至两次连续称量间的差数不大于 0.000 4 g 为止。

3. 瓶中的试样，要不超过瓶内容积的 3/4。将试样摇匀 5 min。粘稠和含蜡的石油产品要预先加热到 50～60 ℃再进行摇匀。

4. 对于水含量大于 0.5%(质量分数)的石油产品，要在测定残炭前进行脱水。

5. 进行柴油 10%(体积分数)残留物的残炭测定时，应该按 GB/T 255 或 GB/T 6536 将试样进行不少于两次的蒸馏。收集试样的 10%(体积分数)残留物，供测定残炭用。

6. 在测定残炭前，接通电源，使炉温达到(520±5) ℃的规定范围。利用电子自动温度控制器控制炉温。

四、测定步骤

1. 在预先称量过的瓷坩埚中称取一份如下数量的试样，精确至 0.01 g。

润滑油或柴油的 10%残留物	7～8 g
重质燃料油	1.5～2 g
渣油沥青	0.7～1 g

2. 用钳子将盛有试样的瓷坩埚放入电炉的空穴中，立即盖上坩埚盖，切勿使瓷坩埚及盖偏斜靠壁。未用空穴均应盖上钢浴盖。如果同时使用 4 个空穴，则此时炉温会有下降。

当试样在高温炉中加热到开始从坩埚盖的毛细管中逸出蒸气时，立刻引火点燃蒸气，使它燃烧。在燃烧结束时，用空穴的盖子盖上高温炉的空穴。然后将炉温维持在(520±5) ℃，煅烧试样的残留物。

试样从开始加热，经过蒸气的燃烧，到残留物的煅烧结束，共需 30 min。

3. 当残留物的煅烧结束时，打开钢浴盖和坩埚盖，并立即从电炉空穴中取出瓷坩埚，在空气中放置 1～2 min，移入干燥器中冷却约 40 min 后，称量瓷坩埚和残留物的质量，精确至 0.000 2 g。

在确定试验结果时，必须注意瓷坩埚里面的残留物情况，它应该是发亮的；否则，重新进行测定。如果在第二次分析时仍获得同样的残留物，测定才认为正确。

五、计 算

试样的残炭 X 的质量分数按下式计算：

$$X = \frac{m_1}{m}$$

式中 m_1 ——残留物(残炭)的质量，g；

m ——试样的质量，g。

残炭的计算结果，精确到 0.1%(质量分数)。

六、精密度

重复性：同一操作者重复测定的两个结果之差不应大于下列数值：

残炭的质量分数	重复性，(质量分数)
柴油的 10%残留物	较小结果的 15%
润滑油	较小结果的 10%
重质燃料油及渣油沥青	较小结果的 5%

取重复测定的两个结果的算术平均值作为试样的残炭值。

第十六节 石油产品灰分测定法
[参考 GB/T 508—85(91)]

本方法适用于测定石油产品的灰分。

本方法不适用于含有生灰添加剂(包括某些含磷化合物的添加剂)的石油产品，也不适用于含铅的润滑油和用过的发动机曲轴箱油。

本标准参照采用国际标准 ISO 6245《石油产品灰分测定法》。

一、方法概要

用无灰滤纸作引火芯，点燃放在一个适当容器中的试样，使其燃烧到只剩下灰分和残留的炭。炭质残留物再在 775 ℃高温炉中加热、转化成灰分，然后冷却并称量。

二、仪器与材料

1. 仪 器

1) 瓷坩埚或瓷蒸发皿：50 mL 和 90～120 mL。

瓷坩埚或瓷蒸发皿可以使用至其里面的釉质损坏为止。

2) 电热板或电炉。

3) 高温炉：能加热到恒定于(775±25) ℃高温，用温度调节器调节炉中温度(高温炉温度的测量，可用热电偶和刻度为 1 000 ℃的毫伏计来进行)。热电偶最好放在炉后壁的孔中，热电偶焊头置于炉膛的中心处。

4）干燥器：不装干燥剂。

2．材　料

定量滤纸：直径 9 cm。

三、试　剂

盐酸：化学纯，配成 1∶4（体积比）的水溶液。

四、准备工作

1．将（1∶4）稀盐酸注入所用的坩埚（或瓷蒸发皿）内煮沸几分钟，用蒸馏水洗涤。烘干后放在高温炉中，在（775±25）℃温度下至少煅烧 10 min，取出在空气中冷却 3 min，移入干燥器中。冷却至室温后，进行称量，称准至 0.000 1 g。

一个干燥器中放一对坩埚为宜。放一对 50 mL 的坩埚，一般冷却 30～45 min 可达到室温：放一对 100 mL 的坩埚，一般冷却 45 min 到 1 h 可达到室温。坩埚一经冷却就应进行称量，所有称量，都应当让其在干燥器内停留同样长的时间以后才进行。

重复进行煅烧、冷却及称量，直至连接两次称量间的差数不大于 0.000 5 g 为止。

2．取样前将瓶中试样（其量不得多于该瓶容积的 3/4）剧烈摇均匀，要确保所取试样有真正的代表性。对粘稠的含蜡的试样需预先加热至 50～60 ℃，再摇均匀后进行取样。

五、测定步骤

1．将质量已恒定的坩埚称准至 0.01 g，并以同样的准确度称入试样。所取试样量的多少视试样灰分含量的大小而定，以所取试样能足以生成 20 mg 的灰分为限，但最多不要超过 100 g。

如果试样较多，一个坩埚盛不下时，需分两次燃烧试样，这时可用一个合适的试样容器，从其最初质量与最后质量之差来求得试样用量。

根据情况，一般可取 25 g 试样装在 50 mL 的坩埚内进行试验，但对试验结果有争议时，应按上述的试样量进行试验。

2．用一张定量滤纸叠成两折，成圆锥状，用剪刀把距尖端 5～10 mm 之顶端部分剪下来，放入坩埚内。把卷成圆锥状的滤纸（引火芯）安稳地立插在坩埚内的油中，将大部分试样表面盖住。

3．测定含水的试样时，将装有试样和引火芯的坩埚放入电热板上，缓慢加热，使其不溅出，让水慢慢蒸发，直到浸透试样的滤纸可以燃着为止。

引火芯浸透试样后，点火燃烧。试样的燃烧应进行到获得干性碳化残渣时为止。燃烧时，火焰高度维持在 10 cm 左右。

对粘稠的或含蜡的试样，一边燃烧一边在电炉上加热。燃烧开始后，调整加热强度，使试样不至溅出，亦不从坩埚边缘溢出。

4．试样燃烧之后，将盛有残渣的坩埚移入加热到（775±25）℃的高温炉中［应注意防止突然爆燃、冲出。可能时，可把坩埚先移入炉中，或于温度较低时移入炉中，其后才升温至（775±25）℃］，在此温度下保持 1.5～2 h，直到残渣完全成为灰烬。

5．残渣成灰后，将坩埚放在空气中冷却 3 min，然后在干燥器内冷却至室温后进行称量，称准至 0.000 1 g。再移入高温炉中煅烧 20～30 min。重复进行煅烧、冷却及称量，直至连续两次称量间的差数不大于 0.000 5 g 为止。

六、计　算

试样的灰分 $w_{灰}$（质量分数）按下式计算：

$$w_{灰} = \frac{G_1}{G}$$

式中　G_1——灰分的质量，g；

　　　G——试样的质量，g。

七、精密度

用下列数值来判断测定结果的可靠性(95%置信水平)。

1．重复性

同一操作者测得的两个结果之差不应超过以下数值：

灰分的质量分数$\times 10^2$	重复性
0.001 以下	0.002
0.001～0.079	0.003
0.080～0.180	0.007
0.180 以上	0.01

2．再现性

由两个实验室提供的两个结果之差，不应超过以下数值：

灰分的质量分数$\times 10^2$	再现性
0.001 以下	未定
0.001～0.079	0.005
0.080～0.180	0.024
0.180 以上	未定

八、报　告

取重复测定的两个结果的算术平均值，作为试样的灰分值。

九、影响因素

1．试油必须充分摇均匀。

2．必须掌握燃烧速度，以火焰高度不超过 10 cm 为限，以防试油飞溅及火焰带走灰分微粒。

3．试油必须完全燃烧成干性残渣(挥发物全部挥发完毕，无烟)才放入高温炉中，先将坩埚在高温炉门内等片刻，然后再放到高温炉中部，以防止未挥发干净的物质突然燃烧的火焰气流将坩埚中的灰分微粒带走。

4．滤纸折叠安放要严格按照规定进行。

5．从高温炉中取出坩埚，在空气中冷却 3 min 时，应注意防止因人的走动或风吹而使灰分损失。当放在真空干燥器内时，为平衡气压而打开考克时动作应缓慢，以免空气急骤进入干燥器而使坩埚内的灰分飞散。

6．煅烧、冷却和称量应严格按规定温度和时间进行，否则不易恒量。

第十七节　轻质石油产品碘值和不饱和烃含量测定法(碘-乙醇法)

[参考 SH/T 0234—92]

一、概　说

100 g 试油所能反应的碘的克数称为石油产品的碘值。碘值是控制油品安定性的指标之一。碘值的大小表明油品不饱和的程度,油品中不饱和烃愈多,碘值愈高。

测定原理是:油品中不饱和烃同碘(碘-乙醇溶液)起加成反应,然后以淀粉为指示剂,用硫代硫酸钠($Na_2S_2O_3$)溶液滴定过量的碘,计算得到不饱和烃吸收的碘量。由于碘的溶解性很差,所以在滴定前必须加入对碘溶解性能很强的碘化钾溶液,使滴定反应完全,终点判断准确。反应如下:

$$R-\overset{H}{\overset{|}{C}}=CH_2+nI_2\longrightarrow R-\overset{I}{\overset{|}{\underset{\underset{H}{|}}{C}}}-\overset{I}{\overset{|}{CH_2}}+(n-1)I_2(\text{过量})$$

$$(n-1)I_2+2(n-1)Na_2S_2O_3\longrightarrow Na_2S_4O_6+2(n-1)NaI$$

试油中的不饱和烃含量可以根据试油的碘值和平均相对分子质量来计算。

实际工作中常遇到类似指标"溴值"(或称溴价),其定义与碘值相似。由于溴比碘活泼,测定中易产生副反应而影响结果,所以多以碘值作为油品不饱和程度的质量指标。

本方法主要用于航空汽油、喷气燃料和其他轻质燃料的碘值和不饱和烃含量的测定。

二、仪器和试剂

1. 仪　器

(1) 滴瓶:带磨砂口滴管,容积约 20 mL;或玻璃安瓿,容积 0.5～1 mL,其末端应拉成毛细管。

(2) 碘量瓶:500 mL。

(3) 量筒:25 mL 或 250 mL。

(4) 滴定管:25 mL 或 50 mL。

(5) 吸量管:25 mL 和 50 mL。

2. 试　剂

(1) 95%(体积分数)乙醇或无水乙醇:分析纯。

(2) 碘:分析纯,配成碘乙醇溶液。配制时将碘(20±0.5) g 溶解于 1 L95%(体积分数)乙醇中。

(3) 碘化钾:化学纯,配成质量浓度为 200 g/L 水溶液。

(4) 硫代硫酸钠:分析纯,配成 0.1 mol/L 标准溶液。

（5）淀粉：新配制的 5 g/L 水溶液。

三、测定步骤

1．将试样经定性滤纸过滤，称取约 0.3～0.4 g。

为取得准确量的汽油，可使用安瓿。先称出安瓿的质量，然后将安瓿的球形部分在煤气灯或酒精灯的小火焰上加热，迅速将热安瓿的毛细管末端插入试样内，使安瓿吸入的试样能够达到 0.3～0.4 g，然后小心地将毛细管末端焊闭，再称出其质量。安瓿的两次称量都必须称准至 0.0004 g。将装有试样的安瓿放入已注有 5 mL 95%（体积分数）乙醇的碘量瓶中，用玻璃棒将它和毛细管部分在 95%（体积分数）乙醇中打碎，玻璃棒和瓶壁所沾着的试样，用 10 mL 95%（体积分数）乙醇冲洗。

为取得准确量的喷气燃料，可使用滴瓶。将试样注入滴瓶中称质量，从滴瓶中吸取试样约 0.5 mL，滴入已注有 15 mL 95%（体积分数）乙醇的碘量瓶中。将滴瓶称质量，两次称量都必须称准至 0.000 4 g，按差数计算所取试样量。

2．用吸量管把 25 mL 碘乙醇溶液注入碘量瓶中，用预先经碘化钾溶液湿润的塞子紧闭塞好瓶口，小心摇动碘量瓶，然后加入 150 mL 蒸馏水，用塞子将瓶口塞闭。再摇动 5 min，采用旋转式摇动，速度约为 120～150 r/min；静置 5 min。摇动和静置时室温应在（20±5）℃，如高于或低于此温度，可将加入之蒸馏水预先冷却或加热至 20 ℃。然后加入 25 mL 200 g/L 碘化钾溶液，随即用蒸馏水冲洗瓶塞与瓶颈，用硫代硫酸钠溶液滴定。当碘量瓶中混合物呈现浅黄色时，加入 5 g/L 淀粉溶液 1～2 mL，继续用硫代硫酸钠标准溶液滴定，直至混合物的蓝紫色消失为止。

3．按本方法第 1 条和第 2 条进行空白试验。

四、碘值的计算

试样的碘值 w_I（gI/100 g）按下式计算：

$$w_I = \frac{c(Na_2SO_3)(V - V_1) \times M_I \times 100}{1\,000 \times m}$$

式中 V——空白试验时滴定所消耗的硫代硫酸钠标准滴定溶液的体积，mL；

V_1——试样试验时滴定所消耗的硫代硫酸钠标准滴定溶液的体积，mL；

$c(Na_2S_2O_3)$——硫代硫酸钠标准滴定溶液的实际浓度，mol/L；

M_I——碘的摩尔质量，g/mol，等于 126.9；

m——试样的质量，g。

硫代硫酸钠标准滴定溶液浓度按下述方法测定：准确称量升华纯碘，溶解于碘化钾溶液中，以淀粉溶液作指示剂，用硫代硫酸钠标准滴定溶液滴定至蓝紫色消失为止。

五、精密度

按下述规定判断结果的可靠性（95%置信水平）。

1．重复性：同一操作者重复测定的两个结果之差不应大于表Ⅱ-17-1 的数值。

2．再现性：两个实验室各自提出的两个结果之差不应大于表Ⅱ-17-1 的数值。

表Ⅱ-17-1　　gI/100 g

碘　　值	重　复　性	再　现　性
≤2	0.22	0.65
>2	平均值的 10%	平均值的 24%

注：本精密度是于 1981 年用 7 个试样，在 9 个实验室开展统计试验，并对试验结果进行了数据处理和分析而得到的。

六、不饱和烃含量的计算

试样的不饱和烃的质量分数按下式计算：

$$w=\frac{I\cdot M_r}{254}$$

式中 w——试样的不饱和烃的质量分数；

I——试样的碘值，gI/100 g；

M_r——试样中不饱和烃的平均相对分子质量，由表Ⅱ-17-2查得（可用内插法计算）；

254——碘的相对分子质量。

表Ⅱ-17-2

试样的50%馏出温度/℃ (GB/T 255或GB/T 6536)	M	试样的50%馏出温度/℃ (GB/T 255或GB/T 6536)	M
50	77	175	144
75	87	200	161
100	99	225	180
125	113	250	200
150	128		

七、影响因素

1. 测定时，必须严格按照试验方法进行，否则将导致错误的结果。有人在加入25 mL碘乙醇溶液后立即加入25 mL碘化钾溶液，结果把碘值为40测成碘值为5。这是因为碘化钾对碘的溶解能力很强，使碘与烯烃的反应不完全，结果偏低。

2. 方法要求碘量瓶的塞子预先用碘化钾溶液润湿，其目的是为了避免瓶口漏气，使部分碘蒸气从瓶口逸出。但要注意，在用碘化钾润湿瓶塞时，要防止流入瓶内影响测定结果。

3. 加入碘乙醇用量，方法规定质量浓度为20 g/L的碘乙醇溶液25 mL，但对烯烃含量高的叠合汽油，可加50 g/L的碘乙醇溶液25 mL，滴定时硫代硫酸钠标准溶液浓度增大到0.1 mol/L。

4. 淀粉溶液要在用硫代硫酸钠溶液滴至淡黄色（接近终点）时再加入，以免因淀粉溶液加入过早而吸收部分碘从而使反应不完全。

5. 碘的挥发损失对测定结果影响很大，因此，要用磨口严密的碘量瓶。瓶口预先用碘化钾溶液润湿，当有碘逸出时可溶于碘化钾中，在反应完毕后洗入瓶中滴定。反应和滴定时均要求在室温(20±5)℃下进行，也是为了减少碘的挥发损失，此外，滴定时间亦不应过长。

6. 为了使最后滴定时碘能定量地将硫代硫酸钠氧化成为四硫酸钠($Na_2S_4O_6$)，不许向硫代硫酸钠溶液中加碱性物质作为稳定剂，因为增加氢氧离子浓度，会增加硫代硫酸根氧化为硫酸根的量，从而影响测定结果。

第十八节　轻质石油产品芳香烃含量测定法(重量法)

[参考 SH/T 0177—92]

一、概　说

本方法是根据石油产品中芳香烃、烯烃在室温下与硫酸起磺化作用的原理制定的。用98.5%～99.0%(质量分数)硫酸处理试样、抽出其中不饱和烃和芳香烃,按硫酸抽出烃的总量与不饱和烃含量之差来确定芳香烃的含量。

本方法适用于航空汽油、直馏汽油和喷气燃料等烯烃含量较低[质量分数小于10%]的轻质石油产品芳香烃含量的测定。

本方法是参照采用前苏联国家标准 ГОСТ6994—74《轻质石油产品芳烃含量测定法(重量法)》制定的。

二、仪器与试剂

1. 分液漏斗:100 mL。
2. 量筒:10 mL,50 mL。
3. 滴定管:50 mL。
4. 锥形烧瓶:250 mL。
5. 洗瓶:500 mL。
6. 天平:感量为 0.01 g 的工业天平。
7. 分析天平。
8. 支架:带有金属环,供放置分液漏斗用。
9. 硫酸:化学纯。
10. 发烟硫酸:化学纯。
11. 氢氧化钠:化学纯,配成浓度为 0.5 mol/L 的氢氧化钠标准溶液。
12. 酚酞:配成 10 g/L 的酚酞-乙醇指示液。

三、准备工作

1. 配制 98.5%～99.0%(质量分数)的硫酸

将存有 94%～96%(质量分数)硫酸的瓶子放入冰浴中预冷却,然后向瓶中加入定量的发烟硫酸,摇匀,静置 3 天后进行标定。

2. 标　定

用减量法称取 0.5 g(精确至±0.000 2 g)配制的硫酸溶液至装有 50 mL 蒸馏水的锥形瓶中,混合均匀,待冷却后加入 2～3 滴酚酞-乙醇指示液,用氢氧化钠标准滴定溶液滴定至浅红色为终点。

3. 计算硫酸含量

硫酸质量分数 $w(H_2SO_4)$ 按下式计算:

$$w(H_2SO_4)=\frac{M(\frac{1}{2}H_2SO_4)\times V\cdot c(NaOH)}{1\,000\times m}$$

式中　$M(\frac{1}{2}H_2SO_4)$——硫酸的摩尔质量，g/mol；$M(\frac{1}{2}H_2SO_4)=49.04$ g/mol；

$c(NaOH)$——氢氧化钠标准滴定溶液的实际浓度，mol/L；

V——滴定时所消耗氢氧化钠标准滴定溶液的体积，mL；

m——硫酸溶液的质量，g。

允许差数：重复测定的两个结果之差，不应大于较小结果的0.5%。

四、测定步骤

1. 将清洁、干燥的分液漏斗用细金属丝系住颈部，挂在工业天平的挂钩上称量，称精确至0.01 g，然后用量筒量取10 mL试样注入分液漏斗中，再将盛有试样的分液漏斗称精确至0.01 g，并算出试样的质量。

2. 将98.5%～99.0%（质量分数）的硫酸30 mL注入盛有试样的分液漏斗中，摇动30 min，摇动时将分液漏斗放在振荡机上振荡或人工摇动。但是，在摇动时要不断打开分液漏斗的磨砂塞用以放气，以免在漏斗中形成较高的压力，将酸与油的混合物溅出（特别是航空汽油加酸后摇动的前5 min内更要不断放气）。摇动完毕后，将分液漏斗放在支架上，保持垂直状态，以便混合物澄清、酸渣与油分层。待分液漏斗静置1 h后，打开分液漏斗的旋塞，仔细将下部的酸渣放出，然后关闭旋塞，用滤纸搓成纸棒，擦净漏斗支管中（排液管）残存的酸渣。

3. 把装有试样的漏斗再称精确至0.01 g，并算出硫酸处理后试样的质量。

4. 把分液漏斗放回支架上，保持垂直状态，把试样放入锥形烧瓶中，分液漏斗的磨砂塞及其内壁要用蒸馏水仔细洗涤3至4次（每次约用20 mL水），洗涤水收集在装有试样的锥形烧瓶中。

5. 在装有试样水溶液的锥形烧瓶中加入3滴酚酞-乙醇指示液，用氢氧化钠标准滴定溶液滴定至浅红色。

残存在试样及分液漏斗壁上的硫酸［质量分数为98.5%］质量m_1(g)按下式计算：

$$m_1=\frac{V\times 0.02452\times 100}{98.5}$$

式中　V——滴定时所消耗氢氧化钠标准滴定溶液（换算为准确的0.5 mol/L溶液）的体积，mL；

0.024 52——相当于1 mL准确的0.5 mol/L氢氧化钠标准滴定溶液的纯硫酸的质量，g；

98.5——所用硫酸的质量分数×10^2。

五、计　算

试样中芳香烃质量分数$w_{芳烃}$按下式计算：

$$w_{芳烃}=\frac{[m_2-(m_3-m_1)]}{m_2}-\frac{I/100\cdot M_r}{254}$$

式中　m_1——残存在试样及分液漏斗壁上的硫酸质量，g；

m_2——硫酸处理前试样的质量，g；

m_3——硫酸处理后试样的质量，g；

I——按SH/T 0234测得的试样的碘值，gI/100 g；

254——碘的相对分子质量；

M_r——试样中不饱和烃的平均相对分子质量，由下表查得：

试样的50%馏出温度，℃ (GB/T 255)	M_r	试样的50%馏出温度，℃ (GB/T 255)	M_r
50	77	175	144
75	87	200	161
100	99	225	180
125	113	250	200
150	128	260	208

六、精密度

重复性：同一操作者重复测定的两个结果之差不应大于1%(质量分数)。

七、报　告

取重复测定的两个结果的算术平均值作为试验结果。

第十九节　石油产品水分测定法
[参考GB/T 260—77(88)]

一、概　说

本方法适用于含水较多的原油及其他油品含水量的测定。润滑脂水分测定可参阅GB 512—65(90)，石油微量水分测定可参阅GB/T 11133—89。

本方法的基本原理是：将油品与无水溶剂在水分测定器中蒸馏。由于溶剂沸点较低，首先气化并将油品中的水分携带出来，经冷凝后流入水分接受器中，溶剂与水在接受器中分层，从接受器的刻度得到水分含量，以质量分数表示。溶剂同时可以降低油品粘度(特别是原油和重油等)，以免含水油品沸腾时起泡甚至冲出，溶剂蒸馏后不断冷凝回流到烧瓶内，降低水、溶剂和油品混合物的沸点，防止过热。

原油开采时都夹带一些地下水，油品在生产、运输、储存过程中也会或多或少地混入一些水分。油品中的各种烃类都具有一定的吸水性。这些水分会破坏原油的正常加工过程、恶化油品的使用性能，必须设法除去。原油含水量又是原油计量必不可缺的数据，因而水分测定是经常进行的。

二、仪器与试剂

1. 水分测定器，如图Ⅱ-19-1所示。
2. 电炉或煤气灯或酒精灯。
3. 溶剂：工业溶剂油或直馏汽油80 ℃以上的馏分。
4. 无釉瓷片或浮石或一端封闭的玻璃毛细管，在使用前必须经过烘干。
5. 一端带橡皮头的玻璃棒或一端带鸭毛的金属丝。

三、测定方法

1. 水分测定器的烧瓶、接受器必须预先洗净、烘干，冷凝管内部必须事先用干净棉花擦干。

2. 溶剂用无水氯化钙脱水、过滤。

3. 粘稠的试油(如原油)或含蜡的试油应先加热到40～50 ℃使之完全熔融后再进行摇匀。

向预先洗净、烘干的烧瓶中倒入已摇匀的试油 100 g,称准至 0.1 g。如不是正好为 100 g 油,则如实记下试油的质量。注意,切勿使试油倒在烧瓶外或粘在烧瓶磨口接头处。

对于粘度小的试油可用量筒量取 100 mL 试油并注入烧瓶中,再用这个未经洗涤的量筒量取 100 mL 溶剂。烧瓶中的油质量等于该油的密度乘 100 mL 之积。

4. 用量筒量取 100 mL 溶剂,注入烧瓶中,将烧瓶中混合物仔细摇匀后,投入数片无釉瓷片或浮石或一端封口的玻璃毛细管。

5. 将接受器的支管紧密地安装在烧瓶 1 上,使支管斜口进入烧瓶 15～20 mm,然后将冷凝管 3 安装在接受管上。这两处的连接一般为磨口或用软木塞(仲裁实验时必须用磨口)。如果用磨口连接,在安装时应先在磨口上抹上一薄层密封脂,以防不易拆卸和漏气。

安装时,冷凝管与接受器必须垂直,冷凝管下端的斜口切面与接受器支管管口相对,并用干净棉花将冷凝管上端轻轻挡住。

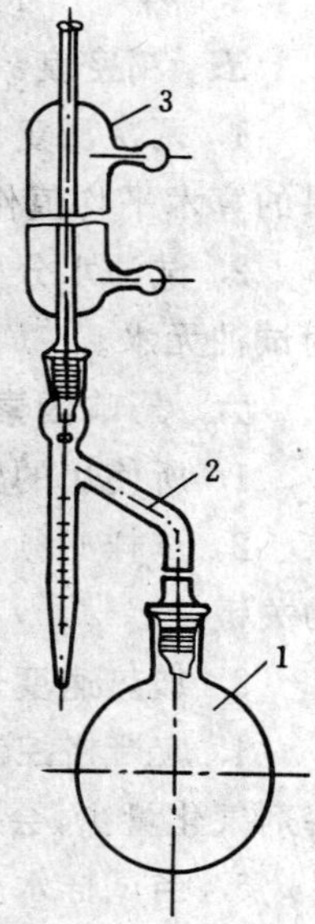

图Ⅱ-19-1 水分测定器
1—圆底烧瓶;2—接受器;3—冷凝管

6. 用变压器控制电炉(或用煤气灯或酒精灯),小心加热烧瓶,调节回流速度,使冷凝管斜口每秒滴下 2～4 滴液体。开始加热要快些,当油品开始气化、沸腾时,立即减小加热强度,保持一定的回流速度。

对于含水较多的试油,在加热时必须小心,切不可加热太快,以免产生剧烈的沸腾现象,造成蒸气与溶剂蒸气一起喷出冷凝管外,引起火灾。

7. 测定时,水蒸气与溶剂蒸气一起蒸出,在冷凝器下部冷凝、冷却后流入接受管中,水分沉于底部,多余溶剂流回蒸馏烧瓶。最初的冷凝液是浑浊的,当水分逐渐增多时,水层呈清液,溶剂也逐渐变清,最后成为澄清的。

8. 蒸馏快结束时,如果冷凝管内壁上沾有水滴,则应加大电流,使烧瓶中混合物迅速剧烈沸腾,利用大量的冷凝溶剂将水滴尽量洗入接受器中。

当接受器中收集的水体积不再增加,而水层上面的溶剂层完全透明时,停止加热。

注意!无论如何回流时间不应超过 1 h。

9. 停止加热后,如果冷凝管壁上仍沾有水滴,可从冷凝管上端倒入经过脱水、过滤的溶剂,把水滴冲入接受器。如果冲洗依然无效,则用带鸭毛的金属丝或带橡皮头的玻璃棒的一端,由上口伸入冷凝管中将水滴刮进接受器中。

10. 待烧瓶冷却后,将仪器拆卸开,读出接受器中水的体积(mL)。

如果接受器中的溶剂呈现浑浊,而且管底收集的水不超过 0.3 mL 时,将接收管放入热水中浸 20～30 min,使溶剂澄清,再将接受器冷却到室温,然后读出管底收集水的体积。

四、计 算

试油含水的质量分数 $w_{水}$,按下式计算:

$$w_{水}=\frac{\rho_{水}\cdot V}{m}$$

式中 V ——接受器中收集的水的体积,mL;

m——试油质量，g；

$\rho_水$——水的密度，水在室温时密度可近似视为 1 g/mL。

五、精密度

1. 两次测定中收集水的体积差数不应超过接受器的一个刻度，然后用平行测定的两个结果的算术平均值作为试油水分量。

2. 试油水分少于 0.03%(质量分数)，认为是痕迹；在仪器拆卸后接受器中没有水存在，认为试油无水。

六、影响因素

1. 所使用的仪器必须清洁、干燥，溶剂必须严格脱水、过滤。

2. 试样必须具有代表性，在称取试油前必须将试油充分摇均匀，这是测定结果准确与否的关键。

3. 加热速度过快或因接口处漏气而使部分蒸气未经冷凝而逸出时，试验须重做。

4. 应严格控制蒸馏速度，使从冷凝管斜口每秒滴下 2～4 滴蒸馏液。太慢，使测定时间长，溶剂气化量少，会降低对油中水分气体的携带能力，使结果偏低；太快，则易产生突沸。

5. 当试样水分超过 10%时，可酌情减少试样量，使蒸出的水分不超过 10 mL。但也要注意，试样称量太少时，会降低试样的代表性，影响测定结果的准确性。

第二十节　石油产品水溶性酸及碱测定法

[参考 GB/T 259—88]

一、概　说

所谓石油产品水溶性酸与碱，是指在加工和贮运过程中带进石油产品内的可溶于水的矿物酸、碱。水溶性酸主要为硫酸及其衍生物，包括磺酸和酸性硫酸酯；水溶性碱主要为苛性钠和碳酸钠。它们多是酸碱精制加工时，清除不净的残余物。这些酸、碱的存在都会腐蚀与其接触的金属部件，尤其是水溶性酸，几乎对所有金属都有强烈的腐蚀作用。而汽油中若有水溶性碱，则在使用中与铝制零件生成氢氧化铝的胶体物质，从而堵塞油路、滤清器及油嘴。此外，油品中的水溶性酸、碱的存在，还会促进油品老化，这是因为水溶性酸、碱与大气中的水分、氧气相互作用，在受热的情况下，久而久之就会引起油品氧化、胶化及分解。因此，产品中是不应存在水溶性酸、碱的。

目前实施的 GB/T 259—88《石油产品水溶性酸及碱试验法》是一个在石油产品中使用较为广泛的质量控制指标测定法，粗略统计，约有 70 种产品用它作为控制产品腐蚀性的试验项目之一。东欧、罗马尼亚、西德及日本在产品质量指标中都有水溶性酸、碱的控制指标。

本方法采用定性方法检验液体石油产品、添加剂、润滑脂、石蜡、地蜡及含蜡组分的水溶性酸或水溶性碱。用蒸馏水或乙醇水溶液抽提试样中的水溶性酸和碱，然后，分别用甲基橙或酚酞指示剂检查抽出液颜色的变化情况，或用酸度计测定抽提物的 pH 值，以判断有无水溶性酸或碱。

二、仪器与试剂

1. 仪　器

1）分液漏斗：250～500 mL。

2）试管：直径 15～20 mm，高度 140～150 mm，用无色玻璃制造。

3）电热板及水浴。

4）锥形烧瓶：250 mL 和 100 mL。

5）漏斗：普通玻璃制造。

6）量筒：25、50 和 100 mL。

7）酸度计：具有玻璃-氯化银电极（或玻璃-甘汞电极）精度为 pH⩽0.01。

8）瓷蒸发皿。

2. 试　剂

1）甲基橙：配成质量浓度为 0.2 g/L 的甲基橙水溶液。

2）酚酞：配成质量浓度为 10 g/L 的酚酞乙醇溶液。

3）95%（体积分数）乙醇：分析纯。

3. 材　料

1）滤纸：工业滤纸。

2）溶剂油：符合 GB/T 1992—80《溶剂油》中 NY—120 规定。

3）蒸馏水：符合 GB 6682《实验室用水规格》中三级水规定。

三、准备工作

1. 试样的准备

1）将试样置入玻璃瓶中，不超过其容积的 3/4，摇动 5 min。粘稠的或石蜡试样应预先加热至 50～60 ℃再摇动。

2）当试样为润滑脂时，用刮刀将试样的表层（3～5 mm 厚）刮掉，然后，在不靠近容器壁的至少 3 处，取约等量的试样置入瓷蒸发皿，并小心地用玻璃棒搅匀。

2. 95%（体积分数）乙醇必须用甲基橙和酚酞指示剂，或酸度计检验，呈中性后方可使用。

四、测定步骤

1. 当试验液体石油产品时，将 50 mL 蒸馏水放入分液漏斗，加热至 50～60 ℃。对轻质石油产品，如汽油溶剂油等均不加热。

对 50 ℃运动粘度小于 75 mm^2/s 的石油产品，应预先在室温下与 50 mL 汽油混合，然后，加入 50 mL 加热至 50～60 ℃的蒸馏水。

将分液漏斗中的试验溶液，轻轻地摇动 5 min，不允许乳化，放出澄清后下部的水层，经滤纸过滤后，滤入锥形烧瓶中。

2. 当试验润滑脂、石蜡、地蜡和含蜡组分时，取 50 g 预先熔化好的试样，精确至 0.01 g。将其置于瓷蒸发皿或锥形烧瓶中，然后注入 50 mL 蒸馏水，并煮沸至完全熔化。

冷却至室温后，小心地将下部水层倒入有滤纸的漏斗中，滤入锥形烧瓶。如果是已凝固的试样（如石蜡和地蜡等），则事先用玻璃棒刺破蜡层。

3. 当试验添加剂产品时，向分液漏斗中注入 10 mL 试样和 40 mL 溶剂油，再加入 50 mL 加热至 50～60 ℃蒸馏水，将分液漏斗摇动 5 min，澄清后分出下部水层，经有滤纸的漏斗，滤入锥形烧瓶。

4. 若当试样用水混合，即用水抽提水溶性酸或碱，产生乳化时，则用 50～60 ℃的 1∶1 的

95%(体积分数)乙醇水溶液代替蒸馏水处理,以后的步骤按四.1进行。

当试验柴油、碱洗润滑油、含添加剂润滑油和粗制的残留石油产品时,遇到试样的水抽出液对酚酞呈现碱性反应(可能由于皂化物发生水解作用引起)时,也可按本条步骤进行试验。

5. 将以上1、2、3或4试验步骤中所得抽提物,用酸度计或指示剂测定水溶性酸或碱。

1) 用酸度计测定水溶性酸或碱

向烧杯中注入30～50 mL抽提物,电极浸入深度为10～12 mm,按酸度计使用要求测定pH值。根据表Ⅱ-20-1确定试样抽提物水溶液或乙醇水溶液中有无水溶性酸或碱。

2) 用指示剂测定水溶性酸或碱

向两个试管中分别放1～2 mL抽提物,在第一支试管中,加入两滴甲基橙溶液,并将它与装有相同体积蒸馏水和甲基橙溶液的第三支试管相比较。如果抽提物呈玫瑰色,则表示所测试样里有水溶性酸存在。

往第二个抽提物试管中加入3滴酚酞溶液。如果溶液呈玫瑰色或红色时,则表示有水溶性碱。

表Ⅱ-20-1

石油产品的水(或乙醇水溶液)抽提物特性	pH值
酸　性	<4.5
弱酸性	4.5～5.0
无水溶性酸或碱	>5.0～9.0
弱碱性	>9.0～10.0
碱　性	>10.0

当抽提物用甲基橙或酚酞为指示剂,没有呈现玫瑰色或红色时,则认为没有水溶性酸或碱。

3) 当对石油产品质量评价出现不一致时,则水溶性酸或碱的仲裁试验按四.5.1)用酸度计测定水溶性酸或碱。

五、精密度

1. 本精密度规定仅适用于酸度计法。

2. 同一操作者所提出的两个结果之差,pH不应大于0.05。

六、报　告

取重复测定的两个pH值的算术平均值作为试验结果。

七、注意事项

1. 所用之蒸馏水或溶剂均必须先经检验为中性。

2. 方法中说明某些油品在试验中,由于乳化等原因,采用不同溶剂稀释、加热等方法,将油中水溶性酸碱分离出来,溶入水中以供鉴定。但应注意,无论哪种方法,试油和蒸馏水的体积必须相同。

第二十一节　发动机燃料铜片腐蚀试验法

[参考 GB/T 378—64(90)]

一、概　说

所谓铜片试验，是在一定温度下把规定尺寸的磨光铜片在试油中浸没一定时间，根据铜片颜色变化，定性地检验油品的腐蚀性。

引起铜片腐蚀的主要原因是油品中存在元素硫和硫化氢、低级硫醇、硫的氧化物、磺酸等活性硫化物。铜片对元素硫及硫化氢非常敏感。在含 0.001 8%(质量分数)元素硫的汽油中，50 ℃下经过 3 h，铜片上即出现一层深黑色薄层。铜对硫化氢更为灵敏，在同样条件下，铜片在仅含 0.0003%硫化氢的汽油中，就会呈现紫红色斑点。提高试验温度，灵敏度增加很快。

油品中所含的二硫化物、噻吩、多硫化物等非活性硫化物，在试验条件下，对铜片几乎不产生颜色变化的腐蚀。

现标准试验方法中铜片腐蚀有 GB/T 378—64(90)(1990 年再次确认)、GB/T 5096—85(91)和 SH/T 0195—92 三种，其主要用途及区别为：

GB/T 378—64(90)方法适用于检查发动机燃料中的活性硫或游离硫。是在规定条件下，观察发动机燃料使铜片所产生的颜色变化，判断试验燃料的腐蚀性。现主要用于车用汽油的标准中。

GB/T 5096—85(91)为石油产品铜片腐蚀试验法，此方法适用于测定航空汽油、喷气燃料、车用汽油、天然汽油或具有雷德蒸气压不大于 124 kPa(930 mmHg)的其他烃类、溶剂油、煤油、柴油、馏分燃料油、润滑油和其他石油产品对铜的腐蚀性程度。方法规定试油样置于规定的试验弹(不锈钢制)中，将磨光好的规定铜片浸没在油中，按产品标准要求加热到指定的温度，保持一定时间后取出铜片，洗涤后与腐蚀标准色板进行比较，确定腐蚀级别。目前我国喷气燃料和轻柴油等的评定已采用此方法作为标准方法。

SH/T 0195—92 为润滑油腐蚀试验法。此方法适用于试验润滑油对金属片的腐蚀性，非经另行规定，金属片材料为铜或钢。方法规定把磨光并露出新鲜金属面的金属片浸入润滑油中，在规定温度下，经一定时间作用后，根据所发生的颜色变化，确定润滑油对金属的腐蚀性。

本节仅介绍 GB 378—64(90)。

二、仪器、材料与试剂

1. 仪器与材料

1) 玻璃试管：直径 15～20 mm，高 140～150 mm。

2) 恒温水浴。

3) 瓷皿：直径约 75 mm。

4) 镀铬镊子或镀铬钳子。

5) 温度计：0～100 ℃，分度为 1 ℃。

6) 铜片：T1 或 T2，每块铜片长 40 mm，宽 10 mm，厚 1.5～2.5 mm。

7) 砂纸(或砂布)：粒度分别为 150 号和 180 号。

2. 试　剂

1）无水乙醇：分析纯。

2）乙醚：分析纯。

3）丙酮：分析纯，或无水乙醇-苯（分析纯）混合液（体积比为1：1）。

三、试验步骤

1. 用粒度为180号的砂纸精细地研磨铜片（使用新铜片时，必须先用粒度为150号的砂纸磨光），再依次用无水乙醇及乙醚洗涤，然后放在滤纸上晾干。此后，铜片的表面绝对不允许用手接触。

将试样注入试管，高度约达60 mm。

不允许将试样预先经过滤纸过滤。

2. 用镊子将磨光的铜片放入已装有试样的试管中，塞上软木塞后，将试管浸在温度为（50±2）℃的水浴中（试管中的试样液面必须低于水浴中的水面），放置3 h后，将试管从水浴中取出，倒出试样，小心地用镊子取出铜片，放入装有温热的丙酮或无水乙醇-苯混合液的瓷皿中，趁热洗涤，然后将这块铜片与未经试验的磨光过的铜片进行比较。

四、判　断

1. 在平行试验中，如果有一块铜片出现了黑色、深褐色、钢灰色的薄层或斑点，即认为试样不合格。

2. 如果铜片呈其他颜色或没有变化时，即认为试样合格。

五、注意事项

1. 应注意测定场所不允许有硫化氢气体的干扰。

2. 应严格按规定控制测定温度和时间。

3. 试油不允许先用滤纸过滤。

第二十二节　石油产品和发动机燃料蒸气压测定法（雷德法）［参考GB/T 8017—87、GB/T 257—64(90)］

在雷德饱和蒸气压测定器中，液体燃料与燃料蒸气体积之比为1：4，温度为38 ℃时所测得的燃料蒸气最大压力，称为雷德饱和蒸气压［GB/T 257—64(90)］。

雷德饱和蒸气压用于评定发动机燃料的蒸发强度、起动性能、生成气阻和运输储存中轻组分损失的倾向。

在一定压力下，纯物质的蒸气压只与温度有关，发动机燃料是烃类的复杂混合物，其蒸气压是温度和混合物各组分浓度的函数。石油馏分的蒸气压分为两种情况，一种是气化率为零时的蒸气压，即泡点蒸气压，或称为真实蒸气压，也就是通常所说的蒸气压。另一种就是雷德蒸气压，它是条件性的蒸气压。因为在液、气相体积之比为1：4及38 ℃下达到气-液平衡时，此时液相组成因部分轻组分的蒸发已与原试样不同，它的蒸气压低于原试油的饱和蒸气压。所以雷德蒸气压测定时必须严格遵守测定规定。

试油的组成，特别是试油中的气体烃和轻馏分对雷德蒸气压影响很大，因而取样时切不可使这部分组分损失掉。

测定开始时，气体室内存在空气和水蒸气两种气体，压力计的表压为零。当装好试油，放入38 ℃水浴中以后，随温度升高，除试油的轻组分蒸发外，空气和水蒸气压力也随之增大，此时压力表上的指示值实际上是油蒸气、水蒸气和空气压力的总和(即所谓的未修正的试油饱和蒸气压)，只有在减去空气和水蒸气压力的增大值——修正值 Δp 后，才能得到试油的雷德法饱和蒸气压。

我国现行石油产品蒸气压测定方法有三种：GB/T 257—64(90)、GB/T 8017—87 和 GB/T 6602—89。GB/T 257—64(90)为发动机燃料的饱和蒸气压测定法，测定设备为 38 ℃、液体与蒸气体积之比为 1∶4 的雷德蒸气压弹。

GB/T 8017—87 为石油产品蒸气压测定法(雷德法)，它是参照 ASTM D323—82 新建的方法，与 GB/T 257—64(90)相类似，它适用于测定汽油、易挥发性原油及其他易挥发性石油产品的蒸气压，但不能用于测定液化石油气的蒸气压。试样在(37.8±0.1) ℃下，由雷德式饱和蒸气压测定器测出其最大蒸气压力，即为雷德饱和蒸气压。

GB/T 6602—89 为液化石油气蒸气压测定法(LPG 法)，它是参照 ASTM D1267—84 修正的新标准。

本节介绍 GB/T 8017—87 和 GB/T 257—64(90)两种方法，测定结果应将 mmH g 换算为 kPa。

(一) 石油产品蒸气压测定法(雷德法)
[参考 GB/T 8017—87]

本方法是将经冷却的试样充入蒸气压测定器(即蒸气压弹)的汽油室，并将汽油室与 37.8 ℃的空气室相连接。将该测定器浸入恒温浴[(37.8±0.1) ℃]，并定期地振荡，直至安装在测定器上的压力表的压力恒定，压力表读数经修正后即为雷德蒸气压。

一、仪　器

1. 雷德蒸气压弹(见图Ⅱ-22-1)：由空气室和汽油室组成。(详见 GB/T 8017 附录 A 规格要求，此处略)

2. 波顿型压力表：装有一个 6 mm 的公螺纹接头，直径 100～150 mm，从波顿管到大气连通管的直径不小于 5 mm。压力表的量程和刻度按试样的蒸气压规定，如表Ⅱ-22-1。

表Ⅱ-22-1

雷德蒸气压/kPa	采用的压力表(kPa)		
	量程	最大数字刻度	最大细刻度
<27.5	0～35	5.0	0.5
20.0～75.0	0～100	15.0	0.5
70.0～180.0	0～200	25.0	1.0
70.0～250.0	0～300	25.0	1.0
200.0～375.0	0～400	50.0	1.5
350.0 及>350.0	0～700	50.0	2.5

只能使用准确的压力表，当压力表的读数与水银差压计（大于 180 kPa 时，用净重测定器）校对，读数之差超过压力表刻度范围的 1%时，应认为此压力表是不准确的。例如对于 0～30 kPa的压力表，其校正的修正数不应大于 0.3 kPa；对于 0～90 kPa 的压力表，其校正的修正数不应大于 0.9 kPa。

在 0～35 kPa 量程范围，可用直径 90 mm 的压力表。

3. 冷却水浴：其尺寸应能使试样容器和汽油室安全放入，并备有维持温度在 0～4.5 ℃的装置。

4. 能保持（37.8±0.1）℃的恒温水浴，其尺寸应使雷德蒸气压弹浸没到空气室顶部以上至少 25 mm 处。水浴温度计应在蒸气压测定的整个过程中浸入到 37.8 ℃刻度处。

5. 水银温度计：分度 0.1 ℃，刻度范围 34～42 ℃（或相当的），供测定空气室温度和水浴温度之用。

6. 量程范围适合于校正压力表的水银差压计，最小分度为 0.1 kPa。

7. 净重测定器：用于校正大于 180 kPa 的压力表读数。可用净重测定器代替水银差压计。

二、取 样

按 GB/T 4756—84(91)《石油和液体石油产品取样法（手工法）》进行。

1. 试样容器的容量应为 1 L，器壁要求具有足够强度，能承受器内最高压力，并附有倒油装置。倒油装置装有注油管和透气管的软木塞（或盖子），能严封试样容器的口部，注油管的一端与软木塞（或盖子）的下表面相平，另一端应能插到距离汽油室底部 6～7 mm 处（见图 Ⅱ-22-2d），透气管的底端应能插到试样容器的底部。

2. 从油罐车或油罐中取样时，将空的开口式试样容器吊着并沉进罐内燃料中，使试样容器中充满燃料，再将试样容器取出，倒掉所装的燃料（洗涤试样容器）。然后将试样容器重新沉进罐内燃料中，应一次放到接近罐底就立即提出，要求将燃料装至试样容器的顶端。提出试样容器，立即倒掉一部分燃料，使试样容器所装的试样体积不少于容器内容量的 70%（体积分数），但不多于 80%（体积分数）（见图 Ⅱ-22-2a），此时，立即用塞子（或盖子）封闭试样容器的器口。

3. 装好试样后，试样应置于冷的地方保存，直至试验全部完成。

注意：1）在所有情况下，在打开容器之前，盛试样的容器和在容器中的试样均应冷却到 0～1 ℃。该温度可按直接测定放在同一冷却浴中的另一个相同容器（该容器冷却时间与试样容器冷却时间相等）内相似液体温度的方法测定。

2）渗漏容器中的试样不能用于试验，应舍弃并重新取样。雷德蒸气压的测定应是被分析试样的第一个试验。

三、准备工作

1. 将装有 0～1 ℃试样的容器从冷却浴中取出，开封检查液体容积应为容器容积的 70%～80%，当液体容积符合要求时立即封口，剧烈摇荡后，放回冷却浴至少 2 min，以使容器中试样的空气饱和。

2. 汽油室的准备：将开口的汽油室和试样转移的连接装置完全浸入冷却水浴中，放置 10 min以上，使汽油室和连接装置均达到 0～1 ℃。

3. 空气室的准备：空气室和压力表按本方法四.6 清洗后，将压力表连接在空气室上。再将空气室浸入（37.8±0.1）℃的水浴中，使水浴的液面高出空气室顶部至少 25 mm，并保持 10 min 以上，汽油室充满试样之前切勿将空气室从浴中取出。

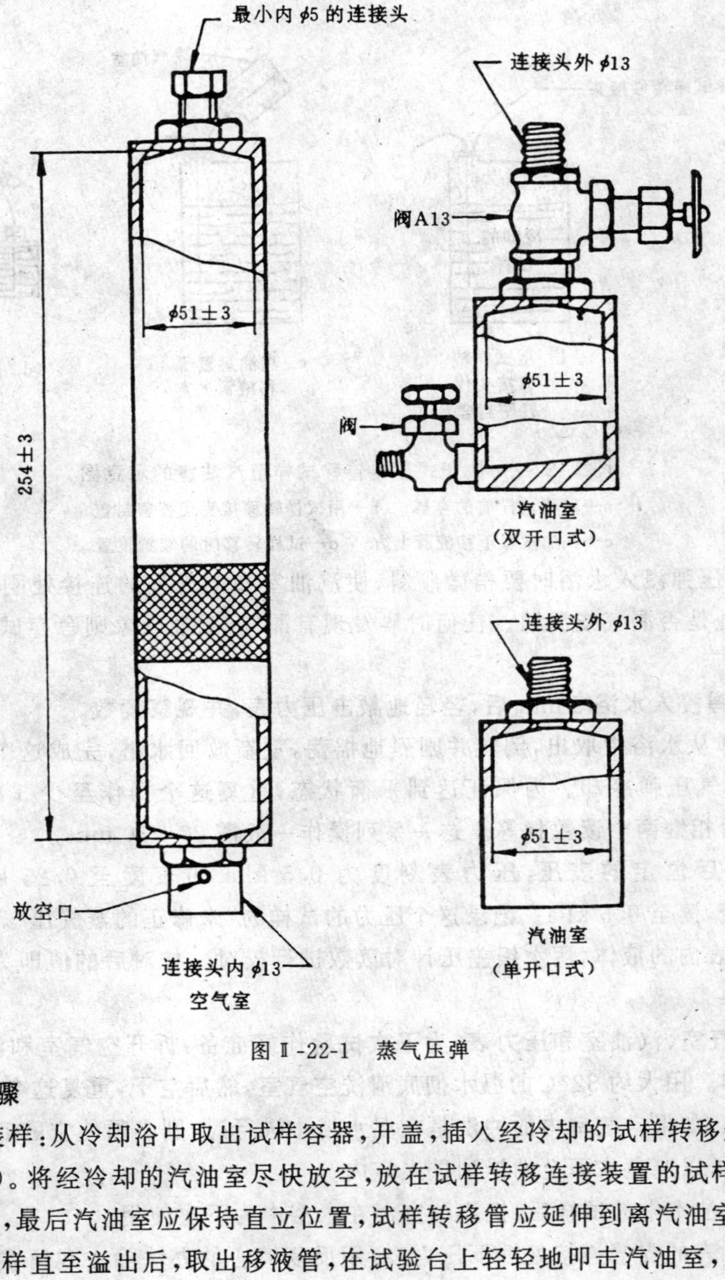

图Ⅱ-22-1　蒸气压弹

四、测定步骤

1. 汽油室装样：从冷却浴中取出试样容器，开盖，插入经冷却的试样转移连接装置和空气管（见图Ⅱ-22-2）。将经冷却的汽油室尽快放空，放在试样转移连接装置的试样转移管上，将整个装置尽快倒置，最后汽油室应保持直立位置，试样转移管应延伸到离汽油室底部 6 mm 处。当汽油室充满试样直至溢出后，取出移液管，在试验台上轻轻地叩击汽油室，以保证试样不含气泡。

2. 向汽油室补充试样直至溢出，再将空气室从 37.8 ℃水浴取出并立即与汽油室连接。

应注意：1）汽油室充满试样后，10 s 之内必须完成仪器的连接安装。

2）空气室从浴中移出时，排干水的时间要短，不要摇动，以防止室温空气与空气室内 37.8 ℃空气的对流。

3. 将装好的雷德蒸气压弹倒置，使试样从汽油室进入空气室，在与蒸气压弹长轴平行的方向剧烈摇动。尔后将蒸气压弹浸入温度为(37.8±0.1) ℃的水浴中，使水浴的液面高出空气室顶部至少 25 mm。

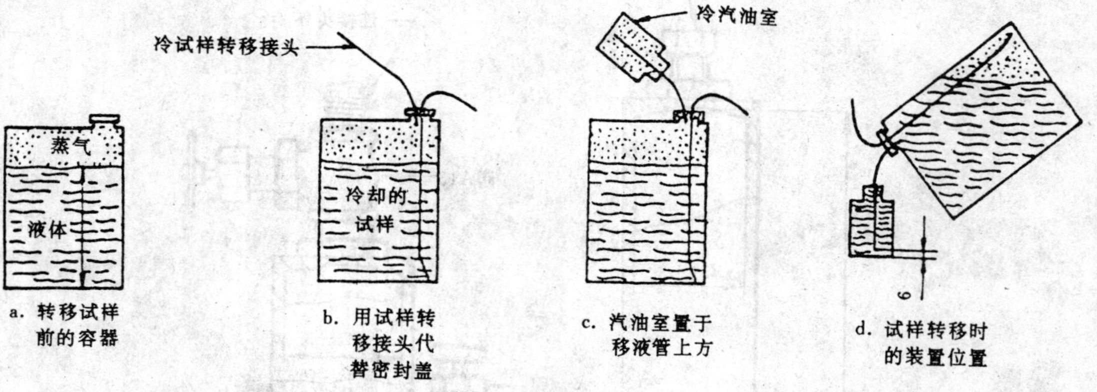

图Ⅱ-22-2　从开式容器转移试样至汽油室的示意图

a—转移试样前的容器；　b—用试样转移接头代替密封盖；

c—汽油室置于移液管上方；　d—试样转移时的装置位置

注意：蒸气压弹浸入水浴时要稍微倾斜，使汽油室和空气室的连接处刚好位于水面下，并仔细检查连接处是否漏气或漏油。任何时候发现有漏气、漏油现象则舍弃试样，用新试样重新试验。

4. 蒸气压弹浸入水浴 5 min 后，轻轻地敲击压力表，并观察读数。

将蒸气压弹从水浴中取出，倒转并剧烈地摇荡，重新放回水浴，完成这个操作的时间越短越好，以避免蒸气压弹冷却。为保证达到平衡状态，重复这个操作至少 5 次，每次间隔至少 2 min，直至最后相继两个读数相等。这一系列操作一般需 20～30 min。

5. 读出最后恒定的表压，压力表刻度为 0.5 kPa 的表读至 0.25 kPa；对于刻度为 1～2.5 kPa的表，读至 0.5 kPa。记录这个压力的试样的“未修正的蒸气压”。然后立即卸下压力表，除去压力表内的液体，用水银差压计对读数进行校对。校对后的值即为所测试样的雷德蒸气压。

6. 清洗空气室、汽油室和压力表，为下次试验作好准备：拆开空气室和汽油室，倒掉装在汽油室中的试样。用大约 32 ℃的温水彻底清洗空气室，然后空干，重复这个操作至少 5 次。

应特别注意，如果空气室内的冲洗是在温水浴中进行时，则必须使它的底部和开口在通过水面时保持密封，以避免水面上的浮油进入室内。

彻底除去汽油室中的试样后，把汽油室浸在水浴中为下次使用。

从带有压力表的支管连接处拆下压力表，用反复离心的办法除去残留在波顿管中的试样(或将压力表持于两手掌中，表面持于右手，使表的连接装置的螺纹向前，手臂以 45 度角向前上方伸直，要使表的接头指向同一方向，然后手臂以约 135 度角度向下甩，这样产生的离心力有助于表内液体的倒出，重复这个操作 3 次)，然后用一小股空气吹波顿管至少 5 min。

如果试样为原油，则每次试验后必须用易挥发的溶剂清洗波顿管。

五、精密度

1. 对压力表和水银差压计之间的差值校正之后作为试样的雷德蒸气压。单位为 Pa 或 kPa，报告准确至 0.25 kPa 或 0.5 kPa。

2. 按下述规定判断试验结果的可靠性(95%的置信水平)：

1）重复性：同一操作者、同一仪器，在恒定的操作条件下，对同一被测试样连续测定的两个结果之间的差数不应超过表Ⅱ-22-2中的数值。

表Ⅱ-22-2　kPa

范　　围	重　复　性
0～35	0.7
＞35～110，压力表范围（0～100）	1.7
压力表范围（0～200或300）	3.4
～110～180	2.1
＞180	2.8
航空汽油（约50）	0.7

2）再现性：不同实验室工作的不同操作者，对同一被测试样的两个独立的测定结果之间的差数不应超过表Ⅱ-22-3中的数值。

表Ⅱ-22-3　kPa

范　　围	重　复　性
0～35	2.4
＞35～110，压力表范围（0～100）	3.8
压力表范围（0～200或300）	5.5
～110～180	2.8
＞180	4.9
航空汽油（约50）	1.0

六、注意事项

在蒸气压测定过程中，如果上述规定的操作没有认真执行，将会导致严重误差，尤其要注意以下几点：

1. 每次试验后要将压力表用水银差压计进行校对（见四.5），以保证试验结果有较高的准确性，同时要保证压力表在读数时处于垂直状态，并轻轻敲击后再读数。

2. 按本方法三.1的规定剧烈地摇荡容器，以保证试样与容器内的空气达到平衡。

3. 试验前和试验中，必须检查全部仪器是否漏液体或漏气。

4. 取样和对试样的管理对最后结果有很大影响，因为试样的蒸发损失和组成的微小变化对雷德蒸气压的影响极其灵敏，所以，在取样和试样的转移过程中要特别小心和谨慎。试验前绝不能把雷德蒸气压测定器的任何部件当作试样容器使用。

5. 必须彻底冲洗压力表、空气室和汽油室，以保证不含有残余试样（每次试验后即行按四.6进行清洗）。

6. 空气室与汽油室的连接必须小心地按四.2要求进行操作。

7. 蒸气压弹必须按四.4进行剧烈地摇荡以保证达到平衡状态。

8. 必须小心地控制试样空气饱和时的温度以及测定浴的温度。

9. 在样品贮存或作空气饱和阶段准备时，不能使用固体二氧化碳冷却样品。因二氧化碳能相当可观地溶解于汽油中。已发现使用它作为冷却介质时，会得出错误的蒸气压数据。

附： Ⅰ.雷德蒸气压大于 180 kPa 产品的实验法修改

对蒸气压超过 180 kPa 的产品按前(一)方法操作是危险且不准确的,因此对雷德蒸气压大于 180 kPa 的产品,在测定仪器和操作上需作如下变更,除特殊规定外前述(一)的要求仍需执行。

若有争执时,不管产品的蒸气压是否高于 180 kPa 均要采用空气饱和法测定。

1. 仪器:蒸气压弹(见图Ⅱ-22-1),采用有两个开口的汽油室。

2. 试样管理:前述(一)法中二.3 不能采用,试样容器的容积不应小于 0.5 L。

3. 准备工作:前述(一)法中三.1 和 2 不能采用。其他任何安全的可保证使冷却的和未风蚀的试样从容器中置换到汽油室的方法均可使用。以下叙述了借自身产生的力排出样品的步骤:

1) 在使试样容器内的压力超过大气压的温度下保持样品,但该温度不得超过 37.8 ℃。

2) 将带有两个开口阀的汽油室完全浸入冷却浴中,并保持足够的时间,使试样温度达到 0～4.5 ℃的浴温。

3) 将一个合适的经冰冷却的盘管连接在试样容器的出口阀上(可将一根直径为 6 mm、长为 8 m 的铜盘管浸入于冰中来制备适合的经冰冷却的盘管)。

4. 压力表校正:使用净重测定器代替水银差压计来校正大于 180 kPa 的压力表读数。在前述(一)中四.5、五.1 及六.1 条文中凡有“水银差压计”和“水银差压计读数”的地方,均分别改为“净重测定器”和“校正过的压力表读数”。

5. 试验步骤:前述(一)中四.1 和 2 不能采用。按下述方法操作:

1) 将经冰冷却的盘管连接到冷汽油室的 6 mm 阀上,关闭汽油室 13 mm 的阀,打开试样容器的出口阀及汽油室的 6 mm 阀。

2) 打开汽油室 13 mm 阀少许,让汽油室慢慢地装满试样,使试样溢出,直至溢出的体积达 200 mL 或更多。控制这个操作,以使在汽油室 6 mm 阀处不产生明显的压力降。

3) 依次关闭汽油室 13 mm 及 6 mm 阀和关闭系统中其他所有阀。拆开汽油室和冷却盘管的连接。

注意:以上全部操作过程必须提供安全措施来排除逸出的液体和蒸气,为避免汽油室因充满液体而破裂,必须迅速将汽油室连接到空气室上,并打开 13 mm 阀。

4) 在液体充满汽油室后,按下述操作顺序在 25 s 内完成仪器的组装:

(1) 从水浴中取出空气室。

(2) 将空气室连接于汽油室。

(3) 打开汽油室 13 mm 阀。

5. 使用净重测定器代替水银压差时,要对压力表在接近“未修正蒸气压”处对“未修正蒸气压”加一个校正系数。以 kPa 表示。

6. 前述(一)中六.2 注意事项在此不适用。

Ⅱ.雷德蒸气压约为 50 kPa 的航空汽油的实验法的修改

除下述特别规定外,前述(一)方法中的要求仍需执行。

1. 空气室与汽油室的体积比值应在3.95～4.05之间。

2. 压力表的校正：在每次测量蒸气压之前，压力表在50 kPa处应用水银柱校正，以保证符合(一)方法中一.2的要求。除按(一)方法中四.5规定作最后表压校对之外，还应进行这一预校对。

(二) 发动机燃料饱和蒸气压测定法(雷德法)

[参考GB/T 257—64(90)]

一、仪 器

1. 雷德式饱和蒸气压测定器，见图Ⅱ-22-3。

2. 水银压力计：量程为0～800 mm，最小分度为1 mm。允许使用经校正的压力表。

3. 能保持(38±0.3)℃的恒温水浴，其储水深度能浸没雷德式蒸气压测定器及其活栓。

4. 橡皮管：连接压力计与空气室之用，其内径为3～6 mm，长1～1.2 m。

5. 水银温度计：分度0.5 ℃，供测定空气温度之用。

6. 取样瓶。从小容器中取样时，采用取样瓶，该取样瓶取样时利用虹吸作用将水排出，吸进汽油；放出试样时，可以加水将汽油排出，避免汽油与空气接触而造成挥发损失。

在油罐或油罐车上取样时，采用开口式取样器(见图Ⅱ-22-4中甲)，为容量0.56～1 L的玻璃或金属容器，口部内径不应小于20 mm，可以用软木塞封闭，能承受一定压力。

取样器附有倒油装置，它具有装有注油管和透气管的软木塞(或盖子)，能严密封住取样器口部，注油管的一端与软木塞的下表面相平，另一端应能插到离燃料室底部6～7 mm处(图Ⅱ-22-4中丁)。透气管的底端应能插到取样器的底部。

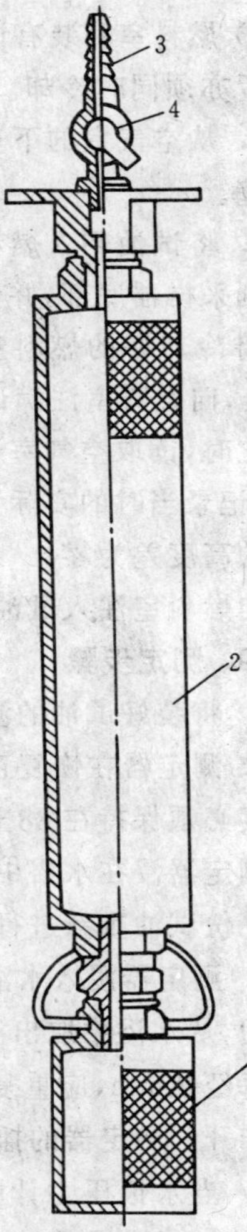

图Ⅱ-22-3 雷德法蒸气压测定器

1—燃料室；2—空气室；3—接头管；4—活栓

二、取 样

1. 从油罐车或油罐中取样时，将空的开口式取样器吊着并沉进罐内燃料中(洗涤取样器)。然后将取样器重新沉进罐内燃料中，应一次放到接近罐底就立即提出，要求燃料将近装满取样器的顶端，提出取样器，立即倾弃一部分燃料，使取样器所装的试油体积不少于器内容量的70%，但不多于80%(图Ⅱ-22-4甲)。此时，立即用塞子(或盖子)封闭取样的器口。

2. 装好试油的取样器，必须立即放置在阴凉地点保存，供试验时使用。

三、准备工作

1. 应预先检查饱和蒸气压测定器的空气室和燃料室的容积比和气密性。

2. 试验前，按下述步骤准备饱和蒸气压测定器并装入试油：

1）从空气室取下带活栓的接头管。

2）为了从空气室中除去上次试验遗留的燃料蒸气，用30～40 ℃的温水注入室中至少洗涤5次。连接空气与压力计所用的橡皮管，也需注入温水洗涤数次。

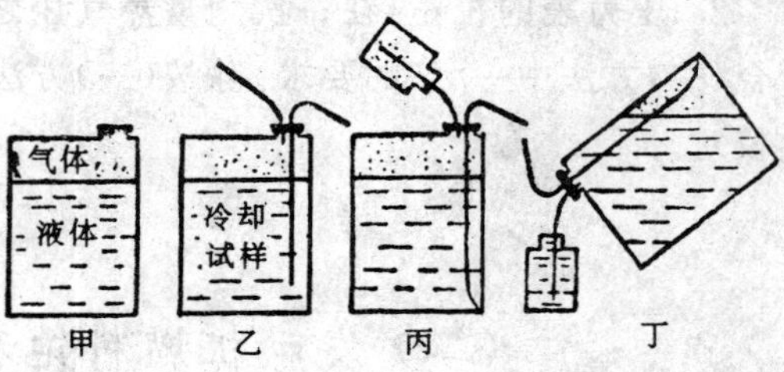

图Ⅱ-22-4　蒸气压测定的取样器

3）用蒸馏水冲洗空气室，然后使其垂直放置。将带活栓的接管拧进空气室顶端之后，必须关闭活栓。

4）燃料室和装有试油的取样瓶，都要浸在0～4 ℃的冰槽中冷却，带注油管和透气管的倒油装置亦须同时冷却。

3. 从空气室的下口插入温度计，水银球要插到空气室全长3/4处（约190 mm），但不得接触室壁。

4. 将试油倒入燃料室前，冷却好的取样器要在口部严密地装上倒油装置，使透气管的下端插到采样器底部，并使注油管的一端与软木塞（或盖子）的下表面相平（图Ⅱ-22-4中乙）。用试油将冷却好的燃料室洗涤2～3次，然后将注油管的另一端插到与燃料室底部相距6～7 mm处，向燃料室注满试油，直至试油从燃料室顶端溢出为止（图Ⅱ-22-4中丁）。

此时，读取空气室开始试验时的温度（简称开始温度），将关闭着活栓的空气室与燃料室连接，并记录当时的实际大气压。随后，用水银压力计上面的橡皮管连接测定器的接头管，要求水银柱的高度差为零。

向燃料室注入试油和安装仪器的工作，应在尽可能短的时间完成。

四、测定步骤

1. 将装好试油的测定器颠倒，用力猛烈摇动。

2. 测定器在恢复正常位置后立即浸没在水浴中，使活栓也被水浸没。在测定过程中，水浴的温度必须保持在38±0.3 ℃。

测定器浸在水浴中，试油的蒸气不应漏出。如果在测定过程中发现漏气，此次测定无效，应另取一份试油重新进行测定。

3. 测定器浸入水浴后，打开活栓5 min，并记录压力计的汞柱高度差的毫米数。然后将活栓关闭，从水浴中取出测定器，使其颠倒并用力猛烈摇动，再放回水浴中。

每经2 min，应重复本条的操作一次。每次摇动前，活栓必须关闭，要等到测定器放回水浴时再拧开。测定器的摇动应尽可能迅速，以免测定器中的试油温度改变。

4. 当水银压力计的读数停止变动时（通常需要经过20 min左右），对恒定的mmHg读数，作为试油的未修正饱和蒸气压。

五、计　算

1. 试油的饱和蒸气压 p，其单位为mmHg，按下式计算：

$$p = p' + \Delta p$$

式中　p'——试油的未修正饱和蒸气压，mmHg；

Δp ——修正值，mmHg。

2. 修正值 Δp 按下式计算：

$$\Delta p=\frac{(p_a-p_t)(t-38)}{273+t}-(p_{38}-p_t)$$

式中 p_a ——试验时的实际大气压力，mmHg；

t ——空气室的开始温度，℃；

p_t ——水在 t ℃时的饱和蒸气压，mmHg；

p_{38} ——水在 38 ℃时的饱和蒸气压，mmHg。

此外，试油的饱和蒸气压，只要求准确至 1 mmHg 时，可以用表 Ⅱ-22-4 查出修正值 Δp。

表 Ⅱ-22-4 饱和蒸气压的修正数

开 始 温度/℃	在下列大气压力下的修正值 Δp/ mmHg										
	760	750	740	730	720	700	680	660	640	620	600
0	−150	−149	−148	−146	−145	−142	−139	−136	−134	−131	−128
1	−147	−145	−144	−143	−141	−139	−136	−133	−131	−128	−125
2	−143	−142	−141	−139	−138	−135	−133	−130	−127	−125	−122
3	−140	−138	−137	−136	−135	−132	−130	−127	−124	−122	−119
4	−136	−135	−134	−132	−131	−129	−126	−124	−121	−119	−117
5	−133	−131	−130	−129	−128	−125	−123	−121	−118	−116	−114
6	−129	−128	−127	−126	−125	−122	−120	−118	−115	−113	−111
7	−126	−125	−123	−122	−121	−119	−117	−114	−112	−110	−108
8	−122	−121	−120	−119	−118	−116	−113	−111	−109	−107	−105
9	−119	−118	−116	−115	−114	−112	−110	−108	−106	−104	−102
10	−115	−114	−113	−112	−111	−109	−107	−105	−103	−101	−99
11	−111	−110	−109	−108	−107	−106	−104	−102	−100	−98	−96
12	−108	−107	−106	−105	−104	−102	−100	−99	−97	−95	−93
13	−104	−103	−102	−101	−100	−99	−97	−95	−93	−92	−90
14	−100	−99	−99	−98	−97	−95	−94	−92	−90	−89	−87
15	−97	−96	−95	−94	−93	−92	−90	−89	−87	−85	−84
16	−93	−92	−91	−91	−90	−88	−87	−85	−84	−82	−81
17	−89	−88	−88	−87	−86	−85	−83	−82	−81	−79	−78
18	−85	−85	−84	−83	−83	−81	−80	−79	−77	−76	−74
19	−82	−81	−80	−80	−79	−78	−76	−75	−74	−73	−71
20	−78	−77	−77	−76	−75	−74	−73	−72	−70	−69	−68
21	−74	−73	−73	−72	−72	−70	−69	−68	−67	−66	−65
22	−70	−69	−69	−68	−68	−67	−66	−65	−63	−62	−61
23	−66	−66	−65	−65	−64	−63	−62	−61	−60	−59	−58
24	−62	−62	−61	−61	−60	−59	−58	−57	−56	−55	−55
25	−58	−58	−57	−57	−56	−55	−55	−54	−53	−52	−51
26	−54	−54	−53	−53	−52	−52	−51	−50	−49	−48	−48
27	−50	−50	−49	−49	−48	−48	−47	−46	−46	−45	−44
28	−46	−45	−45	−45	−44	−44	−43	−42	−42	−41	−40
29	−42	−41	−41	−41	−40	−40	−39	−39	−38	−37	−37
30	−37	−37	−37	−36	−36	−36	−35	−34	−34	−33	−33
31	−33	−33	−32	−32	−32	−31	−31	−30	−30	−30	−29

表Ⅱ-22-4(续)

开始温度/℃	在下列大气压力下的修正值 Δp/ mmHg										
	760	750	740	730	720	700	680	660	640	620	600
32	−28	−28	−28	−28	−28	−27	−27	−26	−26	−26	−25
33	−24	−24	−24	−23	−23	−23	−23	−22	−22	−22	−21
34	−19	−19	−19	−19	−19	−18	−18	−18	−18	−17	−17
35	−15	−15	−15	−14	−14	−14	−14	−14	−14	−13	−13
36	−10	−10	−10	−10	−10	−9	−9	−9	−9	−9	−9
37	−5	−5	−5	−5	−5	−5	−5	−5	−5	−5	−4
38	0	0	0	0	0	0	0	0	0	0	0
39	+5	+5	+5	+5	+5	+5	+5	+5	+5	+5	+5
40	+50	+10	+10	+10	+10	+10	+10	+10	+9	+9	+9

例:试油的未修正饱和蒸气压是 438 mmHg,空气室的温度是 18 ℃,试验时的大气压力是 750 mmHg,在表中查出修正值 Δp 为 −85 mmHg,因此试油的饱和蒸气压为 438−85=353 mmHg。

六、精密度

1. 平行测定的两个结果与其算术平均值的差数,不应超过±15 mmHg。

2. 用平行测定的两个结果的算术平均值,作为试油的雷德饱和蒸气压。

3. 应将 mmHg 换算为 kPa 作为最后测定结果。

七、影响测定的因素

1. 测定器的液相与气相容积比不能超过 1∶(4±0.2)。连接用橡皮管也不能超过规定内径及长度(包括在气相容积的范围内),均需预先检查,以免引起测定误差。

2. 必须严格遵守采样、冷却试油、装试油等规定,尽量避免轻组分损失,否则所测结果误差很大。

3. 温度必须恒定在(38±0.3) ℃,并且必须猛烈摇动测定器,否则会影响测定结果。

4. 最终测定结果与空气温度及大气压测量准确程度有关,因为这两个因素影响修正值。

第二十三节　石油产品铜片腐蚀试验方法
[参考 GB/T 5096—85(91)]

一、概　说

本方法适用于测定航空汽油、喷气燃料、车用汽油、天然汽油或具有雷德蒸气压小于 124 kPa(930 mmHg)的其他烃类、溶剂油、煤油、柴油、馏分燃料油、润滑油和其他石油产品对铜的腐蚀性程度。

应特别注意,某些石油产品,其蒸气压超过航空汽油,绝不能将装有高蒸气压石油产品的试样弹放在 100 ℃水浴中,以免危险。对于雷德蒸气压大于 124 kPa 的石油产品必须采用 SH/T 0232—92《液化石油气铜片腐蚀试验法》来测定其腐蚀性。

本方法是把已磨光的铜片放在试验弹中的一定量试油中，按产品标准要求加热到规定温度并保持一定时间。然后取出铜片，经洗涤后与腐蚀标准色板进行比较，确定其腐蚀级别。

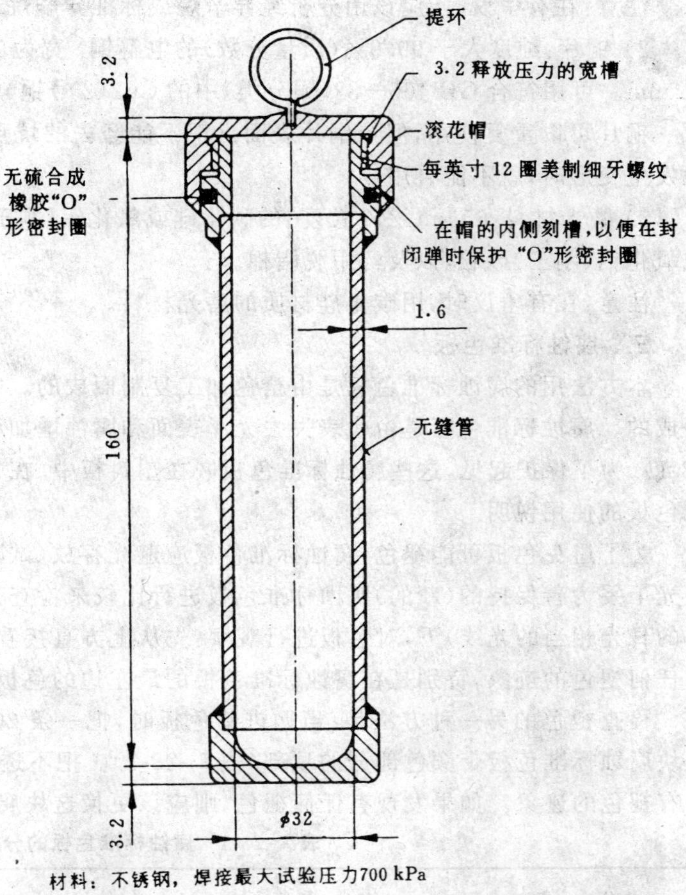

图Ⅱ-23-1　铜片腐蚀试验弹

材料：不锈钢，焊接最大试验压力为 700 kPa

二、仪器与材料

1. 仪　器

1）试验弹：见图Ⅱ-23-1。能承受689 kPa（5 168 mmHg）试验表压。

2）试管：长 150 mm，外径 25 mm，壁厚 1～2 mm。在试管 30 mL 处刻一环线。

3）水浴或其他液体浴（或铝块浴）：能维持在试验所需的温度 40、50　（100±1）℃（或其他所需的温度）范围内，有合适的支架能支持试验弹保持在垂直的位置，并使整个试验弹能浸没在浴液中。有合适的支架能支持住试管在垂直位置，并浸没至浴液中约 100 mm 深度。

注意：光线对试验结果有干扰，因此，试样在试管中进行试验时，浴应该用不透明材料制成。

4）磨片夹钳或夹具：供磨片时牢固地夹住铜片（而不损坏边缘）用。只要能夹紧铜片，并使要磨光的铜片表面能高出夹具表面的任何形式的夹具都可以使用。

5）观察试管：扁平形，如图Ⅱ-23-2 所示。在试验结束时，供检验用或在贮存期间供盛放腐蚀的铜片用。

6）温度计：全浸式最小分度为 1 ℃或小于 1 ℃。供指示所需的试验温度用。所测温度点的水银线伸出浴介质表面不大于25 mm。

2. 材　料

1）洗涤溶剂：只要在 50 ℃、试验 3 h 不使铜片变色的任何易挥发、无硫烃类溶剂均可以使用。合适的溶剂有抗爆性试验用异辛烷，也可以选用分析纯的石油醚（90～120 ℃）或 GB/T 192—80《溶剂油》中的 NY—120 号油。

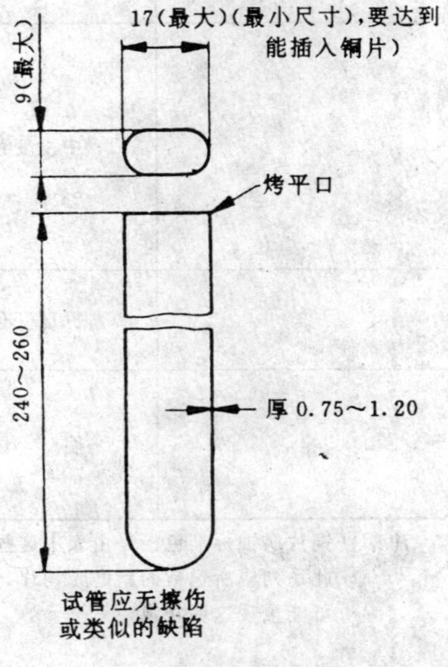

图Ⅱ-23-2　观察试管

注意：在有争议时，应该用分析纯异辛烷或标准异辛烷。

2）铜片：纯度大于99.9%（质量分数）的电解铜。宽为12.5 mm，厚为1.5～3.0 mm，长为75 mm。可用符合GB 466—82《铜分类》中的Cu2（2号铜）。

铜片可以重复使用，但当铜片表面出现不能磨去的坑点或深道痕迹，或在处理过程中，表面发生变形时，就不能再用。

3）磨光材料：65 μm（240粒度）的碳化硅或氧化铝（刚玉）砂纸（或砂布），105 μm的碳化硅或氧化铝（刚玉）砂粒，以及药用脱脂棉。

注意：在有争议时，用碳化硅材质的磨光材料。

三、腐蚀标准色板

本方法用的腐蚀标准色板是由全色加工复制而成的。它是在一块薄铝板上印刷四色加工而成的。腐蚀标准色板是由代表失去光泽表面和腐蚀增加程度的典型试验铜片组成（见表Ⅱ-23-1）。为了保护起见，这些腐蚀标准色板嵌在塑料板中。在每块标准色板的反面给出了腐蚀标准色板的使用说明。

为了避免色板可能褪色，腐蚀标准色板应避光存放。试验用的腐蚀标准色板要用另一块在避光下妥为善保持的（新的）腐蚀标准色板进行比较来检查其褪色情况。在散射的日光（或与散射的日光相当的光线）下，对色板进行观察：先从上方直接看，然后再从45 ℃角看。如果观察到有任何褪色的迹象，特别是在腐蚀标准色板的最左边的色板有这种迹象，则废弃这块色板。

检查褪色的另一种方法是：当购进新色板时，把一条20 mm宽的不透明片（遮光片）放在这块腐蚀标准色板带颜色部分的顶部（表Ⅱ-23-1）。把不透明片经常拿开，以检查暴露部分是否有褪色的迹象。如果发现有任何褪色，则应该更换这块腐蚀标准色板。

表Ⅱ-23-1　腐蚀标准色板的分级

分　级	名　称	说　明①
新磨光的铜片②	—	
1	轻度变色	a 淡橙色，几乎与新磨光的铜片一样 b 深橙色
2	中度变色	a 紫红色 b 淡紫色 c 带有淡紫蓝色、或银色、或两种都有，并分别覆盖在紫红色上的多彩色 d 银色 e 黄铜色或金黄色
3	深度变色	a 洋红色覆盖在黄铜色上的多彩色 b 有红和绿显示的多彩色（孔雀绿），但不带灰色
4	腐　蚀	a 透明的黑色、深灰色或仅带有孔雀绿的棕色 b 石墨黑色或无光泽的黑色 c 有光泽的黑色或乌黑发亮的黑色

注：① 铜片腐蚀标准色板是由表中这些说明所表示的色板组成的。

② 此系列中所包括的新磨光铜片，仅作为试验前磨光铜片的外观标志。即使一个完全不腐蚀的试样经试验后也不可能重现这种外观。

如果塑料板表面显示出有过多的划痕，则也应该更换这块腐蚀标准色板。

四、试片的制备

1. 表面准备

为了有效地达到预期的结果，需先用碳化硅或氧化铝（刚玉）砂纸（或砂布）把铜片6个面上的瑕疵去掉。再用65 μm(240粒度)的磁化硅或氧化铝（刚玉）砂纸（或砂布）处理，以除去在此以前用其他等级砂纸留下的打磨痕迹。用定量滤纸擦去铜片上的金属屑后，把铜片浸没在洗涤溶剂中。铜片从洗涤溶剂中取出后，可直接进行最后磨光，或贮存在洗涤溶剂中备用。

表面准备的操作步骤：把一张砂纸放在平坦的表面上，用煤油或洗涤溶剂湿润砂纸，以旋转动作将铜片对着砂纸摩擦，用无灰滤纸或夹钳夹持，以防止铜片与手指接触。另一种方法是用粒度合适的干砂纸（或砂布）装在马达上，通过马达驱动来加工铜片表面。

2. 最后磨光

从洗涤溶剂中取出铜片，用无灰滤纸保护手指来夹拿铜片。取一些105 μm(150目)的碳化硅或氧化铝（刚玉）砂粒放在玻璃板上，用1滴洗涤溶液湿润，并用一块脱脂棉蘸取砂粒。用不锈钢镊子夹持铜片，千万不能接触手指。先摩擦铜片各端边，然后将铜片夹在夹钳上，用沾在脱脂棉上的碳化硅或氧化铝（刚玉）砂粒磨光主要表面。磨时要沿铜片的长轴方向，在返回来磨以前，使劲越出铜片的末端。用一块干净的脱脂棉使劲地摩擦铜片，以除去所有的金属屑，直到用一块新的脱脂棉擦拭时不再留下污斑为止。当铜片擦净后，马上浸入已准备好的试样中。

应特别注意，为了得到一个均匀的腐蚀色彩铜片，均匀地磨光铜片各个表面是很重要的。如果边缘已出现磨损（表面呈椭圆形），则这些部位的腐蚀大多显得比中心处厉害得多。使用夹钳会有助于铜片表面磨光。

五、取　样

1. 对会使铜片造成轻度变暗的各种试样，应该贮放在干净的、深色玻璃瓶、塑料瓶或其他不致影响到试样腐蚀性的合适的容器中。镀锡容器会影响试样的腐蚀程度，因此，不能使用镀锡铁皮容器来贮存试样。

2. 容器要尽可能装满试样，取样后立即盖上。取样时要小心，防止试样暴露于直接的阳光下，甚至散射的日光下。实验室收到试样并打开容器后，应尽快进行实验。

3. 如果在试样中看到有悬浮水（浑浊），则用一张中速定性滤纸把足够体积的试样过滤到一个清洁、干燥的试管中。此操作尽可能在暗室或避光的屏风下进行。

注意，在整个试验前、试验中或试验结束后，铜片与水接触会引起变色，使铜片评定造成困难。

六、试验步骤

1. 试验条件

不同的产品采用不同的试验步骤，某些产品类别很宽，可以用多于一组的条件进行试验。在这种情况下，对规定的某一个产品的铜片质量要求，将被限制在单一的一组条件下进行试验。下面叙述的时间和温度大多数是通常使用的条件。

1) 航空汽油、喷气燃料

把完全清澈和无任何悬浮水或无内含水的试样倒入清洁、干燥试管中的30 mL刻线处，并将经过最后磨光的干净的铜片在1 min内浸入该试管的试样中。把该试管小心地滑入试验弹中，并把弹盖旋紧。把试验弹完全浸入已维持在(100±1) ℃的水浴中。在浴中放置(120±5) min后，取出试验弹，并在自来水中冲几分钟。打开试验弹盖，取出试管，按六.2所述检查铜片。

2) 天然汽油

完全按六.1.1)所述进行，但温度为(40±1) ℃，试验时间为(180±5) min。

3) 柴油、燃料油、车用汽油

把完全清澈、无悬浮水或内含水的试样，倒入清洁、干燥试管中的30 mL刻线处，并将经过最后磨光、干净的铜片在1 min内浸入该试管的试样中。用一个有排气孔(打一个直径为2～3 mm小孔)的软木塞塞住试管。把该试管放到已维持在(50±1) ℃的浴中。在试验过程中，试管的内容物要防止强烈的光线照射。在浴中放置(180±5) min后，按六.2所述检查铜片。

4) 溶剂油、煤油

按六.1.3)进行试验，但温度为(100±1) ℃。

5) 润滑油

按六.1.3)进行试验，但温度为(100±1) ℃。此外，还可以在改变了的试验时间和温度下进行试验。为统一起见，建议从120 ℃起，以30 ℃为一个平均增量向上提高温度。

2. 铜片的检查

把试管的内容物倒入150 mL高型烧杯中，倒时要让铜片轻轻地滑入，以避免碰破烧杯。用不锈钢镊子立即将铜片取出，浸入洗涤溶液中，洗去试样。立即取出铜片，用定量滤纸吸干铜片上的洗涤溶剂。把铜片与腐蚀标准色板比较，检查变色或腐蚀迹象。比较时，把铜片和腐蚀标准色板对光线成45°角折射的方式拿持，进行观察。

如果把铜片放在扁平试管中，能避免夹持的铜片在检查和比较过程中留下斑迹和弄脏。扁平试管要用脱脂棉塞住。

七、试验结果的表示

1. 按表Ⅱ-23-1中所列的腐蚀标准色板的分级中，某一个腐蚀级表示试样的腐蚀性。

2. 当铜片是介于两种相邻的标准色板之间的腐蚀级时，则按变色严重的腐蚀级判断试样。当铜片出现有比标准色板中1b还深的橙色时，则认为铜片仍属1级；但是，如果观察到有红颜色时，则所观察的铜片判断为2级。

3. 第2级中紫红色铜片可能被误认为黄铜色完全被洋红色的色彩所覆盖的3级。为了区别这两个级别，可以把铜片浸没在洗涤溶剂中。2级的会出现上一个深橙色，而3级的不变色。

4. 为了区别2级和3级中多种颜色的铜片，把铜片放入试管中，并把这支试管平躺在315～370 ℃的电热板上4～6 min。另外用一支试管，放入一支高温蒸馏用的温度计，根据这支温度计的温度来调节电炉的温度。如果铜片呈现银色，然后再呈现为金黄色，则认为铜片属2级。如果铜片出现如4级所述透明的黑色及其他各色，则认为铜片属3级。

5. 在加热浸渍过程中，如果发现手指印或任何颗粒或水滴而弄脏了铜片，则需重新进行试验。

6. 如果沿铜片的平面的边缘棱角出现一个比铜片大部分表面腐蚀级还高的腐蚀级别的话，则需重新进行试验。这种情况大多是在磨片时磨损了边缘而引起的。

八、试验结果判断

如果重复试验的两个结果不相同，则重新进行试验。当重新试验的两个结果仍不相同时，则按变色严重的腐蚀级来判断试样。

九、报　告

按表中级别的一个腐蚀级报告试样的腐蚀性，并报告试验时间和试验温度。

第二十四节　喷气燃料冰点测定法

［参考 GB/T 2430—81(88)］

一、概　说

本方法适用于测定喷气燃料的冰点。本标准系参考 ISO3013—1974《航空燃料——冰点的测定》建立的。

在测定条件下，试样出现结晶后，再使其升温，原来形成的烃类结晶消失的最低温度即为冰点。

取 25 mL 试样倒入洁净、干燥的双层试管中，装好搅拌器及温度计，将双层试管放入有冷却介质的保温瓶中，不断搅拌试样使其温度下降，直至试样中开始呈现为肉眼所能看见的晶体。然后从冷剂中取出双层试管，使试样慢慢地升温，并连续不断地搅拌试样，直至烃类结晶完全消失的最低温度即为冰点。

二、仪　器

1. 双层玻璃试管(见图Ⅱ-24-1)：在内外管之间的空间充满常压的干燥氮气或空气。管口用软木塞塞紧，将温度计和压盖插入软木塞内，搅拌器穿过压盖。

2. 压盖：在低温试验时，为防止空气中湿气在样品管中冷凝，必须安装如图

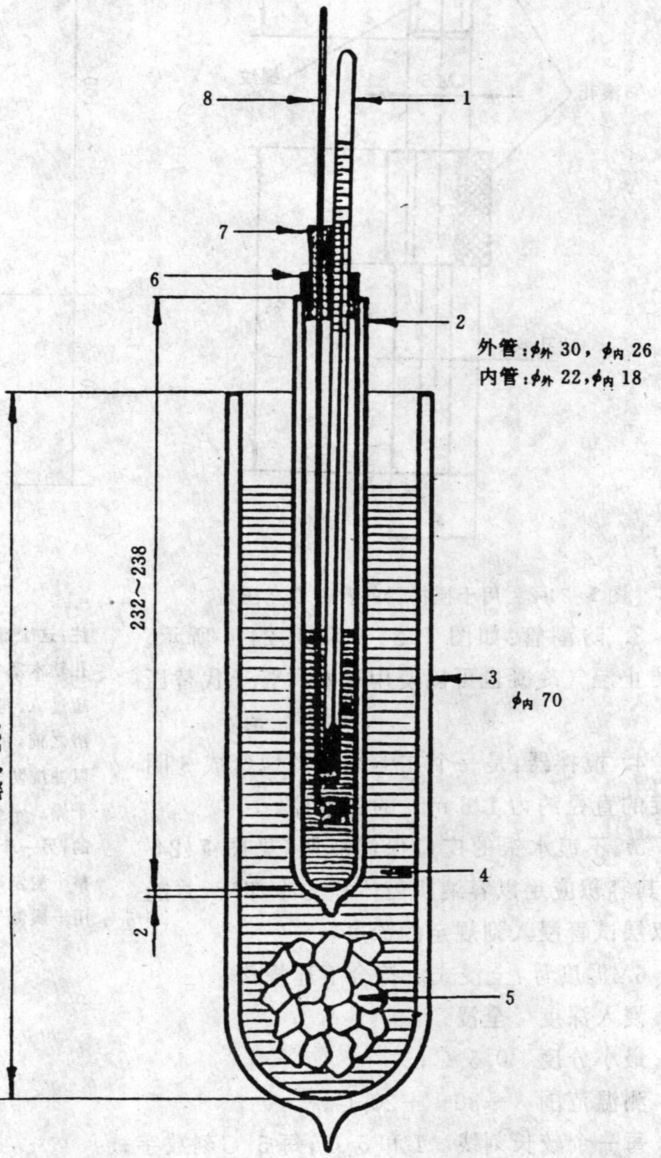

图Ⅱ-24-1　航空燃料冰点测定仪

1—温度计；2—双层玻璃试管；3—不镀银(或水银)的真空保温瓶；4—冷剂；5—干冰；6—软木塞；7—压盖；8—搅拌器

Ⅱ-24-2 所示压盖。压盖紧密地插入软木塞内，用脱脂棉填充黄铜管和搅拌器之间的空间（也可选用如图Ⅱ-24-3 或图Ⅱ-24-4 所示的防潮管）。

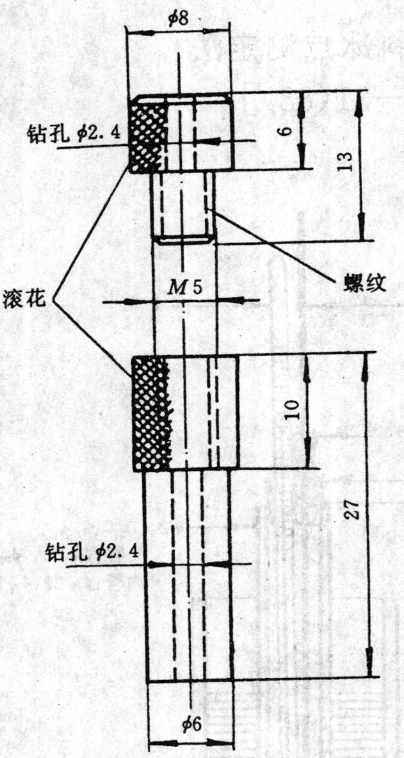

图Ⅱ-24-2　用于搅拌器的黄铜填充压盖

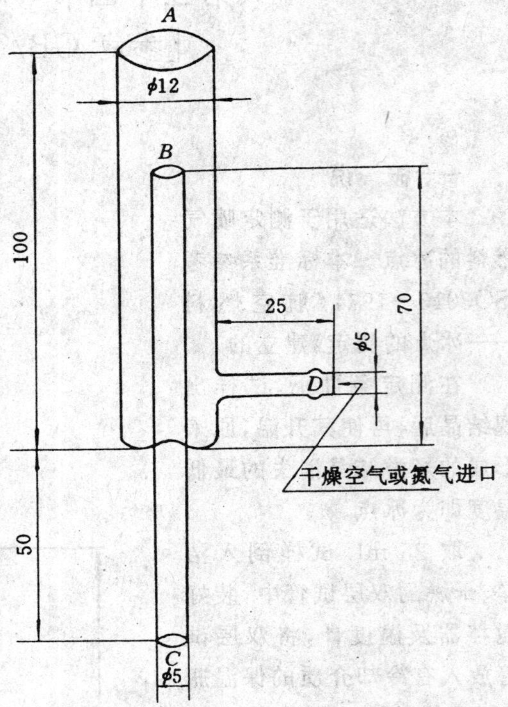

图Ⅱ-24-3　A 型防潮管

注：这个硼硅玻璃防潮管从 C 端插入装有温度计的两孔软木塞中，然后将搅拌器通过管的 B、C 孔，并延伸到超过 A。把这个部件加到冰点管上。在把冰点管放入冷浴之前，用干燥空气或氮气从 D 处进入从 A 处出去，以冲洗防潮管。空气通过串联的两支 U 形管被有效地干燥。一个 U 形管是用无水硫酸钙或硅胶脱水剂填充的；另一个是用涂有五氧化二磷的玻璃小球填充的。在整个测定期间，防潮管空气以此方式连续通过。通常使用干燥氮气更方便。

3. 防潮管：如图Ⅱ-24-3 和Ⅱ-24-4 所示。为防止湿气冷凝也可以使用这两种管子代替压盖。

4. 搅拌器：是一个在下端平滑地弯成 3 圈螺旋的直径约为 1.6 mm 的黄铜棒。

5. 不镀水银的广口保温瓶胆（见图Ⅱ-24-1）：其容积应足以容纳所需体积的冷却液，并能使双层试管浸入到规定的深度。

6. 温度计：全浸式。符合下述规格：

浸入深度　全浸；

最小分度　0.5 ℃；

测温范围　−80～+20 ℃；

每一个较长刻线　1 和 5 ℃；每 5 ℃刻数字；

刻度误差　不超过 1 ℃；

膨胀室允许加热温度　45 ℃

全　长　　(300±10) mm；

杆直径　　5.5～8.0 mm；

球直径　　不大于杆的直径；

水银球部长度　8～16 mm；

刻度部分的长度　170～210 mm；

从球顶到 0 ℃刻线的距离　最大 220 mm；

顶部加工形状　平的或环形。

注意：1）应该用染上红色耐久染料的甲苯或其他适合的液体作为膨胀液体。在液体上面的填充物在压力下应是气体。

2）在 0 ℃、－40 ℃、－60 ℃、－75 ℃下校验温度计的准确度时，修正值应该加到试验读数上。

三、试　剂

1. 无水硫酸钙或硅胶；
2. 五氧化二磷：化学纯；
3. 乙醇：工业用乙醇；
4. 氮气；
5. 干冰。

四、测定步骤

1. 量取 25 mL 试样，倒入清洁、干燥的双层试管中。用带有搅拌器的软木塞紧紧地塞住双层试管，并调节温度计位置，使温度计水银球位于试样的中心。向搅拌器内滴入 1 滴乙醇以润湿填充压盖，尽可能地使搅拌器平滑运动。

2. 夹紧双层试管，将其放入盛有冷却介质的保温瓶中。加干冰，在整个试验期间使保温瓶中冷剂液面高于试样液面。

注意：可用干冰冷却液体（如丙酮或乙醇）作冷剂，也可以用液氮代替干冰冷却液体，或使用机械致冷装置。

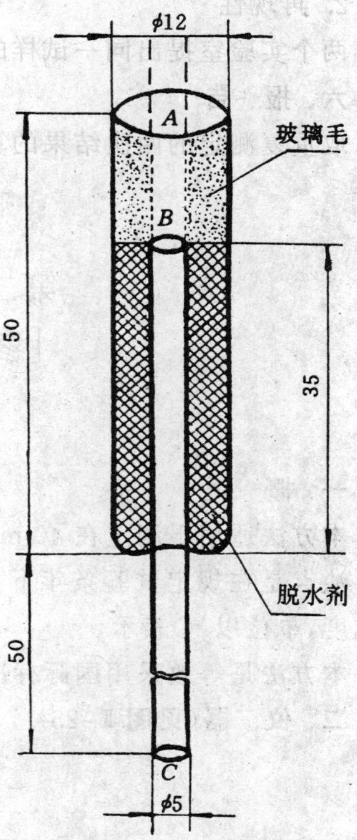

图Ⅱ-24-4　B 型防潮管

注：硼硅玻璃防潮管的下部直到 BC 上端距 B 点 5 mm 内，用无水硫酸钙或筛孔直径接近于 1.7 mm 的硅胶填充。装好搅拌器，在接合处，用同样干燥剂浸渍过的玻璃毛填充到 B 端。填充的玻璃毛每做 3 次或 4 次试验后应更换。

3. 除观察时，整个试验期间要连续不断地搅拌试样。在搅拌时，注意不要使搅拌器的圈露出燃料表面。如果在－10 ℃左右出现云状物，并且继续降温时云状物不再增多，则是有水存在的缘故，可不必考虑。当试样中开始呈现为肉眼所能看见的晶体时，记录结晶出现时的温度作为结晶点。从冷剂中取出双层试管，使试样慢慢地升温，同时连续不断地搅拌试样，记录结晶完全消失的最低温度作为冰点。如果测定的结晶点和冰点之差大于 3 ℃，应重复冷却和升温，直到其差值小于 3 ℃为止。当报告结晶完全消失的最低温度（即冰点）时，要加上所用温度计的修正值，数据要准确到 0.5 ℃作为冰点。

应注意：① 如果已知燃料的预期冰点，在温度达到预期冰点的 10 ℃以前，进行间断搅拌即可。但在此之后，必须连续搅拌，可以使用机械搅拌装置。

② 当发现有碍烃类结晶的观测时，如果是由于不溶解水的影响，则试样注入试管之前，应通过无水硫酸钠干燥。

五、精密度

用下列数值判断结果的可靠性（95％置信水平）。

1. 重复性

同一操作者重复测定的两次结果的差不应超过 0.7 ℃。

2. 再现性

两个实验室提出同一试样的两个测定结果的差不应超过 2.6 ℃。

六、报 告

取重复测定的两次结果的算术平均值，作为测定的结果。

第二十五节 石油浊点测定法

[参考 GB/T 6986—86(91)]

一、概 说

本方法适用于测定在 40 mm 层厚时透明、且浊点低于 49 ℃的石油的浊点。

浊点是在规定试验条年下，清澈、洁净的液体石油产品，由于出现结晶而呈雾状或浑浊时的温度，单位以 ℃表示。

本方法是等效采用国际标准 ISO 3015—1974《石油浊点测定法》制订的。

二、仪 器(见图Ⅱ-25-1)

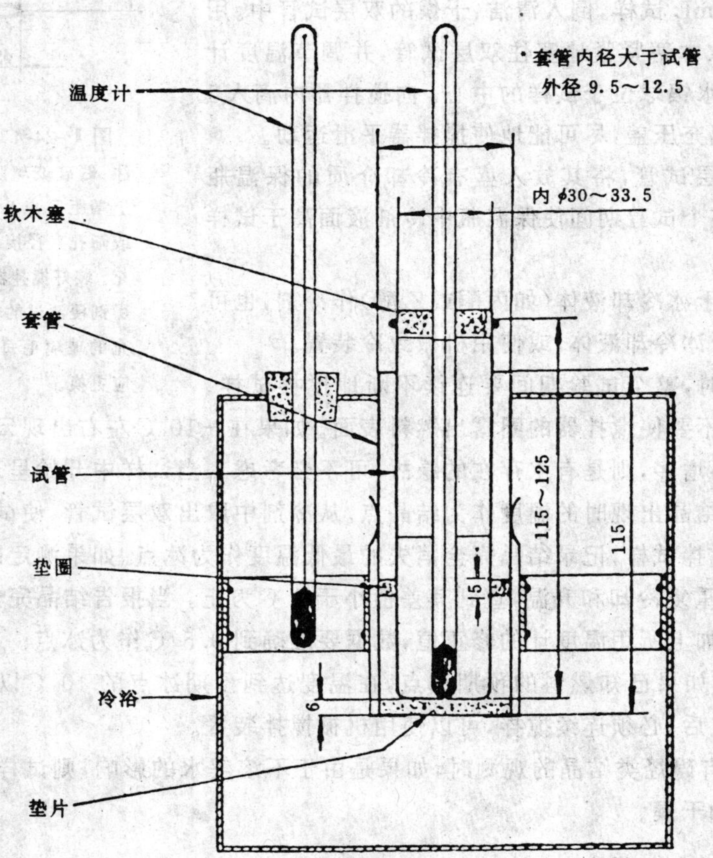

图Ⅱ-25-1 浊点测定仪器

1. 试管：透明玻璃，圆筒状，平底，内径30～33.5 mm，高115～125 mm。试管上刻有试样容积毫升的标线，也允许刻有试样容积线±3 mm上、下限的标线。

2. 温度计：分浸型，符合GB/T 514—83(91)《石油产品试验用液体温度计技术条件》。

3. 软木塞：其中间钻孔，以插试验用温度计，并与试管配合密切。

4. 套管：玻璃或金属密封圆筒，平底，深约115 mm，内径大于试管外径9.5～12.5 mm。

5. 垫片：软木或毛毡制，厚6 mm，直径与套管内径相同。

6. 垫圈：环形，厚度约5 mm，紧接试管外侧，在套管内可以松动。可用软木、毛毡或其他合适的材料制成。该垫圈的弹性足以紧贴试管，硬度足能保持其形状。使用垫圈的目的是为了防止试管接触套管。

7. 冷浴：型式应适于获得所需温度，形状和尺寸可任意选择，但必须有能牢固地夹住套管的支架。供测定10 ℃以下的浊点，需要两个或两个以上的浴。所需的浴温可用致冷仪或适宜的冷冻剂来获得。

三、测定步骤

1. 将试样温度调到至少高于估计浊点14 ℃，用任一适宜方法脱水，直至试样完全清澈、洁净。

2. 将清澈、洁净的试样倒入试管，液位到标线处，或按试管型式液位到两刻线之间。

3. 用带有试验温度计的软木塞塞紧试管。若预期浊点高于－38 ℃，选用高浊点和高倾点温度计；若预期浊点低于－38 ℃，则用低浊点和低倾点温度计。调整软木塞和温度计的位置，使软木塞塞紧，温度计和试管在同一轴线上，而温度计感温泡放置在试管底部之上。

特别注意：由于温度计偶尔会出现断线，不能立即检查出来，故建议试验前要检查温度计。用它测定水的冰点，如果发现温度计所示的冰点不是0 ℃，且高于1 ℃，则应重新校正。

4. 将垫片放到套管底部，将环形垫圈套住试管，位于离试管底25 mm处。垫片、垫圈和套管内、外侧均应洁净、干燥，将试管插入套管内。

5. 冷浴温度保持在－1～2 ℃，将带有试管的套管置于冷浴，垂直放置，使套管露出冷却介质不高于25 mm。

6. 每当看到试验温度计读数下降1 ℃时，在不搅动情况下，迅速将试管取出，观察浊点，然后再放回套管。完成这一操作必须不超过3 s。当试样冷却至10 ℃还未显示浊点，则将试管移入温度保持在－18～－15 ℃的第二个浴的套管中。若试样被冷却至－7 ℃还未显示浊点，则将试管移入温度保持在－35～－32 ℃的第三个浴的套管中。

为了测定很低的浊点，需加几个浴，从第二个浴起，每个浴温要比前一个浴温保持低17 ℃。每次待试样温度比新浴温度要高28 ℃时，才转移试管。决不要将冷试管直接放入冷却介质中。

7. 当开始看到试管底部试样显示浑浊或雾状时，记录测试温度计读数，作为浊点。

需要说明的是：蜡变浑浊或雾状总是最先出现在温度最低的试管底部。而通常由于油中含有痕量水，轻微的雾状会遍及整个试样，且随着温度下降，慢慢会变得更明显。一般来说，此种水雾不干扰蜡浊点的测定。若有干扰，多数按三.1所述，用不起毛的滤纸过滤即可。若遇柴油出现的雾状甚浓，则应取100 mL新鲜试样和5 g无水硫酸钠，摇动至少5 min，并用不起毛干燥滤纸过滤。只要时间足够，用此方法将可脱除或减少水雾，使之易于看出蜡浑浊。除预期浊点高于35 ℃以外，应总是在高于估计浊点至少14 ℃的温度下进行脱水和过滤，且不超过49 ℃。

四、精密度

用下列规定判断测试结果的可靠性(95%置信水平):

1. 重复性

同一操作者重复测定的两个结果之差,馏分油不应大于2 ℃,其他油不应大于6 ℃。

2. 再现性

两个实验室提出的两个结果之差,馏分油不应大于4 ℃,其他油不应大于6 ℃。

五、报 告

取三.7所记录的两个重复测定结果的算术平均值(按数字修约规则取整数)作为浊点。

第二十六节 石油倾点测定法

[参考GB/T 3535—83(91)]

一、概 说

本方法适用于测定石油和石油产品的倾点。

本方法是按国际标准ISO 3016—1974《石油倾点测定法》制定的,而冷却剂、冷浴温度、试剂加热和冷却温度、垫圈放置位置、下倾点测定的加热温度等规定稍有差异。

试样在规定的条件下冷却时,能够流动的最低温度,称为倾点。

试样经预热后,在规定速度下冷却,每间隔3 ℃检查一次试样的流动性。记录观察到试样能流动的最低温度作为倾点。

二、仪 器

1. 倾点测定器,见图Ⅱ-26-1。

1. 试管:由透明玻璃制成的圆筒状,平底。试管内径为30.0~33.5 mm,高为115~125 mm。在试管的4 mL体积处,标有一条长刻线;刻线上、下3 mm处还标有允许试样量波动的短刻线。

2. 温度计(详见GB/T 3535附录A《温度计规格》)。

高浊点和高倾点温度计:测温范围为−38~50 ℃;低浊点和低倾点温度计:测温范围为−80~20 ℃,分度均为1 ℃。

3. 软木塞:配试管用,中心有插温度计的孔。

4. 套管:金属或玻璃制,高约115 mm,内径大于试管的外径9.5~12.5 mm。

5. 圆盘:软木或毛毡制,厚6 mm,直径与套管内径相同。

6. 垫圈:环形,厚5~6 mm,软木或毛毡制,紧贴试管外壁,与套管内壁接触是松宽的,防止试管与套管相接触。

7. 冷浴:能把套管紧紧固定在垂直状态的任何形式和尺寸的冷浴。测定10 ℃以下倾点,需两个以上的冷浴。一般,0 ℃以上者用水和冰;低于−15 ℃者用乙醇和干冰或液氮等。也可用其他致冷方式。

三、测定步骤

1. 将清洁试样倒入试管至刻线处。粘稠试样可在水浴中加热至流动后倒入试管。如果试

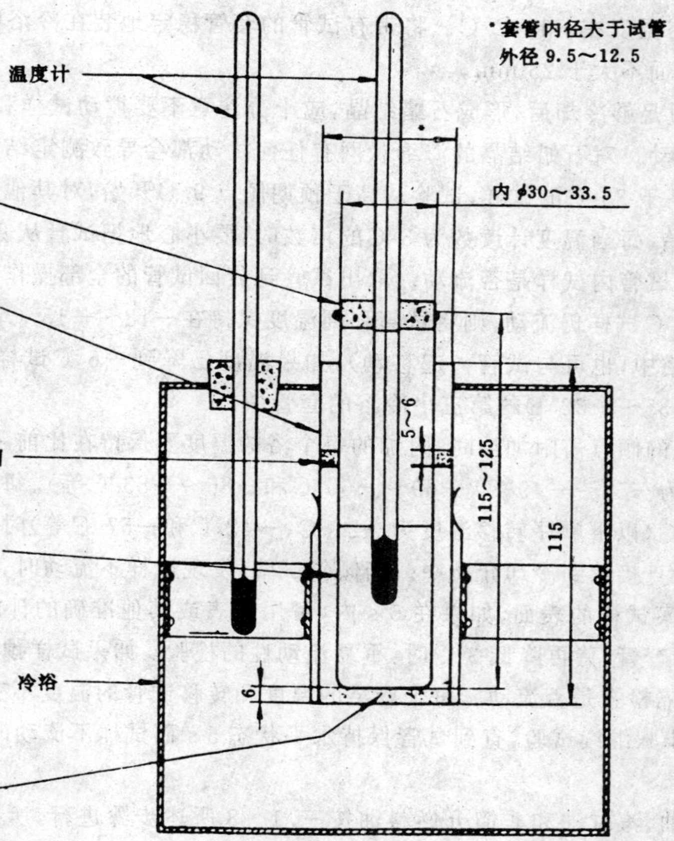

图Ⅱ-26-1　倾点测定仪器

样在 24 h 前曾加热到高于 45 ℃，或不知其加热情况，则需在室温下经 24 h 后，才能进行试验。

2. 用插有高浊点和高倾点温度计的软木塞紧紧塞住试管(如果倾点高于 39 ℃，允许使用 32～105 ℃范围的 0.5 ℃刻度的全浸式温度计)，使温度计和试管在同一轴线上，使温度计的毛细管起点浸没在试样液面以下 3 mm 处。

测定前必须校验温度计冰点，如果冰点偏离 0 ℃，且超过 1 ℃时，应进一步检验或重新校正。

3. 将试管中的试样进行以下的预处理：

1）试样倾点为 33～－33 ℃：

在不搅动试样情况下，试样放入(18±1) ℃水浴口加热到(45±1) ℃，在空气中或约25 ℃水浴中冷却至(36±1) ℃，再按三.4 试验；

2）试样倾点高于 33 ℃：

在不搅动试样情况下，将试样放入(48±1) ℃的水浴或到高于预期倾点温度大约 9 ℃，取其较高的一个温度，再按三.4 试验。

3）试样倾点低于－33 ℃：

按三.3 1)加热试样，再放入(17±1) ℃水浴中冷却至(15±1) ℃，取出高浊点和高倾点温度计，换上低浊点和低倾点温度计。再按三.4进行操作。

4. 圆盘、垫圈和套管内管均应清洁和干燥。将圆盘放在套管底部。将垫圈套在距试管内试样液面上方约25 mm处，将试管放入套管内。

5. 保持冷浴温度在−1～2 ℃。将带有试管的套管稳定地装在冷浴中，状态垂直，使套管露出冷却介质液面不大于25 mm。

6. 试样经过足够冷却后，形成石蜡结晶，应十分注意不要搅动试样和温度计，也不允许温度计在试样中移动。对石蜡结晶的海绵状网有任何扰动都会导致测定结果偏低或不真实。

7. 对倾点高于33 ℃的试样，试验从高于预期倾点9 ℃开始，对其他倾点试样则从高于预期倾点12 ℃开始。每当温度计读数为3 ℃的倍数时，要小心地把试管从套管中取出，倾斜试管到刚好能观察到试管内试样是否流动。取出试管到放回试管的全部操作，要求不超过3 s。如果温度已降到9 ℃试样仍流动，则将试管移到温度保持在−18～−15 ℃的第二个冷浴的套管中(套管可留在浴中，也可与试管一起移动)；如果温度已降到−6 ℃试样仍流动，则将试管移到温度保持在−35～−32 ℃的第三个冷浴的套管中。

为测定极低的倾点需附加浴时，附加的每个浴的温度要保持在比前一个浴的温度低17 ℃(以下浴温顺序为−52～−49 ℃，−69～−66 ℃和−86～−83 ℃等)。每当试样温度达到高于新浴的温度27 ℃(以下顺序转移温度为−24 ℃、−42 ℃和−57 ℃等)时，就要转移试管，但决不能将冷的试管直接放到冷却介质中。当倾斜试管，发现试样不流动时，就立即将试管放在水平状态，仔细观察试样的表面，如果在5 s内(可用秒表或其他准确的计时器测定)还流动，则立即将试管放回套管，待再降低3 ℃时，重复流动性的检验。如果试样预期倾点不是3 ℃的倍数，则以3 ℃间隔检查是否流动。每个冷浴的温度和转移试管的温度不变。

8. 按上述步骤继续试验，直到试管保持水平状态5 s而试样不流动时，记录观察到的温度计读数。

9. 对深色油、汽缸油和非馏分燃料油按三.1～8所述步骤进行，所得结果为上(最高)倾点。如果需要，可在搅拌的情况下加热试样到(105±1) ℃，并倒入试管。如前所述，冷却至(36±1) ℃，再按三.1～8步骤测得下(最低)倾点。

当已知试样在24 h前曾加热到45 ℃以上，或不知其加热情况时，则在试验前将试样加热到(100±1) ℃，然后在室温中保持24 h后再进行测定。

四、计　算

将三.8所记录的温度加3 ℃，作为试样结果的倾点。

五、精密度

1. 重复性：同一操作者重复测定的两个结果之差不应超过3 ℃。

2. 再现性：由两个实验室提出的两个结果之差不应超过6 ℃。对于按三.8所述方法测定的结果，此再现性不适用，因这些试样的倾点随其加热历程会出现反常现象。

六、报　告

取重复测定的两个结果的算术平均值作为倾点。对黑色油品等按要求报告其上倾点或下倾点的测定结果。

第二十七节　煤油烟点测定法

[参考 GB/T 382—83(91)]

一、概　说

本方法适用于测定灯用煤油和喷气燃料的烟点。

烟点是指试样在一个标准灯具内，在规定条件下燃烧时的无烟火焰的最大高度，以 mm 表示。

试样在标准灯内燃烧，火焰高度的变化反映在毫米刻度尺背景上。测量时把灯芯升高到出现有烟的火焰，然后再降低到烟尾刚刚消失的一点，这点的火焰高度即为试样的烟点。

二、仪　器

1. 烟点灯：如图Ⅱ-27-1 所示，其尺寸符合规定要求。烟点灯包括以下几部分：备有灯芯管和空气导管的贮油器，装配有灯芯导管和进气口的对流室平台、灯体和灯罩。烟点灯上还备有一个专用的50 mm 标尺，在其黑色玻璃上每毫米分度处用白线标记，灯芯导管的顶部与标尺的零点标记处在同一水平面上，也备有一个能缓慢和均匀地升降贮油器的装置。灯体门上的玻璃窗是弧形的，以防止形成多重映像。贮油器底座和其本体之间的连接处不应漏油。

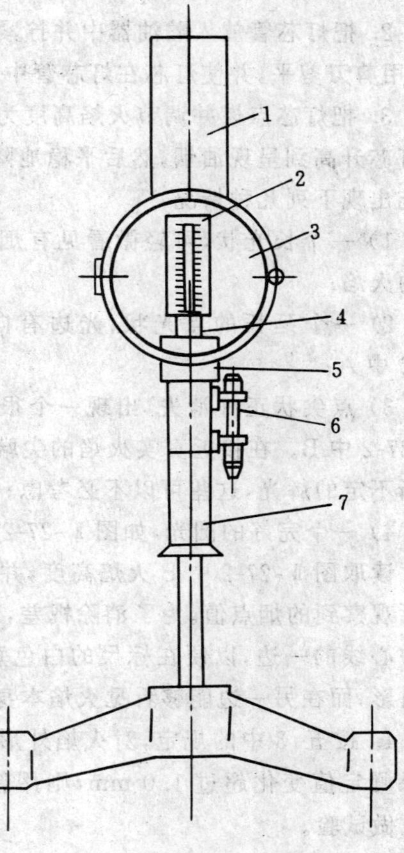

图Ⅱ-27-1　烟点灯

1—烟道；2—标尺；3—燃烧室；4—灯芯管；5—对流室平台；6—调节螺丝；7—储油器

2. 灯芯：适用的圆形灯芯。长度不小于 125 mm。由纯棉棉纱织成。经纱面径 17 根、3 股 10 支纱；芯径 9 根 4 股 6 支纱；纬密 5 根/cm。

3. 量筒：25 mL。

4. 滴定管：25 mL 或 50 mL。

三、试　剂

1. 甲苯：分析纯。

2. 异辛烷：分析纯。

3. 石油醚或直馏轻质汽油。

四、准备工作

1. 把灯具垂直放在一个完全避风的地方。仔细检查每个新灯，确保平台内空气孔和贮油器引入空气的导口干净、畅通和具有正确的尺寸。平台的位置应该是使空气孔完全不受阻碍。

2. 将灯芯用石油醚或直馏轻质汽油洗涤，在100～105 ℃温度下干燥 30 min，取出后放在干燥器中备用。

3. 将贮油器用石油醚或直馏轻质油洗涤，用空气吹干。

4. 把试样保持到室温（不能加热），如果发现试样有雾状或杂质，则用定量滤纸过滤。

5. 用试样将灯芯润湿，装入灯芯管中。如果灯芯有卷曲的地方，应仔细地将其捻平，并须重新将其上端用试样润湿。

在仲裁试验时，须用按上述方法处理的新灯芯。

五、测定步骤

1. 用量筒量取 20 mL 试样。将试样倒入清洁、干燥的贮油器内。

如果试样不足 20 mL，则只要不少于 10 mL 即可。

2. 把灯芯管放入贮油器中并拧紧。注意，勿使试样落入通空气孔中。将所有不整齐的灯芯头，用剪刀剪平，并使灯芯在灯芯管中突出 3 mm。将贮油器插入灯中。

3. 把灯芯点燃并调节火焰高度为 10 mm，燃烧 5 min。将灯芯升高到呈现油烟，然后平稳地降低火焰高度，其外形可能出现下列几种情况：

1）一个长光状，可轻微看见有烟，间断不定形状并跳跃的火焰；

2）一个延长的点光状，光边有向上的凹面，如图Ⅱ-27-2 中 A；

3）点尖状正好消失，出现一个很亮的燃烧火焰，如图Ⅱ-27-2 中 B。在接近真实火焰的尖端，有时出现锯齿状的间断不定的辉光，这些可以不必考虑；

4）一个完好的圆光，如图Ⅱ-27-2 中 C。

读取图Ⅱ-27-2 中 B 火焰高度，并读准至 0.5 mm。记录所观察到的烟点值。为了消除视差，观察者的眼睛应倾斜到中心线的一边，以便在标尺的白色垂直的一边能够看见反射影，而在另一边能够看见火焰本身。

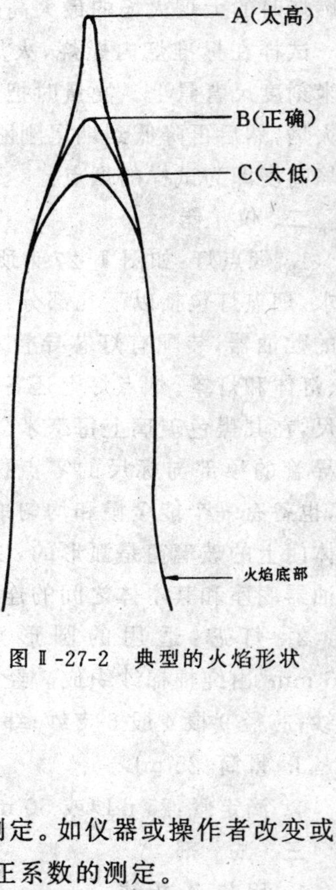

图Ⅱ-27-2　典型的火焰形状

4. 按五.3 中的规定，对火焰外形重复观测三次烟点。如果测定值变化超过 1.0 mm，则用新的试样并换一根灯芯重做试验。

取三次烟点观测值的算术平均值，作为试样烟点的测定值。

六、仪器校正系数的测定

1. 每个操作者应定期用标准燃料对仪器的校正系数进行测定。如仪器或操作者改变或者大气压读数变化大于0.7 kPa（5.3 mmHg），则必须进行仪器校正系数的测定。

2. 按准备工作和测定步骤的各项规定，用甲苯和异辛烷及其混合物为标准燃料进行仪器校正系数的测定。测定时，要尽量选取两个烟点测定值与试样烟点测定值接近的标准燃料（一个比试样的烟点测定值稍高，另一个则稍低）。如果试样的烟点测定值恰与一个标准燃料的烟点测定值相同，则需选取另一个烟点测定值稍高的标准燃料。

用滴定管配制标准燃料混合物。

3. 标准燃料烟点的标准值见表Ⅱ-27-1。

表Ⅱ-27-1 标准燃料烟点的标准值

$\varphi_{甲苯}\times10^2$	$\varphi_{异辛烷}\times10^2$	大气压力为 101.3 kPa(760 mmHg)时的烟点标准值/mm
40	60	14.7
25	75	20.2
15	85	25.8
10	90	30.2
5	95	35.4
0	100	42.8

4. 仪器校正系数 f 按式(2-12)计算：

$$f=\frac{1}{2}\left(\frac{A_b}{A_c}+\frac{B_b}{B_c}\right) \tag{2-12}$$

式中 f——仪器校正系数；

A_b——第一种标准燃料烟点的标准值，mm；

A_c——第一种标准燃料烟点的测定值，mm；

B_b——第二种标准燃料烟点的标准值，mm；

B_c——第二种标准燃料烟点的测定值，mm。

七、计　算

试样的烟点 H，其单位为 mm，按式(2-13)计算：

$$H=f\cdot H_c \tag{2-13}$$

式中 H——试样烟点，mm；

f——仪器校正系数；

H_c——试样的烟点测定值，mm。

数值取准确到 0.1 mm。

八、精密度

用下述规定判断两个测定结果的可靠性(95%置信水平)。

烟点/mm	重复性，mm (同一操作者，同一台仪器)	再现性，mm (不同操作者，不同仪器)
20 以下	1	2
20～30	1	3
30～40	1	4

九、报　告

取重复测定的两个结果的算术平均值作为试样的烟点。

第二十八节　发动机燃料实际胶质测定法

[参考 GB/T 509—88]

一、概　说

发动机燃料中的实际胶质是燃料中的烃类经过氧化、聚合、缩合所产生的复杂物质，它也能在试验条件下受空气流吹扫蒸发时形成。

本方法适用于评定燃料(汽油、煤油、柴油)在发动机中使用时生成胶质的倾向。

将 25 mL 试样在规定的仪器、温度和空气流的条件下蒸发,把所得残余物称质量,以 100 mL试样中所含残余物作为实际胶质量,以 100 mL 试样中所含实际胶质毫克数表示,即 mg/100 mL。

二、试验和材料

1. 仪 器

1) 油浴(见图Ⅱ-28-1)椭圆形的钢制容器 1,高度约 200 mm,长轴的长度约 250 mm,短轴的长度约 150 mm。设有可以卸下的铁制浴盖 2,盖下设置有安放烧杯用的两个凹槽 3 和 4 及铜制或黄铜制的旋管 5,其全长约 1.5 m,内径 6～8 mm。旋管的一端 6,在盖面的旁边通出,用来导入空气;另一端 7 在盖的中心点通出,并接有可以卸下的磨口三通管 8,利用空气导管向杯中供给空气。空气导管的内径约 6 mm,每端要对准凹槽的中心点,而且与槽底相距 (50±5) mm。浴盖上还有两个孔口 9 和 10,供插温度计和接触点温度计用。油浴外表面用石棉层绝热。

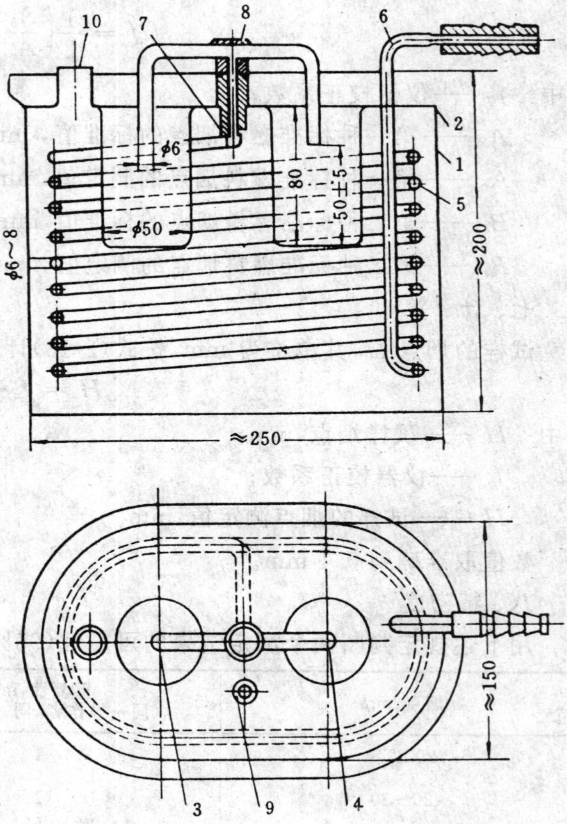

图Ⅱ-28-1 油 浴

1—椭圆形钢制容器;2—浴盖;3、4—凹槽;5、6、7—旋管;8—磨口三通管;9、10—浴盖上的孔

油浴带有电热装置,能将浴中的油加热到 150 ℃、180 ℃、250 ℃,并能在试验期内保持温度恒定。

2) 无嘴高型玻璃烧杯:容量 100 mL,外径 17～18 mm,高度 (85±2) mm。

3) 量筒:25 mL;或吸量管:25 mm。

4) 流量计:有量出每 min 达到 60 L/min空气流速的刻度,经过 300 次试验至少校正一次。

5) 空气过滤器:内装棉花和玻璃珠。

6) 温度计:0～360 ℃。可选用 GB/T 514－83(91)中开口闪点 1 号温度计。

7) 鼓风机:空气压缩机,或空气供应总管,要求能够供给试验时所需流速的空气。

8) 电热板:带自耦变压器。

9) 镀铬坩埚钳。

2. 材 料

矿物油:开口杯法闪点不低于 310 ℃。

三、试　剂

苯:化学纯;或丙酮:化学纯;或乙醇苯混合液:用95%(体积分数)乙醇(化学纯)与苯(化学纯)按体积比1∶1配成;或硫酸钠:化学纯。

四、准备工作

1. 用滤纸过滤试样,试样含有明显的水迹时,先在试样内加入新煅烧的硫酸钠,摇动10~15 min后再过滤。

2. 向油浴注入适量的矿物油,要求在盖上浴盖后加热到试验的温度时能将油浴装满。

3. 配合软木塞将温度计插在浴盖上的孔口中,使其水银球距离盖面40~50 mm。

在需要时,将接触点温度计插入浴盖上的另一个孔口中。测定汽油的实际胶质含量时,预先将此温度计调到150 ℃;测定煤油的实际胶质含量时调到180 ℃时;测定柴油的实际胶质含量时调到250 ℃。

测定汽油的实际胶质含量时,预先将浴中矿物油加热到(150±3) ℃;测定煤油的实际胶质含量时加热到(180±3) ℃,测定柴油的实际胶质含量时加热到(250±5) ℃。

4. 测定实际胶质所用的烧杯,在试验前必须用本方法三中的任一种溶剂仔细洗涤。然后在预先加热到规定温度的油浴上,将烧杯放在凹槽中经过15 min,再将烧杯放在干燥器中冷却30~40 min。然后,称量烧杯的质量,称准至0.000 2 g。

将烧杯重复进行干燥、称量,直至连续称量间的差数不超过0.000 4 g为止。

5. 在油浴上,旋管导入空气的一端,要通过流速计和装有棉花的空气过滤器与空气供应装置连接。

五、测定步骤

1. 用量筒或吸量管量取25 mL试样两份,分别注入按本方法四.4准备好的烧杯中,然后将烧杯放在已加热到规定温度的油浴凹槽内。

此后,在浴盖中央的旋管一端,安放三通管,要求导气管下端距离试样液面(30±5) mm。

2. 向两个烧杯通入空气时,流量计指示的最初流量应为(20±2) L/min。

试验汽油时的最初8 min内,或试验煤油或柴油时的最初20 min内,都要求供给空气的流量逐渐增到每分钟(55±5) L,同时注意勿使试样溅出。

上述的供气速度应保持到使试样蒸发完毕。当油气停止冒出而且烧杯底和烧杯壁呈现干燥的残留物或出现不再减少的油状残留物时,即认为蒸发完毕。

蒸发完毕后,继续通入空气15~20 min(汽油及煤油)或30 min(柴油),然后将烧杯取出,放在干燥器中冷却30~40 min后进行称量,称准至0.000 2 g。称量后将烧杯重新放在油浴凹槽内,用与上述相同的空气流量和规定温度,再通入空气15~20 min(汽油及煤油),或停止输入空气,而在250 ℃下烘30 min(柴油)。此后,将烧杯再放在干燥器中冷却30~40 min后进行称量。如此重复处理带有胶质的烧杯,直至连续称量间的差数不超过0.000 4 g为止。

六、计　算

100 mL试样所含的实际胶质X(mg)按下式计算:

$$X=\frac{(m_2-m_1)}{25}\times 100$$

式中　X——试样的实际胶质含量,mg;

m_2——胶质和烧杯质量,mg;

m_1——烧杯质量,mg;

25 ——试样体积，mL。

七、精密度

1. 汽油和煤油的实际胶质测定中，重复测定的两个结果间的差数，不应超过下表所列数值：

实际胶质含量(mg/100 mL)	允许差数(mg/100 mL)
小于 15	2
15 到小于 40	3
40 到小于 100	较小结果的 8%
100 以上	较小结果的 15%

2. 柴油的实际胶质测定中，重复测定的两个结果间的差数，不应超过下列表所数值：

实际胶质含量(mg/100 mL)	允许差数(mg/100 mL)
小于或等于 15	2
15 以上	较小结果的 15%

八、报　告

1. 取重复测定的两个结果的算术平均值，作为试样的实际胶质含量。测定的结果应取整数表示。

2. 实际胶质含量小于 2 mg/100 mL 时，认为无。

应注意：在每次操作后，应立即用乙醇-苯混合液洗涤烧杯，以清除杯内的残留物。

第二十九节　车用汽油和航空燃料实际胶质测定法(喷射蒸发法)

[参考 GB/T 8019—87]

一、概　述

本方法适用于测定车用汽油、航空汽油和用于配制挥发性馏分及航空涡轮燃料在试验时的实际胶质。也可用于测定车用汽油的未洗胶质含量。

用本方法测定车用汽油中实际胶质的真正意义还没有确切地肯定下来。已经证明高胶质能使进气管、气化器和进气阀产生沉积物和粘住进气阀。在大多数情况下，可以认为低胶质将确保进气系统没有这些困难。当然，应该认识到不是试验本身与进气系统的沉积物相互有关联。对车用汽油来说，试验的基本目的是测定试样在试验以前或在试验条件下形成的氧化产物，而这些试验条件并没有像实际中遇到的那样苛刻。由于许多车用汽油中是有意掺进了非挥发性的油品或添加剂，所以就必须要用正庚烷抽提步骤，使之从蒸发残渣中除去，以便测得有害物质(胶质)。

本方法是参照采用国际标准 ISO6246—1981《车用汽油和航空燃料实际胶质测定法》(喷射蒸发法)制订的。

本方法是将已知量的燃料在控制温度和控制空气或蒸气流的条件下蒸发。若燃料为航空汽油和喷气燃料，则将所得残渣称质量，并以 mg/100 mL 报告。若为车用汽油，则将正庚烷抽提前和抽提后的残渣分别称质量，所得结果以 mg/100 mL 报告。

二、定　义

1. 实际胶质：航空汽油、航空涡轮燃料的蒸发残渣或车用汽油的蒸发残渣中的正庚烷不溶部分。

2. 未洗胶质：车用汽油的蒸发残渣，包括实际胶质和不挥发的添加剂组分。

三、仪器与材料

1. 仪　器

1）天平：能称准至 0.1 mg。

2）烧杯：容量 100 mL。其尺寸如图 Ⅱ-29-1 所示。

将烧杯编成组，每组的个数以蒸发浴中烧杯孔的个数而定，每组中各烧杯均有永久性的数字或字母。将质量最小的那个烧杯作为配衡烧杯。

3）冷却容器：干燥器或其他能盖紧的容器。用来冷却称量前的烧杯，不必使用干燥剂。

4）蒸发浴：可用实心金属块浴或液体浴电加热。按图 Ⅱ-29-1 所示的原理构成。此浴应有两个或多个烧杯孔和排气口，每个排气口的流速应为(1 000±150) mL/s。如果使用液体浴，应该把合适的液体装到距顶部 25 mm 以内。可以用温度控制器或适当的液体回流来保持温度。

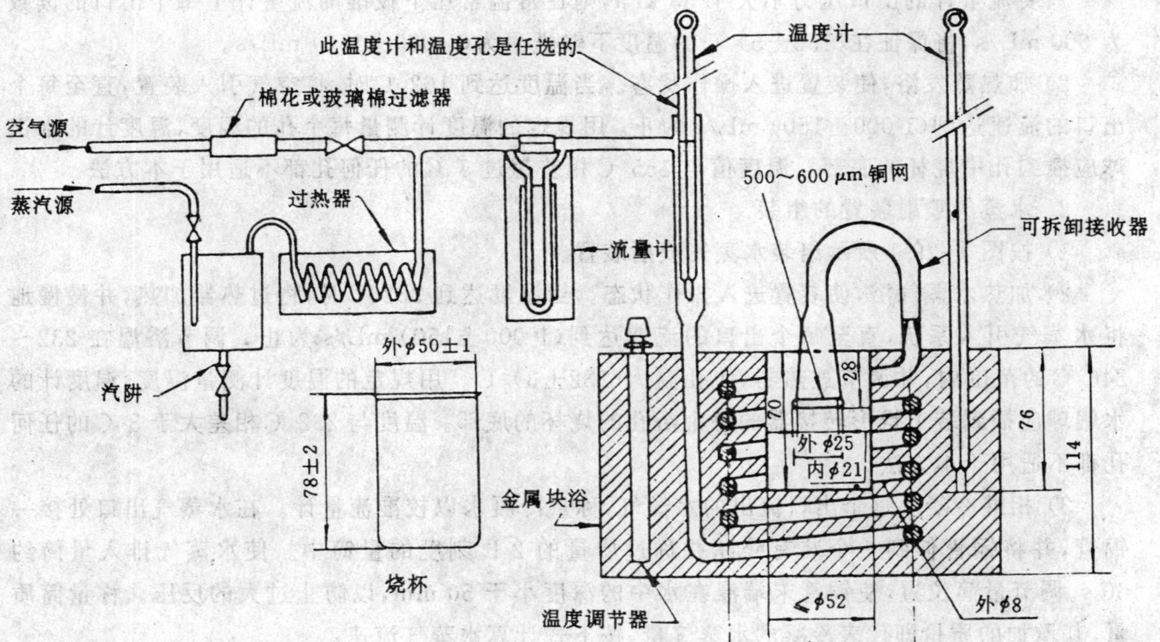

图 Ⅱ-29-1　喷射蒸发实际胶质测定仪

5）流量计：能测量空气或水蒸气的总流量为 $n \times 1\ 000$ mL/s，其中，n 为仪器中烧杯孔的个数。

6）烧结玻璃过滤漏斗：粗孔(最大孔径范围在 150～250 μm)，容量 150 mL。

7）水蒸气过热器：用煤气或电加热，能将加热到(232±3) ℃的所需水蒸气量送到浴入口。

8）温度计：应符合 GB/T 8019—87 中附录 A 所列的技术条件。

9）带刻度量筒：容量 50 mL 和 2 L。

10）不锈钢镊子。

11）烘箱：能控制温度在(150±2) ℃。

2. 材　料

1）空气：压力不大于 35 kPa 的过滤空气。

2）水蒸气：无油污状残余物，压力不低于 35 kPa。

四、试　剂

1. 甲苯：化学纯。

2. 丙酮：化学纯。

3. 正庚烷：符合 GB/T 497—77(88)《标准正庚烷》规格。

4. 胶质溶剂：甲苯和等体积丙酮的混合物。

五、准备工作

1. 空气喷射装置的组装

1）按图Ⅱ-29-1 所示组装空气喷射装置。在室温下调节装置，使试验时出口的空气流速为 600 mL/s。检查其余出口的空气流速是否一致。如果个别出口的流速变化超出 (600±90) mL/s的范围则进行必要的调整。

只要流量计的出口压力不大于 35 kPa，则在常温常压下校准的流量计上每个出口的读数为 600 mL/s，将保证在(155±5) ℃的温度下输送量为(1 000±150) mL/s。

2）加热蒸发浴，使装置进入操作状态。当温度达到 162 ℃时，将空气引入装置，直至每个出口的流速达到(1 000±150) mL/s 为止。用规定的温度计测量每个孔的温度，温度计的水银球应插到孔中烧杯的底部。温度值与 155 ℃相差超过 5 ℃的任何孔都不适用于本方法。

2. 水蒸气喷射装置的组装

1）按图Ⅱ-29-1 所示组装水蒸气喷射装置。

2）加热水蒸气浴，使装置进入操作状态。当温度达到 232 ℃时，将过热器加热，并慢慢地将水蒸气引入系统，直至每个出口的流速达到(1 000±150) mL/s 为止。调节浴温在 232～246 ℃的范围内，并调节过热器，使孔温为(232±3) ℃。用规定的温度计测量温度，温度计的水银球应插到装上锥形转接器的每个浴孔的烧杯的底部。温度与 232 ℃相差大于 3 ℃的任何孔都不适用于本方法。

3）相继冷凝从每个出口流出的水蒸气，称量冷凝水以校准流量计。在水蒸气出口处接一铜管，并将铜管伸到一个装有碎冰并称过质量的 2 L 刻度的量筒中。使水蒸气排入量筒约 60 s。调节量筒位置，使铜管末端浸在水中的深度小于 50 mm，以防止过大的反压。称量筒质量，其增加的质量即代表冷凝的水蒸气量，按下式计算水蒸气流速：

$$R = \frac{(m_0 - m_1) \times 1\,000}{K \cdot t}$$

式中　R —— 232 ℃时水蒸气的流速，mL/s；

m_0 ——盛有水蒸气冷凝水的刻度量筒的质量，g；

m_1 ——刻度量筒和冰的质量，g；

K ——在常压下 232 ℃水蒸气的密度，等于 0.434 g/L；

t ——冷凝时间，s。

4) 调节试验中出口蒸汽流速为1 000 mL/s,检查其余出口的流速是否一致,如果个别出口流速变化超过150 mL/s,则进行必要的调整。当所有的出口水蒸气流速都调节到(1 000±150) mL/s时,记下流量计的读数,并在以后试验中使用此值。

六、测定步骤

1. 用胶质溶剂洗涤烧杯(包括配衡烧杯)直至无胶质为止。用水彻底清洗,并把它们浸泡在去污剂清洗液中。用不锈钢镊子从清洗液中取出烧杯,并在以后也只许用镊子持取。先用自来水,然后用蒸馏水彻底洗涤烧杯,并放在150 ℃的烘箱中至少干燥1 h。将烧杯放在天平附近的冷却容器中,至少冷却2 h。

每个实验室都需要确定去污剂的种类及使用条件。合格的清洗标准应和使用铬酸洗液清洗过的样品容器的质量相比(用新配的铬酸,浸泡6h,用蒸馏水清洗并干燥)。进行比较时,可采用目测外观及在试验条件下测量玻璃器皿的加热质量变化。用去污剂清洗可以避免在操作腐蚀性铬酸洗液时的潜在危险和不便,后者可保留作为参比清洗方法。

2. 由表Ⅱ-29-1所给的数据,选择车用汽油或航空燃料相应的操作条件。把蒸发浴加热到规定的操作温度。将空气或水蒸气引入装置,并调节流速至(1 000±150) mL/s。如果使用外部预热器则调节蒸发介质的温度,使试验孔达到规定的温度。

表Ⅱ-29-1

样品类型	蒸发介质	操作温度/℃	
		浴	试验孔
航空汽油和车用汽油	空气	160～165	150～160
航空涡轮燃料	水蒸气	232～246	229～235

3. 把配衡烧杯放在天平的右盘上,称量各试验烧杯的质量,称准至0.1 mg。如果使用单盘天平,称量配衡烧杯的质量作为空白。记下这些质量。

4. 如果样品中存在悬浮或沉淀的固体物质,则充分混匀样品容器内盛的物质,立即在常压下使一定量的样品通过烧结玻璃漏斗过滤。滤液按六.5～六.7所述步骤处理。

5. 用刻度量筒向每个烧杯(配衡烧杯除外)加入50 mL试样,每种待测试样各用一个烧杯。把装有试样的烧杯和配衡烧杯放入蒸发浴中,放进第一个烧杯和放进最后一个烧杯之间的时间要尽可能短。当用空气来蒸发试样时,每个烧杯放进浴中后重新放上锥形转接器;当用水蒸气来蒸发时,应在放上锥形转接器之前把烧杯加热3 min。而锥形转接器在接到出口前须用水蒸气预热。锥形转接器要放在液面上部的中央,保持规定的温度和流速,使试样蒸发30 min。同时进行试验的试样应具有相同的蒸发特性。

需说明的是:① 在引入空气或水蒸气流时,应该小心,避免飞溅。飞溅能使实际胶质测定结果有误。② 在某些情况下最好做重复试验,测定精密度就需要做重复试验。

6. 加热期结束时,将烧杯从浴中转移到冷却容器中。将冷却容器放在天平附近至少2 h。按六.3所述称量各个烧杯,并记录其质量。

7. 盛有车用汽油残渣的烧杯,应按六.3～六.12所述步骤完成试验。其余的烧杯可收回并清洗,以备再用。

注意:如果用原始精制过的汽油的保留样作参比试验,则通过称量残渣质量可以得到车用汽油污染的定性证据。这个参比试验是重要的,因为车用汽油含有有意加入的非挥发性物质，如果证明有污染则要进一步研究。

8. 向每个盛有车用汽油残渣的烧杯加入 25 mL 正庚烷并轻轻地旋转 30 s。使混合物静置 10 min。用同样的方法处理配衡烧杯。

9. 小心地倒掉正庚烷溶液，防止任何固体残渣损失。

10. 用第二份 25 mL 正庚烷，按六.8 和六.9 所述步骤重新进行抽提。如果抽提液带色，则应重新进行第三次抽提。

11. 把烧杯（包括配衡烧杯）放进保持在 160～165 ℃的蒸发浴中，不放锥形转接器，使烧杯干燥 5 min。

12. 干燥期结束后，从浴中取出烧杯，放进冷却容器中，并使其在天平附近冷却至少 2 h。按六.3 所述方法称量各个烧杯，记下其质量。

七、计　算

1. 航空燃料的实际胶质含量 A(mg/100 mL)按下式计算：

若用双盘天平称量，则：

$$A = K(m_2 - m_3)$$

若用单盘天平称量，则：

$$A = K(m_2 - m_3 + m_5 - m_6)$$

2. 车用汽油的实际胶质含量 A(mg/100 mL)按下式计算：

若用双盘天平称量，则：

$$A = K(m_4 - m_3)$$

若用单盘天平称量，则：

$$A = K(m_4 - m_3 + m_5 - m_7)$$

3. 车用汽油未洗胶质含量 U(mg/100 mL)按式(6)或(7)计算：

若用双盘天平称量，则：

$$U = K(m_2 - m_3)$$

若用单盘天平称量，则：

$$U = K(m_2 - m_3 + m_5 - m_6)$$

上述各式中　K ——换算系数，mg/(100mL·g)，等于 2 000；

m_2 ——六.6 中记下的试样烧杯加残渣质量，g；

m_3 ——六.3 中记下的空烧杯质量，g；

m_4 ——六.12 中记下的试样烧杯加残渣质量，g；

m_5 ——六.3 中记下的配衡烧杯的质量，g；

m_6 ——六.6 中记下的配衡烧杯的质量，g；

m_7 ——六.12 中记下的配衡烧杯的质量，g。

八、精密度

按下述规定判断试验结果的可靠性(95%置信水平)：

1. 重复性：同一操作者两次试验结果之差不应大于图Ⅱ-29-2 和图Ⅱ-29-3 所示的重复性数值。

2. 再现性：两个实验室试验之差不应大于图Ⅱ-29-2 和图Ⅱ-29-3 所示的再现性数值。

九、报　告

1. 报告胶质值准确至 1 mg/100 mL，作为本方法的实际胶质或未洗胶质。按照有效数字规则进行修约。

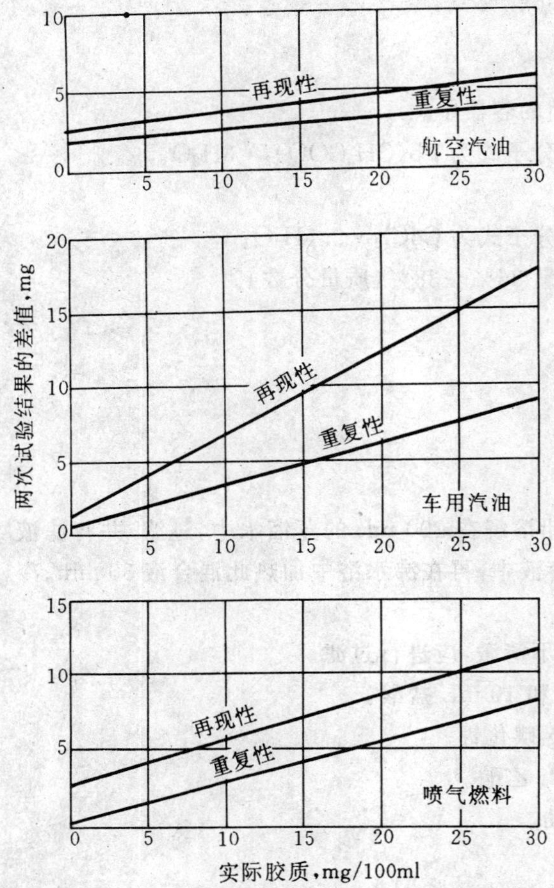

图Ⅱ-29-2　实际胶质的精密度

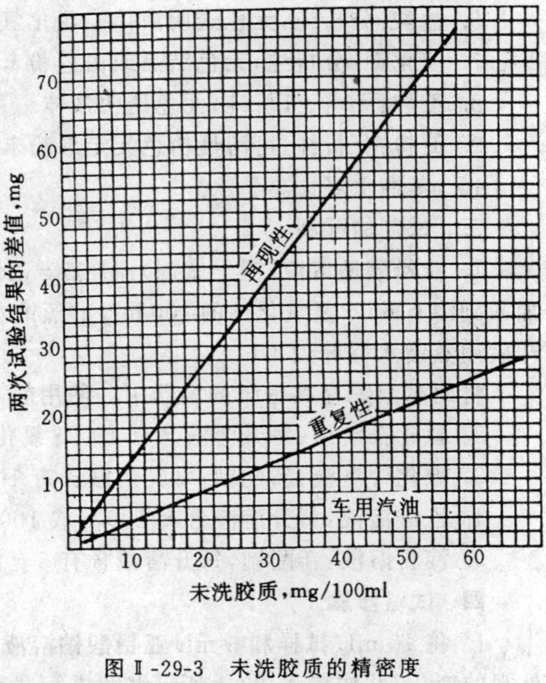

图Ⅱ-29-3　未洗胶质的精密度

2. 如果试样中外来物质已按六.4 所述除去，则在实际胶质的数值后注上“过滤后”字样。

3. 取重复测定的两个结果的算术平均值，作为本次试验的测定结果。

第三十节　芳烃和轻质石油产品硫醇定性试验法（博士试验法）[参考 SH/T 0174—92]

一、概　说

本方法适用于芳烃和轻质石油产品，但不适用于过氧化物的含量超过痕量的试样。

本方法是通过摇动加有亚铅酸钠溶液的试样，观察混合液外观的变化，判断混合溶液中是否存在硫醇、硫化氢、过氧化物或元素硫。再通过添加硫磺粉，摇动并观察溶液的最后外观变化，进一步确认硫醇的存在与否。

本方法除可用博士试剂定性检测试样中的硫醇外，还可定性检测硫化氢。

本方法是等效采用国际标准 ISO5275—1979《芳烃中硫醇定性试验法（博士试验法）》制定

的。

注意：芳烃有毒，切勿长时间吸入。挥发性的芳烃和石油产品属易燃物，要妥为保管。

二、仪器与试剂

1. 量筒：容量 50 mL，带刻度和磨口塞。

2. 硫磺粉：升华、干燥的硫磺粉，贮存在密闭的容器中。

3. 乙酸铅：分析纯，无色结晶或白色粉末。分子式为 $Pb(CH_3COO)_2 \cdot 3H_2O$。

4. 氢氧化钠：分析纯，白色颗粒或片状。

5. 氯化镉：分析纯，无色结晶或白色粉末。分子式为 $CdCl_2 \cdot 2.5H_2O$。

6. 盐酸：分析纯，无色透明液体。氯化氢含量 36%～38%（质量分数）。

7. 碘化钾：分析纯，无色结晶或白色粉末。

8. 乙酸：无水、分析纯，无色透明液体。

9. 淀粉：分析纯，可溶性白色无定形粉末。

10. 蒸馏水或去离子水。

三、试剂的配制

1. 亚铅酸钠溶液（博士试剂）：将 25 g 乙酸铅溶解在 200 mL 的蒸馏水中，过滤，并将滤液加入到溶有 60 g 氢氧化钠的 100 mL 的蒸馏水溶液中，再在沸水浴中加热此混合液 30 min，冷却后用蒸馏水稀释到 1 L。

将此溶液贮存在密闭的容器中。使用前，如不清澈，应进行过滤。

2. 氯化镉溶液：每升溶液含有 100 g 氯化镉和 10 mL 盐酸。

3. 碘化钾溶液：新配制，每升溶液含有 100 g 碘化钾。

4. 乙酸溶液：每升溶液含有 100 g 或 100 mL 乙酸。

5. 淀粉溶液：新配制，每升溶液含有 5 g 淀粉。

四、试验步骤

1. 将 10 mL 试样和 5 mL 亚铅酸钠溶液，倒入带塞量筒中，用力摇动 15 s，观察混合溶液外观的变化，并按表Ⅱ-30-1 所示继续进行试验。

表Ⅱ-30-1 "博士试验"变化表

观察外观变化	判　断	按下列试验步骤序号继续试验
立即生成黑色沉淀	有硫化氢存在	2
缓慢生成褐色沉淀	可能有过氧化物存在	3
在摇动期间溶液变成乳白色，然后颜色变深	有硫醇和元素硫存在	
无变化或黄色		4

2. 若判断有硫化氢存在，则取一份新鲜试样，并加入占试样体积 5% 的氯化镉溶液，一起摇动以除去硫化氢。分离处理后的试样，再按步骤 1 进行试验。

如果没有黑色沉淀生成，就继续按照步骤 4 规定进行试验。如果生成了黑色沉淀，就再用 1 份氯化镉溶液重新处理，直到无黑色沉淀为止，然后按步骤 4 规定进行试验。

3. 为了证明可能是由于足够浓度的过氧化物存在而干扰试验，则另取一份试样，并加入占试样体积 20% 的碘化钾溶液、几滴乙酸溶液和几滴淀粉溶液，用力摇动。

如果在水层中出现蓝色，则证明确有过氧化物存在。

4. 在步骤1或步骤2规定得到的混合溶液中，加入少量的硫磺粉(加入量不可太多，只要能覆盖试样和亚铅酸钠溶液之间的界面即可)，摇动此混合物15 s，静置1 min。

立即观察量筒中的混合物，如果在加入硫磺粉摇动后，在硫磺粉表面上生成褐色(桔红、棕色)或黑色沉淀，则表示“有硫醇存在”。

五、试验结果

1. 如果试样同亚铅酸钠溶液摇动期间不变色或产生乳白色，在加入硫磺粉后，其表面上生成褐色(桔红、棕色)或黑色沉淀，表示试样“有硫醇存在”，否则，表示试样“无硫醇存在”。

2. 如果除去硫化氢后，加入硫磺粉摇动，在硫磺粉表面上没有生成褐色(桔红、棕色)或黑色沉淀，则表示试样“无硫醇存在”，否则，表示试样“有硫醇存在”。

六、报　告

凡试样“有硫醇存在”，则报告：不通过；“无硫醇存在”，则报告：通过。

如果有过氧化物存在，则此试验无效。

七、注意事项

1. 当二硫化碳中硫的浓度超过0.4%(质量分数)时，静置时会使水层的颜色变黑。因此，对于二硫化碳含量较高的试样，其试验是不可靠的，要注意避免由于硫化氢立即生成黑色的现象混淆硫醇变色的判断。

2. 某些酚醛物质(可能是用作抗氧剂而加入的)也会引起水层变色，如果怀疑它的存在，应首先用氢氧化钠溶液代替亚铅酸钠溶液进行对比试验。

第三十一节　石油产品和添加剂机械杂质测定法(重量法)
[参考GB/T 511－88]

一、概　说

称取一定试样，将其溶于溶剂中，用已质量恒定的滤器过滤，留在滤器上的杂质即为机械杂质。

本方法适用于石油产品和添加剂。

二、仪器与试剂

1. 烧杯或大颈的锥形烧瓶。

2. 称量瓶。

3. 玻璃漏斗。

4. 保温漏斗。

5. 吸滤瓶。

6. 水流泵或真空泵。

7. 干燥器。

8. 水浴或电热板。

9. 红外线灯。

10. 微孔玻璃滤器：坩埚式，滤板孔径为4.5～9 μm。

11. 95%(体积分数)乙醇:化学纯。

12. 乙醚:化学纯。

13. 苯:化学纯。

14. 乙醇-苯混合液:用 95%(体积分数)乙醇和苯按体积比 1∶1 配成。

15. 乙醇-乙醚混合液:用 95%(体积分数)乙醇和乙醚按体积比 4∶1 配成。

注意:以上所有试剂在使用前均应过滤,然后作溶剂用。

三、材料

1. 定量滤纸:中速(滤速 31～60 s),直径 11 cm。

2. 溶剂油:符合 GB/T 1922-80 中 NY-120 规格(或航空汽油:符合 GB/T 1787-79(88)规格)。

注意:溶剂油在使用前应过滤,然后作溶剂用。

四、准备工作

1. 将装在玻璃瓶中的试样(不超过瓶容积的 3/4),摇动 5 min,使之混合均匀。石蜡和粘稠的石油产品应预先加热到 40～80 ℃,润滑油的添加剂加热至 70～80 ℃,然后用玻璃棒仔细搅拌 5 min。

2. 将定量滤纸放在敞口的称量瓶中,在 105～110 ℃的烘箱中干燥不少于 1 h,然后盖上盖子放在干燥器中冷却 30 min,进行称量,称准至 0.000 2 g。干燥(第二次干燥时间只需 30 min)及称量操作重复至连续两次称量间的差数不超过 0.000 4 g。

3. 在采用滤纸并以乙醇-乙醚混合液、乙醇-苯混合液为洗涤剂而不继续以蒸馏水洗涤时,应将滤纸折叠放在玻璃漏斗中,用 50 mL 温热的上述溶剂洗涤,然后干燥和使质量恒定。

五、试验步骤

1. 从混合好的石油产品中称取试样。100 ℃时运动粘度不大于20 mm^2/s的石油产品称取 100 g;100 ℃时运动粘度大于 20 mm^2/s 的石油产品称取 25 g;蜡和难于过滤的润滑油称取 50 g,以上均称准至 0.5 g;机械杂质含量大于 1%(质量分数)的重油试样称取 10 g,称准至 0.1 g;添加剂的试样称取 5～10 g,称准至 0.02 g。

2. 往盛有石油产品试样的烧杯中加入温热的溶剂油。100 ℃时运动粘度不大于20 mm^2/s 的石油产品加入溶剂油量为试样的 2～4 倍;100 ℃时运动粘度大于 20 mm^2/s 的石油产品加入溶剂油量为试样的 4～6 倍;重油加入溶剂油量为试样的 5～10 倍;添加剂加入溶剂油量为试样的 10～12 倍。

在测定深色未精制石油产品、未酸碱洗的润滑油、含添加剂的润滑油或添加剂的机械杂质时,可用苯作为溶剂。

作为试样溶剂用的溶剂油或苯应在水浴上预热,在预热时不要使溶剂沸腾。

3. 趁热将试样的溶液用质量恒定好的滤纸过滤。该滤纸是安置在固定于漏斗架上的玻璃漏斗中,溶液沿着玻璃棒倒在滤纸上,过滤时倒入漏斗中的溶液高度不得超过滤纸的 3/4。用热的溶剂油(或苯)将残留在烧杯中的沉淀物洗到滤纸上。

4. 如果试样因含水较难过滤时,将试样溶液静置 10～20 min,然后向滤纸中倾倒澄清的溶剂油(或苯)溶液。

此后向烧杯的沉淀物中加入 5～10 倍的乙醇-乙醚混合液,再进行过滤,烧杯中的沉淀要用乙醇-乙醚混合液和温热的溶剂油(或苯)冲洗到滤纸上。

5. 在测定难于过滤的试样时,试样溶液的过滤和冲洗滤纸,允许用减压吸滤和保温漏斗,或红外线灯保温等措施。

减压过滤时，可用滤纸或微孔玻璃滤器安装在吸滤瓶上，然后将吸滤瓶与抽气的泵连接。定量滤纸用溶剂润湿，放在漏斗中，使它完全与漏斗紧贴。抽滤速度应控制在使滤液成滴状，而不允许成线状

微孔玻璃滤器的干燥和质量恒定与定量滤纸处理过程相同，热过滤时不要使所过滤的溶液沸腾。

应特别注意：① 新的微孔玻璃滤器在使用前需以铬酸洗液处理，然后以蒸馏水冲洗干净，置于干燥箱内干燥后备用。在做过试验后，应放在铬酸洗液中浸泡 4～5h 后再以蒸馏水洗净，干燥后放入干燥器内备用。

② 当试验中采用微孔玻璃滤器与滤纸所测结果发生矛盾时，以用滤纸过滤的测定结果为准。

6. 在过滤结束时，对带有沉淀的滤纸，以带橡皮球洗瓶装的热溶剂油冲洗至过滤器中没有残留试样的痕迹，而且使滤出的溶剂完全透明和无色为止。

在测定深色未精制的石油产品、未酸碱洗的润滑油、含添加剂的润滑油或添加剂的机械杂质时，可用苯冲洗残渣。

在测定添加剂或含添加剂润滑油的机械杂质时，常有不溶于溶剂油和苯的残渣，可用热的乙醇-乙醚混合液或乙醇-苯混合液冲洗残渣。

7. 在测定添加剂或含添加剂润滑油的机械杂质时，若需要使用热水冲洗残渣，则将带沉淀的滤纸用溶剂冲洗后，要在空气中干燥 10～15 min，然后用 50 mL 温度为 55～60 ℃的蒸馏水冲洗。

8. 在带有沉淀的滤纸和过滤器冲洗完毕后，将带有沉淀的滤纸放入已质量恒定的称量瓶中，敞开盖子，放在 105～110 ℃烘箱中干燥不少于 1 h，然后盖上盖子放在干燥器中冷却 30 min，进行称量，称准至 0.000 2 g。重复干燥(第二次干燥只需 30 min)及称量的操作，直至两次连续称量间的差数不超过 0.000 4 g 为止。

9. 如果机械杂质的含量不超过石油产品或添加剂的技术标准的要求范围，第二次干燥及称量处理可以省略。

10. 使用滤纸时，必须进行溶剂的空白试验补正。

六、计　算

试样中机械杂质的质量分数按下式计算：

$$w_{机杂} = \frac{(m_2 - m_1)}{m}$$

式中　$w_{机杂}$——试样的机械杂质质量分数；

m_2——带有机械杂质的滤纸和称量瓶的质量(或带有机械杂质的微孔玻璃滤器的质量)，g；

m_1——滤纸和称量瓶的质量(或微孔玻璃滤器的质量)，g；

m——试样的质量，g。

七、精密度

重复性：同一操作者重复测定的两个结果之差，不应大于下列数值：

机械杂质 $w_{机杂}\times10^2$	重复性,%
<0.01	0.005
0.01~<0.1	0.01
0.1~<0.1	0.02
≥1.0	0.20

八、报　告

1. 取重复测定的两个结果的算术平均值作为试验结果。

2. 机械杂质的含量在 0.005%(质量分数)以下时,认为无。

第三十二节　石油沥青软化点测定法

[参考 GB/T 4507—84]

一、概　说

本标准适用于测定石油沥青的软化点。石油沥青的软化点是试样在测定条件下,因受热而下坠达 25.4 mm 时的温度,单位以 ℃表示。

将规定质量的钢球放在内盛规定尺寸金属环的试样盘上,以恒定的加热速度加热此组件,当试样软到足以使被包在沥青中的钢球下落规定距离时,则此时的温度作为软化点。

二、仪器与材料

1. 仪　器

1) 沥青软化点测定器。

(1) 钢球:直径为 9.53 mm,质量为(3.50±0.05) g 的钢制圆球。

(2) 试样环:用黄铜制成的锥环或肩环,其形状及尺寸要求见图Ⅱ-32-1。

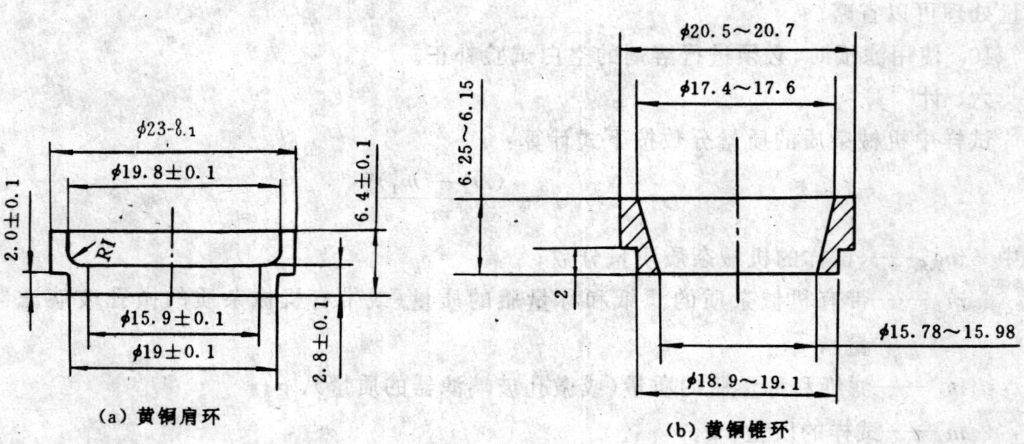

(a) 黄铜肩环　　(b) 黄铜锥环

图Ⅱ-32-1　沥青软化点试样环

(3) 钢球定位器:用黄铜制成,能使钢球定位于试样环中央。通常推荐的一种钢球定位器的形式、尺寸见图Ⅱ-32-2。

(4) 支架：由上、中及下承板和定位套组成。环可以水平地安放于中承板上的圆孔中，环的下边缘距下承板应为 25.4 mm。其距离由定位套保证。三块板用长螺栓固定在一起。

(5) 温度计：应符合 GB/T 514-83(91)《石油产品试验用液体温度计技术条件》中沥青软化点专用温度计的规格技术要求。

2) 电炉或其他加热器。

3) 金属板（一面必须磨光至粗糙度值 $Ra \leqslant 0.63\mu m$）或玻璃板。

4) 刀：切沥青用。

5) 筛：筛孔为 0.3～0.5 mm 的金属网。

2. 材　料

1) 甘油-滑石粉隔离剂（甘油 2 份，滑石粉 1 份，以质量计）。

2) 新煮沸过的蒸馏水。

3) 甘油。

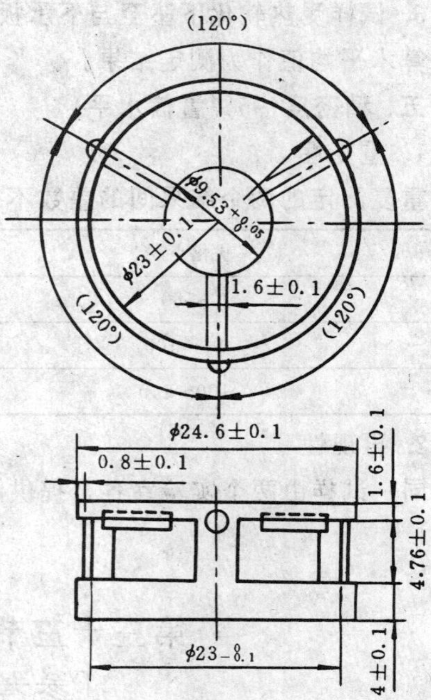

图Ⅱ-32-2　钢球定位器

三、准备工作

1. 将试样环置于涂有隔离剂的金属板或玻璃板上。

2. 将预先脱水的试样加热熔化，不断搅拌，以防止局部过热，加热温度不得高于试样估计软化点100 ℃，加热时间不超过 30 min。用筛过滤。将试样注入试样环内至略高出环面为止。若估计软化点在 120 ℃以上时，应将试样环与金属板预热至 80～100 ℃。

3. 试样在 15～30 ℃的空气中冷却 30 min 后，用热刀刮去高出环面的试样，使之与环面齐平。

4. 对于估计软化点不高于 80 ℃的试样，将盛有试样的试样环及板置于盛满水的保温槽内，水温保持在(5±0.5) ℃，恒温 15 min。对于估计软化点高于 80 ℃的试样，将盛有试样的试样环及板置于盛满甘油的保温槽内，甘油温度保持在(32±1) ℃，恒温 15 min，或将盛试样的环水平地安放在环架中承板的孔内，然后放在盛有水或甘油的烧杯中，恒温 15 min，温度要求同保温槽。

5. 烧杯内注入新煮沸并冷却至 5 ℃的蒸馏水（对于估计软化点不高于 80 ℃的试样），或注入预先加热至约 32 ℃的甘油（对于估计软化点高于 80 ℃的试样），使水面或甘油面略低于环架连杆上的深度标记。

四、测定步骤

1. 从水或甘油保温槽中取出盛有试样的试样环放置在环架中承板的圆孔中，并套上钢球定位器，把整个环架放入烧杯内，调整水面或甘油液面至深度标记，环架上任何部分均不得有气泡。将温度计由上承板中心孔垂直插入，使其水银球底部与铜环下面齐平。

2. 将烧杯移放至有石棉网的三脚架上或电炉上，然后将钢球放在试样上（须使各环的平面在全部加热时间内完全处于水平状态），立即加热，使烧杯内的水或甘油温度在 3 min 后保持(5±0.5) ℃/min 的上升速度。在整个测定中如果温度的上升速度超出此范围时，则试验应重做。

3. 试样受热软化下坠至与下承板面接触时的温度即为试样的软化点。取平行测定的两个结果算术平均值作为测定结果。

五、精密度(95%置信水平)

1. 重复性

重复测定的两个结果间的差数不得大于下列规定：

软化点/℃	允许差数/℃
<80	1
80～100	2
100～140	3

2. 再现性

同一试样由两个实验室各自提供的试验结果之差不应超过5.5 ℃。

第三十三节　石油沥青延度测定法
[参考GB/T 4508－84]

一、概　说

本标准适用于测定石油沥青的延度。石油沥青的延度是用规定的试件，在一定温度下以一定速度拉伸至试样断裂时的长度，以cm表示。非经特殊说明，试验温度为(25±0.5) ℃，延伸速度为(5±0.25) cm/min。

本方法是将熔化的试样注入专用模具中，先在室温下冷却，然后放入保持在试验温度下的水浴中，用热刀削去高出模具的试样，把模具重新放回水浴，再经一定时间，然后移到延度仪中进行测定。

二、仪器与材料

1. 仪　器

(1) 延度仪：凡是能将试件浸没于水中，保持(25±0.5) ℃，按照(5±0.5) cm/min速度拉伸试件的仪器均可使用。该仪器在开动时应无明显的振动。

(2) 试件模具：由两个端模和两个侧模组成，其形状、尺寸如图Ⅱ-33-1所示。

试件模具由黄铜制造，当装配完好后可以将沥青浇铸成以下尺寸的试件：

总长：　　　　　　7.45～7.55 cm；

端模间距：　　　　2.97～3.03 cm；

端模口宽：　　　　1.98～2.02 cm；

最小横断面宽：0.99～1.01 cm；

厚度(全部)：0.99～1.01 cm。

(3) 水浴：容量至少为10 L，能够保持试验温度变化不大于0.1 ℃的玻璃或金属器皿，试件浸入水中深度不得小于10 cm，水浴中设置带孔搁架，搁架距底部不得小于5 cm。

(4) 瓷皿或金属皿：熔沥青用。

(5) 温度计：0～50 ℃，分度0.1 ℃和0.5 ℃的各1支。

(6) 筛：筛孔为 0.3～0.5 mm 的金属网。

(7) 砂浴或可控制温度的密闭电炉，砂浴用煤气灯或电加热器。

2. 材　料

甘油-滑石粉隔离剂(甘油 2 份，滑石粉 1 份，以质量计)。

三、准备工作

1. 将隔离剂拌和均匀，涂于磨光的金属板上和铜模侧模的内表面，将模具组装在金属板上。

2. 将除去水分的试样，在砂浴上小心加热并防止局部过热(也可用带调温的密闭电炉直接加热)，加热温度不得高于估计沥青软化点 100 ℃，用筛过滤，充分搅拌，勿使之混入气泡。然后将细流状试样自模的一端至它端往返倒入，使试样略高出模具。

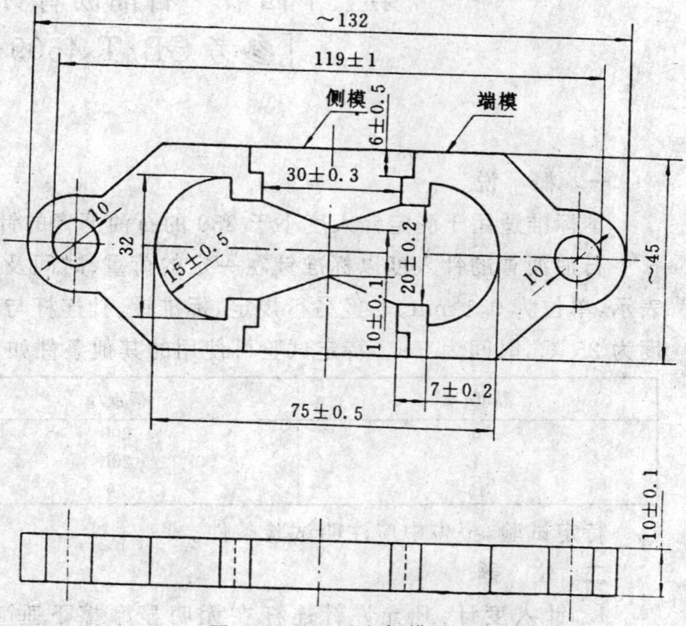

图Ⅱ-33-1　延度仪模具

3. 试件在 15～30 ℃的空气中冷却 30 min，然后放入(25±0.1) ℃的水浴中，保持 30 min 后取出，用热刀将高出模具的沥青刮去，使沥青面与模面齐平。沥青的刮法应自模的中间刮向两边，表面应刮得十分光滑。将试件连同金属板再浸入(25±0.1) ℃的水浴中1～1.5 h。

4. 检查延度仪拉伸速度是否符合要求，然后移动滑板使其指针正对标尺的零点。保持水槽中水温为(25±0.5) ℃。

四、测定步骤

1. 将试件移至延度仪水槽中，将模具两端的孔分别套在滑板及槽端的金属柱上，水面距试件表面应不小于 25 mm，然后去掉侧模。

2. 确认延度仪水槽中水温为(25±0.5) ℃时，开动延度仪，此时仪器不得有振动，观察沥青的拉伸情况。在测定时，如发现沥青细丝浮于水面或沉入槽底时，则应在水中加入乙醇或食盐水来调整水的密度至与试样的密度相近后，再进行测定。

3. 试件拉断时指针所指标尺上的读数，即为试样的延度，以 cm 表示。在正常情况下，应将试样拉伸成锥尖状，在断裂时实际横断面为零。如不能得到上述结果，则应报告在此条件下无测定结果。

4. 取平行测定的 3 个结果的平均值作为测定结果。若 3 次测定值误差不在其平均值的 5％以内，但其中两个较高值的误差在平均值的 5％之内，则弃去最低测定值，取两个较高值的平均值作为测定结果。

五、精密度

两次试验结果之差，不应超过下列数值：

重复性　平均值的 10％

再现性　平均值的 20％

第三十四节　石油沥青针入度测定法

[参考 GB/T 4509－84]

一、概　说

本标准适用于测定针入度小于 350 的石油沥青的针入度。

石油沥青的针入度以标准针在一定的荷重、时间及温度条件下垂直穿入沥青试样的深度表示，单位为 0.1 mm。非经另行规定，标准针、针连杆与附加砝码的总质量为(100±0.1) g，温度为 25 ℃，时间为 5 s。特定试验可使用的其他条件如下：

温度/℃	荷重/g	时间/s
0	200	60
4	200	60
46	50	5

特定试验，报告中应注明试验条件。

二、仪　器

1. 针入度计：凡允许针连杆在无明显摩擦下垂直运动，并且能指示穿入深度准确至 0.1 mm 的仪器均可应用。针连杆质量应为(47.5±0.05) g，针和针连杆组合总质量应为(50±0.05) g。针入度计附带(50±0.05) g 和(100±0.05) g 砝码各一枚。仪器设有放置平底玻璃皿的平台，并有可调水平的机构，针连杆应与平台相垂直。仪器设有针连杆制动按钮，紧压按钮，针连杆可自由下落。针连杆易于卸下，以便检查其质量。

2. 标准针：标准针应由硬化回火的不锈钢制成，HRC54～60。尺寸要求如图Ⅱ-34-1 所示：

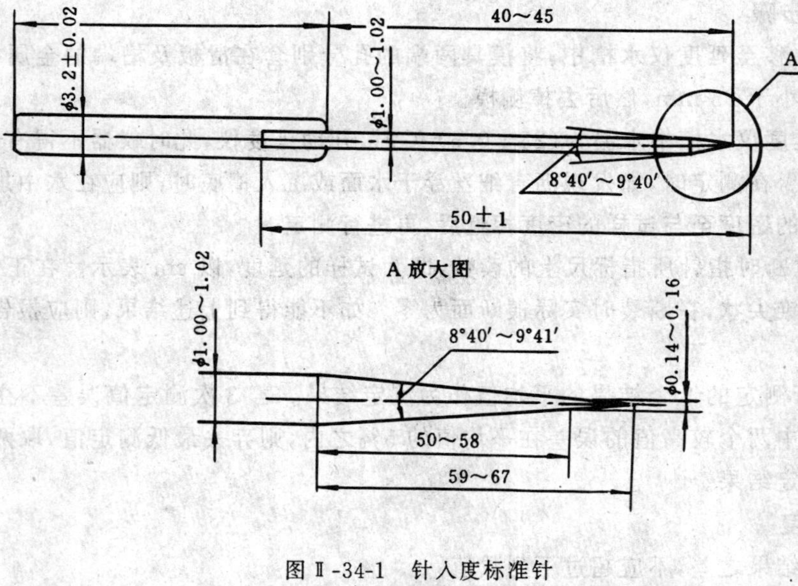

图Ⅱ-34-1　针入度标准针

针长度约 50 mm，直径为 1.00～1.02 mm。其一端应对称地逐渐磨细成圆锥体，锥体的角度为 8°40′～9°40′，圆锥体应与直体同轴。圆锥表面与直体表面交界线的轴向最大偏差不小于

0.2 mm。切平的圆锥端直径为(0.15±0.01) mm，并与针轴成(90°±2°)角。切平的圆锥端面应锐利没有毛刺。针的表面粗糙度值 $Ra \leqslant 0.32\ \mu m$。针应装在一个黄铜或不锈钢金属箍中，针露在外面的长度应在 40～45 mm 之内。金属箍的直径为(3.2±0.05) mm，长度为(38±1) mm。针应牢固地装在箍上，针尖及针的任何其余部分均不得偏离箍轴 1 mm 以上。针与箍组件的质量应为(2.5±0.05) g，每个针箍上打印单独的标志号码。

3. 试样皿：应使用符合以下尺寸的金属圆柱形平底容器：

针入度小于 200 时，试样皿内径 55 mm，内部深度为 35 mm；针入度在 200～350 时，试样皿内径 70 mm，内部深度为 45 mm。

4. 恒温水浴：容量不小于 10 L，能保持温度在试验温度的±0.1 ℃范围内。水中应备有一个带孔的支架，位于水面下不少于 100 mm，距浴底不少于 50 mm 处。

在某些条件不具备的场合，控温范围可允许放宽到±0.5 ℃，但仲裁试验的控温范围变化必须在±0.1 ℃之内。

5. 平底玻璃皿，容量不小于 0.5 L，深度不少于 80 mm。内设一个不锈钢三脚支架，能使试样皿稳定。

6. 秒表：刻度 0.1 s 或小于 0.1 s，60 s 间隔内的准确度达到±0.1 s 的任何秒表均可使用。

7. 温度计：液体玻璃温度计，符合以下要求：

刻度范围：0～50 ℃，分度为 0.1 ℃；应定期按液体玻璃温度计鉴定方法校正。

8. 金属或瓷柄皿：熔化试样用。

10. 砂浴或可控制温度的密闭电炉。砂浴用煤气灯或电加热。

三、准备工作

1. 将预先除去水分的沥青试样在砂浴或密闭电炉上小心加热，不断搅拌以防止局部过热，加热温度不得超过试样估计软化点 100 ℃。加热时间不得超过 30 min，用筛过滤除去杂质。搅拌过程中避免试样中混入空气而起泡。

2. 将试样倒入预先选好的试样皿中，试样深度应大于预计穿入深度 10 mm。

3. 松松地盖住试样皿以防落入灰尘，使其在 15～30 ℃的空气中冷却 1～1.5 h(小试样皿)或 1.5～2 h(大试样皿)。然后将试样皿移入维持在规定试验温度的恒温水浴中。小试样皿恒温 1～1.5 h，大试样皿恒温 1.5～2 h。

四、测定步骤

1. 调节针入度计的水平，检查针连杆和导轨，以确认无水和其他外来物，无明显摩擦。用甲苯或其他合适的溶剂清洗针，用干净布将其擦干，把针插入针连杆中固紧。按试验条件放好砝码。

2. 到恒温时间后，取出试样皿，放入水温控制在试验温度的平底玻璃皿中的三脚支架上，试样表面以上的水层高度应不小于 10 mm(平底玻璃皿可用恒温浴的水)。将平底玻璃皿放于针入度计的平台上。

3. 慢慢放下针连杆，使针尖刚好与试样表面接触。必要时借以放置在合适位置的光源反射来观察。拉下活杆，使之与针连杆顶端相接触，调节针入度计刻度盘，使指针指零。

4. 用手紧压按钮，同时启动秒表，使标准针自由下落穿入沥青试样，到规定时间，停压按钮，使针停止移动。

5. 拉下活杆，与针连杆顶端接触，此时刻度盘指针的读数即为试样的针入度。

6. 同一试样重复测定至少三次，各测定点之间及测定点与试样皿边缘之间的距离不应小于10 mm。每次测定前应将平底玻璃皿放入恒温水浴。每次测定换一根干净的针，或取下针用甲苯或其他溶剂擦干净，再用干净布擦干再用。

7. 测定针入度大于200的沥青试样时，至少用3根针，每次测定后将针留在试样中，直至3次测定完成后，才能把针从试样中取出。

五、精密度

1. 取三次测定的针入度的平均值(取至整数)，作为试验结果。三次测定的针入度值相差不应大于下列数值：

针入度	0～49	50～149	150～249	250～350
最大差值	2	4	6	10

若差值超过上述数值，试验应重做。

2. 关于重复性与再现性的要求：

试样针入度(25 ℃)	重　复　性	再　现　性
小于50	不超过2单位	不超过4个单位
50及大于50	不超过平均值的4%	不超过平均值的8%

第三十五节　馏分燃料十六烷指数计算法 [参考GB 11139—89]

一、概　说

用本方法计算馏分燃料的十六烷指数，有以下几个方面的意义：

1. 在不可能用发动机试验测定十六烷值的情况下，计算十六烷指数是估计十六烷值的有效方法。

2. 当试样量少到不足以进行发动机试验时，一般可以用计算十六烷指数作为近似的十六烷值。

3. 在某种馏分燃料的十六烷值已经确定的情况下，只要该燃料的原料和生产工艺保持不变，十六烷指数就可以用来检验以后生产的产品的十六烷值。

本方法适用于计算直馏馏分、催化裂化馏分及这两者混合燃料的十六烷指数。但是，十六烷指数不能随意用来代替用标准发动机试验装置所测定的十六烷值。

本方法用GB/T 1884—92、GB/T 1885—83(91)和GB/T 6536—86(91)先分别测定馏分燃料的20 ℃密度和中沸点，然后按公式直接计算或用计算图(见图Ⅱ-35-1)查找十六烷指数。

本方法是参照采用美国试验与材料协会(即ASTM)D976—80《馏分燃料十六烷指数计算法》制定的。

为了某些用户的需要，十六烷指数也可以用《十六烷指数计算表》查找。该表可从石油化工科学研究院获得。

二、定　义

1. 十六烷指数：表示馏分燃料在发动机中发火性能的一个计算值。可由馏分燃料的标准密度和中沸点计算而得。

2. 标准密度:石油和石油产品在标准温度(我国规定为 20 ℃)下的密度(g/cm³)。

3. 中沸点:具有对称蒸馏曲线的油品在规定条件下蒸馏时,馏出 50%体积的相应温度(℃)。

三、计　算

1. 试样的十六烷指数 CI 可用下式计算:

$$CI = 431.29 - 1\,586.88\rho_{20} + 730.97(\rho_{20})^2 + 12.392(\rho_{20})^3 + 0.051\,5(\rho_{20})^4 - 0.554B + 97.803(\lg B)^2$$

式中　ρ_{20}——用 GB 1882 和 GB 1885 测定的试样在 20 ℃时以 g/cm³ 表示时的密度的数值。

B——用 GB 6536 测定的试样的中沸点以℃表示时的数值。

2. 试样的十六烷指数也可用图 Ⅱ-35-1 计算而得。

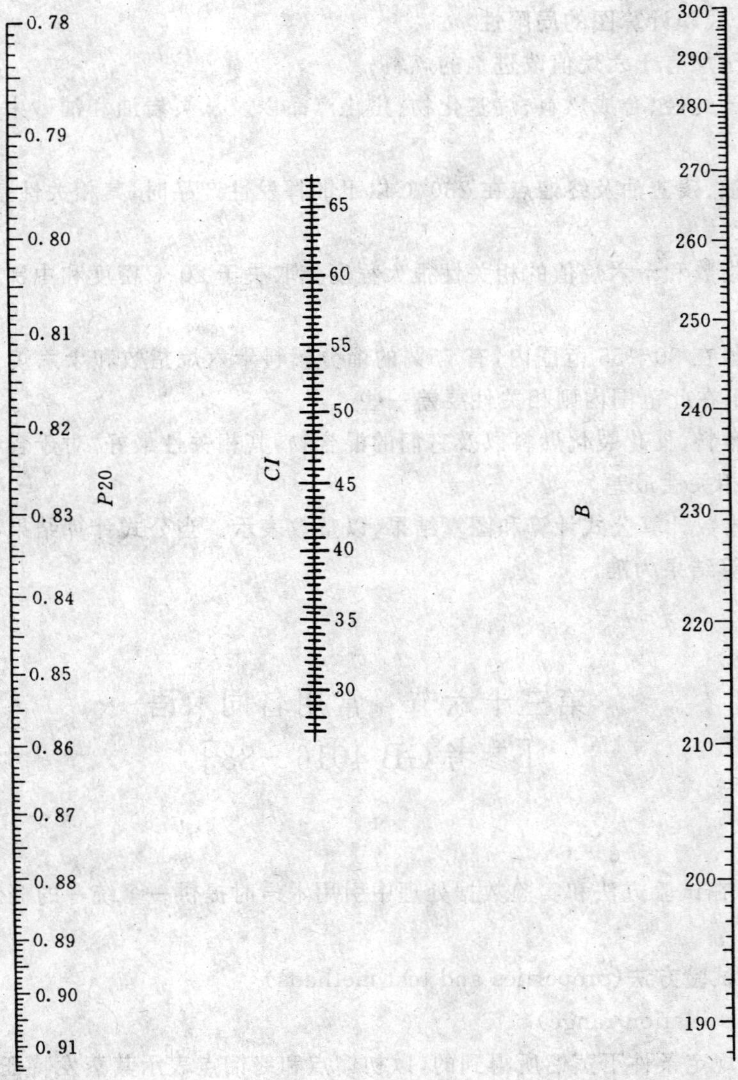

图 Ⅱ-35-1

3. 计算示例

若已知试样的 20 ℃密度 ρ_{20}为 0.840 0 g/cm^3，中沸点 B 为 260 ℃，试计算该试样的十六烷指数。

算法Ⅰ：

将已知的 ρ_{20}和 B 代入计算十六烷指数公式得：

$$CI = 431.29 - 1\,586.88 \times 0.840\,0 + 730.97 \times (0.840\,0)^2 + 12.392 \times (0.840\,0)^3 + 0.051\,5 \times (0.840\,0)^4 - 0.554 \times 260 + 97.803 \times (\lg 260)^2 = 47.8$$

将 CI 按公式计算的结果 47.8 修约至整数 48。

算法Ⅱ：在图Ⅱ-35-1 中的密度标尺和中沸点标尺上分别通过 0.840 0 和 260 两点划一条细的直线，该直线与十六烷指数标尺相交于 47.5。

将 CI 的图算结果 47.5 修约至整数为 48。

四、计算公式和计算图的局限性

1. 不适用于加有十六烷值改进剂的燃料；

2. 不适用于纯烃、合成燃料、烷基化物、焦化产品以及从页岩油和油砂中衍生出的馏分燃料；

3. 用于原油、残渣油及终馏点在 260 ℃以下的挥发性产品时，其相关性基本上不准确。

五、精密度

1. 十六烷指数和十六烷值的相关性很大程度上取决于 20 ℃密度和中沸点两者测定结果的准确性。

2. 十六烷值在 30～55 范围内，有 75%的馏分燃料十六烷指数和十六烷值的相关性略小于±2 个单位，不在此范围内则相关性要差一些。

3. 对直馏燃料、催化裂化燃料以及它们的混合物，其相关性最好，对于含有较多热裂化燃料的混合物，其相关性最差。

4. 十六烷指数计算公式计算和图算结果，以整数表示。当公式计算结果与图算结果有差别时，以公式计算结果为准。

第三十六节　常用名词术语
[参考 GB 4016—83]

本节是为了在试验方法和实验数据处理中引用术语时提供一个统一的概念。分为以下二部分：

一、性质和试验方法(properties and test methods)

1.1 馏程(distillation range)

油品在规定条件下蒸馏所得到的，以初馏点和终馏点表示其蒸发特征的温度范围。

1.2 初馏点(initial boiling point)

油品在规定条件下进行馏程测定中，当第一滴冷凝液从冷凝器的末端落下的一瞬间所记录的温度，以 ℃表示。

1.3 终馏点(final boiling point)

油品在规定条件下进行馏程测定中，其最后阶段所记录的最高温度，以 ℃表示。

1.4 干点(dry point)

油品在测定条件下进行馏程测定中，烧瓶底部最后一滴液体气化一瞬间所记录的温度，以 ℃表示。

1.5 蒸馏曲线(distillation curve)

油品的馏出百分数以温度为函数的图解表示。

1.6 回收体积(volume recovered)

油品在规定条件下进行馏程测定中，在读温度的同时观察在量筒中回收到的冷凝液体积数，以 mL 表示。

1.7 馏出温度(distil-off temperature)

油品在规定条件下进行馏程测定中，量筒内回收的冷凝液达到某一规定体积(mL)时所同时观察到的温度，以 ℃表示。

1.8 中沸点(mid-boiling point)

在具有对称蒸馏曲线的油品中，馏出 50%的体积时的相应温度，以 ℃表示。

1.9 50%馏出温度(50percentdi stil-off temperature)

油品在规定条件下进行馏程测定中，量筒中回收到试样一半体积的冷凝液时所同时观察到的温度，以 ℃表示。

1.10 回收百分数(percentage recovered)

油品在规定条件下进行馏程测定中观察到的最大回收体积所占加入试样的百分数。

1.11 总回收百分数(total percentage recovered)

油品在规定条件下进行馏程测定中烧瓶里所得到残留物百分数和回收百分数之和。

1.12 残留物百分数(percentage residue)

油品在规定条件下进行馏程测定中，总回收百分数减回收百分数之差，或者直接测得残留物体积(mL)所占加入试样的百分数。

1.13 损失百分数(percentage loss)

油品在规定条件下进行馏程测定中，用 100 减总回收百分数之差。

1.14 蒸发百分数(percentage evaporated)

油品在规定条件下进行馏程测定中，回收百分数和损失百分数之和。

1.15 减压馏程(vacuum distillation range)

油品在规定条件下减压蒸馏得到的初馏点和终馏点(换算为常压下)表示其蒸发特征的温度范围。

1.16 诱导期(induction period)

在规定的加速氧化条件下，油品处于稳定状态所经历的时间周期，以 min 表示。

1.17 蒸气压(vapour pressure)

在规定条件下，油品在适当的仪器里逸出的蒸气所表现出来的压力。以 mmH g 表示(1 mmH g=133.322 Pa)或以巴表示(1bar=1.00×10^5 Pa)。

1.18 饱和蒸气压(aturated vapour pressure)

在规定条件下，油品在适当的试验仪器中气液两相达到平衡时，液面蒸气所显示的最大压力。

1.19 雷德蒸气压(reid vapour pressure)

在规定条件下,油品在雷德式饱和蒸气压测定器中所显示的压力,以 mmHg 表示,或以 bar 表示。

1.20 胶质(gum)

在规定条件下,石油或石油产品(特别是汽油)中所有挥发组分蒸发后所剩下的深色残留物。

1.21 实际胶质(existent gum)

在规定条件下测得的发动机燃料的蒸发残留物,以 mg/100 mL 表示。

1.22 潜在胶质(potential gum)

油品长期贮存期间或加速老化后所产生的胶质。

1.23 硅胶胶质(silica gel gum)

用硅胶吸附法得到的胶质。

1.24 浊点(cloud point)

在规定条件下,清晰的液体石油产品由于蜡晶体的出现而呈雾状或浑浊时的温度,以 ℃表示。

1.25 结晶点(crystallization point)

在规定条件下油品冷却时,最初出现蜡结晶时的温度,以 ℃表示。

1.26 冰点(freezing point)

油品被冷却所形成的蜡结晶,在升温时,其结晶消失一瞬间的温度,以 ℃表示。

1.27 蒸发残渣(evaporation deposits)

油品在大气中蒸发后所得到的残留物质量分数。

1.28 蒸发损失(evaporation loss)

油品在规定条件下蒸发后,其损失量所占的质量分数。

1.29 残炭(carbon residue)

在规定条件下,油品在裂解中所形成的残留物,以质量分数表示。

1.30 兰氏残炭(ramsbottom carbon residue)

用兰姆斯波顿残炭测定器所测得的残炭。

1.31 康氏残炭(conradson carbon residue)

用康拉德逊残炭测定器所测得的残炭。

1.32 电炉法残炭(carbon residue (electric furnace method))

使试样在特制的瓷坩埚中,以电炉加热让其裂解后测得的残炭。

1.33 硫含量(sulfur content)

存在于油品中的硫及其衍生物(硫化氢、硫醇、二硫化物等)的含量,以质量分数表示。

1.34 燃灯法硫含量 (sulfur content (lamp method))

通过油品在灯中燃烧并用碳酸钠水溶液吸收其燃烧生成气的办法测得的油的硫含量。

1.35 管式炉法硫含量 (sulfur content (quartz-tube method))

通过油品在石英管中燃烧并用过氧化氢溶液吸收其燃烧生成气的办法所测得的油

的硫含量。

1.36 氧弹法硫含量（sulfur content（oxy gen bomb method））

通过油品在氧弹中燃烧并用蒸馏水吸收其燃烧生成气的办法所测得的油的硫含量。

1.37 原油评价(crude evaluation)

旨在确定原油的类别、特点及其经济价值，为拟定加工方案提供数据，是预见其产品性质的各种实验室分析和试验的统称。

1.38 原油分析(crude assay)

原油的实沸点蒸馏和其他理化性质的信息分析。

1.39 试验方法(test method)

在给定题目和指定代号下，为获得某被测试样一个相应的试验结果所提供的相应章节所需要的资料、说明和步骤。

1.40 测定法(deter mination)

其试验结果表现为定量(或数字)特征的一种试验方法。

1.41 定性试验法(qualitative test)

其试验结果表现为定性特征的一种试验方法。

1.42 评定法(evaluation（rating))

采用专门设计的设备或仪器来确定油品某一性能的试验方法。

1.43 检验法(inspection)

用于检查某一产品或原料的质量是否合乎规格所采用的定性试验法和测定法的统称。

1.44 腐蚀试验(corrosion test)

在规定条件下，测试油品对金属的腐蚀作用的试验。

1.45 博士试验(doctor test)

在升华硫存在下，用亚铅酸钠和轻质石油产品作用，以检查油中硫醇或硫化氢的试验。

1.46 空白试验(blank test)

用同样的仪器、试剂、材料在相同条件下，用相同的操作方法，唯独不加试样所进行的试验。

1.47 仲裁试验(referee test)

在交货和收货双方之间对油品质量的判断发生分歧时，由仲裁单位以标准试验方法对有分歧的质量指标所进行的精确试验。

1.48 台架试验(bench test)

将试样放在试验室内能代表使用的设备中进行运转，根据运转情况和所得的结果来评价油品的使用特性的实验室试验。

1.49 使用试验（service test)

将试样置于实际使用的机械上，根据不同的工况、环境条件进行一定作业时间或一定行程的结果来评价油品使用性能的试验。

1.50 采样(sampling)

按规定的方法，从一定数量的整批物料中采集少量代表性试样的一种行为、过程或技术。

1.51 试样(test sample)

向给定试验方法提供所需要的产品的代表性部分。

二、实验数据处理(experiment date processing)

2.1 校正(calibration)

用标准器具传递下来的工作标准器具与计量器具作校对检查,以确定其修正值的过程。

2.2 修正(correction)

把观测值改正到正确值(加修正值)的过程。

2.3 误差(error)

结果与真实值之间的差值。

2.4 偏差(deviation)

结果与平均值之间的差值。

2.5 绝对误差(absolute error)

误差的绝对值,即测定值与真实值之差。

2.6 相对误差(relative error)

绝对误差与真实值之比乘以100%所得的相对值。

2.7 系统误差 (systematic error (or bias))

试验工作中由于某些恒定因素影响而出现的一种恒定误差。这种误差表现为结果与真实值(或标准值)之间存在一个稳定的正偏差或负偏差。这种误差可以按其规律通过改进试验技术加以减小或消除。

2.8 随机误差(random error)

又称偶然误差。

在所有的试验工作中,尽管最严格地控制了各种变量,其结果仍然由于各变量随机变化而引起的一种可变误差。这种误差表现为结果与真实值(或平均值)之间,其正、负偏差具有同等出现的机会。

2.9 真实值(true value)

客观存在的实际数值。绝对的真实值是难以获得的。一般可在消除系统误差后用多个实验室得到的单个结果的平均值表示。当实验室的个数趋于无穷大时,该平均值和真实值十分接近。

2.10 精密度确定法(precision deter mination method)

以统计学为基础设计而成的,可以定量计算试验方法精密度的规程。

2.11 盲码(blind coding)

又称试样编号。

为了不让操作者识别试样,对每个试样给予的不同数码编号。

2.12 操作者(operator)

在叙述精密度时采用的术语,指严格按试验方法规定的步骤经常地、正式地进行试验的人。

2.13 结果(result)

完成整个试验方法规定的步骤所得到的单个值。该值按其方法规定,可以是一次测定结果,也可以是两次或多次测定结果的平均值。

2.14 重复试验(replicate tests)

同一操作者在同一实验室里,使用同一台设备在相继或较短时间内(最好在同一天),按方法规定的步骤对同一试样所进行的两次或多次测定。

2.15 平行试验(concurrent tests)

同一操作者在同一实验室里用同一台设备按试验方法规定的步骤同时完成同一试样的两个或多个的测定过程。平行试验是重复试验的特殊情况。在叙述精密度时应说清楚。

2.16 平均值(average)

一组结果的和除以这组结果的个数所得的值。

2.17 平方和(sum of squares)

一组被接受的结果中的单个结果与其平均值之差的平方的和。

2.18 自由度(degrees of freedom)

用来计算方差的除数。通常等于被接受的结果个数减1。

2.19 方差(variance)

一组被接受结果在其平均值周围分布状况的量度,等于每一结果的偏差的平方和除以相应自由度所得的商。

2.20 标准偏差(standard deviation)

一组被接受结果在其平均值周围分布状况的量度,等于方差的平方根。

2.21 相对标准偏差(relative standard deviation)

又叫标准偏差系数。

标准偏差除以相应的平均值乘100%所得值。

2.22 置信水平(confidence level)

按试验方法正确操作所得一对结果的差数(从长远观点来说)不超过规定范围的概率,以100减去显著性水平的百分数表示。

2.23 显著性水平(significance level)

错误地抛弃了一个有效结果所担的风险,以100减置信水平的百分数表示。

2.24 精密度(precision)

同一试样的同一性质按方法规定步骤测定所得两个或多个结果的一致性程度。石油产品试验方法的精密度用重复性和再现性表示。

2.25 重复性(repeatability)

一个试验方法精密度的定量表达。指同一操作者在同一实验室,用同一台仪器按方法的规定步骤,在连续时间里,对同一试样的同一性质进行重复测定所得两结果在规定置信水平下的允许差数。

2.26 再现性(reproducibility)

一个试验方法精密度的定量表达。指不同实验室的不同操作者,使用同类型仪器按方法规定步骤对同一试样的同一性质进行测定所得结果在规定置信水平下的允许差数。

2.27 准确度(accuracy)

结果与真实值的符合程度,以误差表示。

附 录

附录 1 精馏柱理论板数的测定

实验中精馏柱理论板数的测定方法一般采用标准二元混合物在全回流或部分回流下蒸馏，当达到稳定状态时分别测定柱顶气相和釜内液相的组成，藉此计算理论板数。

对于理论板数小于 40 的精馏柱，一般用四氯化碳和苯的二元混合物测定，可以根据附表 1、2 查得理论板数。其用法为：

根据平衡时塔顶回流液的折射率从附表 1 中查出 CCl_4 的浓度，再从附表 2 中查出理论板数。

当蒸馏釜中 CCl_4 的摩尔分数为 3%时，按塔顶回流液中的 CCl_4 的摩尔分数可直接从附表 2 查到塔的理论板数。若蒸馏釜中的 CCl_4 摩尔分数为 20%，由塔顶回流液中 CCl_4 的摩尔分数查到理论板数减去 20%的理论板数，即为分馏柱的理论板数。

附表 1 CCl_4-C_6H_6 溶液组成与折射率 n_D^{20} 的关系

CCl_4，摩尔分数×10^2	n_D^{20}	CCl_4，摩尔分数×10^2	n_D^{20}
0	1.501 1	50	1.460 8
3	1.499 9	55	1.478 7
5	1.499 1	60	1.476 7
10	1.497 1	65	1.474 7
15	1.495 0	70	1.472 7
20	1.493 0	75	1.470 6
25	1.491 0	80	1.468 5
30	1.488 9	85	1.466 5
35	1.486 8	90	1.464 4
40	1.484 9	95	1.462 3
45	1.482 8	100	1.460 3

附表 2 理论板数同 CCl_4 摩尔分数间的关系（蒸馏釜中 CCl_4 的摩尔分数为 3%）

CCl_4 在液相中摩尔分数×10^2	理论板数	CCl_4 在液相中的摩尔分数×10^2	理论板数
3.0	0.0	75.0	39.4
5.0	2.9	77.5	42.3
7.5	5.4	80.0	45.8
10.0	7.3	82.0	49.2
15.0	10.1	84.0	53.3
20.0	12.3	85.0	55.6
25.0	14.3	87.0	61.4
35.0	18.0	89.0	69.1
50.0	23.6	90.0	74.2
60.0	28.2	91.0	80.3
65.0	31.1	92.0	87.8
70.0	34.7	93.0	97.6
72.5	36.9	93.2	100

附录 2　硅胶吸附剂活性的评定

吸附剂的活性也称为选择吸附性，是指一定量吸附剂从标准二元混合液中，吸附其中某一组分的量而言。通常以从异辛烷(或正庚烷)及甲苯(或苯)的二元液中，每克吸附剂所能吸附的芳香烃的量来评定，吸附芳香烃的量愈多，其活性愈好。

活性测定方法：用称量瓶称取 10 g 硅胶(称准至 0.1 g)，立即填装到活性测定管中(管内径 10 mm，长 600 mm，下端拉细并堵少许棉花)，敲紧后用移液管准确注入 20 mL 异辛烷-甲苯，其体积比为 90 : 10，测定管下端用一个 20 mL 量筒接收流出液，待浴液全部进入硅胶层后，加 5 mL 无水乙醇，最后加蒸馏水。流出速度调节在 20 mL/h。根据纯异辛烷的流出体积(mL)计算硅胶的活性(100 g 吸附剂吸附芳烃的量，mL/100 g 吸附剂)。

$$活性 = \frac{100\,V \cdot \varphi}{(100 - \varphi)\,m}$$

式中　V——分出的纯异辛烷的体积，mL；

φ——混合液中甲苯的体积分数$\times 10^2$；

m——硅胶的质量，g。

芳烃的出现可用 1 : 20(体积)甲醛-浓硫酸溶液定性检定。如果反应液呈褐红色，表示有芳烃流出；也可以测定流出物的折射率 n_D^{20}，确定异辛烷的流出体积。

附录 3　氧化铝吸附剂活性的评价

氧化铝吸附剂活性采用偶氮染料法测定，方法如下：

将偶氮苯、对甲氧基偶氮苯、苏丹黄、苏丹红、对氨基偶氮苯和对羟基偶氮苯各 20 mg 分别溶于 10 mL 干燥苯中，并用石油醚稀释到 50 mL，按 1 : 1 之体积比配成 5 种溶液，配方如下：

1) 偶氮苯(甲)-对甲氧基偶氮苯(乙)；
2) 对甲氧基偶氮苯(乙)-苏丹黄(丙)；
3) 苏丹黄(丙)-苏丹红(丁)；
4) 苏丹红(丁)-对氨基偶氮苯(戊)；
5) 对氨基偶氮苯(戊)-对羟基偶氮苯(己)。

将活化好的氧化铝装入直径 15 mm、长 200 mm、下端拉细并用少许棉花堵住的吸附管中，填充 50 mm 并敲紧，在上面覆盖一层圆形滤纸，然后倒入 10 mL 染料溶液，溶液完全流进吸附剂层后再加入 1 : 4(体积比)苯-石油醚混合液 20 mL 来冲洗。

用上述方法对各染料溶液进行试验，根据氧化铝吸附剂的色层及滤液的颜色分为 5 个活性等级，见附表 3。

附表 3　氧化铝活性等级

活性等级		1 级	2 级		3 级		4 级		5 级
溶液号数		1	1	2	2	3	3	4	5
染料的位置	吸附剂上层	乙	乙	丙	丙	丁	丁	戊	己
	吸附剂下层	甲	—	乙	—	丙	—	丁	戊
	滤液	—	甲	—	乙	—	丙	—	—

附录 4 阿贝折光仪的构造与使用

阿贝折光仪常用来测定物质的折射率。折射率是油品的重要物理性质之一，借助它可了解油品的化学组成。测量液态物质折射率时，试样用量少、操作方便、读数精确度高。

1. 阿贝折光仪的构造原理

光从一种介质进入另一种介质时，其传播速度和传播方向都会发生变化，即发生光的折射现象。在定温下单色光在两种介质的界面上，入射角 i 的正弦与折射角 r 的正弦之比等于该单色光在这两种介质中传播速度 v_1、v_2 之比（见附图 4-1）。即：

$$\frac{\sin i}{\sin r}=\frac{v_1}{v_2}=n_{12}$$

n_{12}称为折射率。当介质 1 为真空或空气时，折射率就为物质的特性常数。一定波长的光在一定温度和压力下，对于给定介质其折射率为定值。

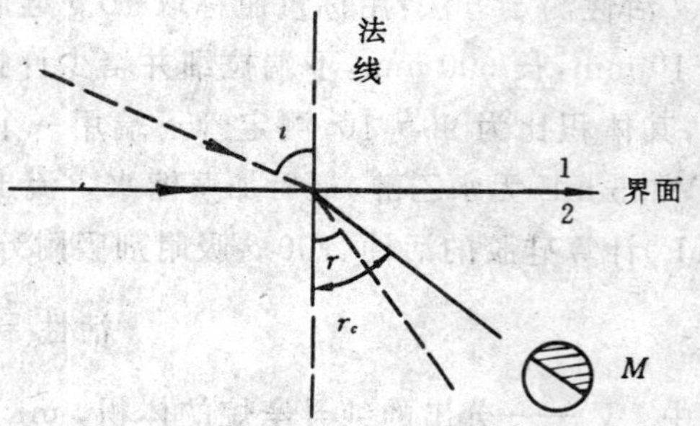

附图 4-1 光的折射

当 $n_{12}>1$ 时，由上式知，i 角必大于 r 角。这时光由第一种介质进入第二种介质时将折向法线。在一定温度、压力下，光的入射角 i 增大至 90°时，折射角 r 将达到极大值 r_c（$r_c<90°$），r_c 称为临界折射角。因此，从附图 4-1 中法线左边入射的全部光线，进入第二介质后都应落在临界折射角 r_c 之内。若在 M 处置一目镜，则从目镜中见到的是半明半暗视野。由折射率定义可知，当固定一种介质时，临界折射角 r_c 的大小和折射率有简单的函数关系。阿贝折光仪正是根据此原理设计制造的。

2. 阿贝折光仪的结构简介

阿贝折光仪外形结构如附图 4-2 所示。仪器的核心部件为两个带恒温夹套的直角棱镜 5 与 6（图上的打开状态）。两棱镜合拢时中间有一狭缝，可由加样孔 9 加入被测液体，填满狭缝，使得两棱镜间夹了一层被测液体。由平面反射镜 7 将白光射入辅助棱镜 6 中。

在折光仪中光的行程见附图 4-3。当白光通过斜面为磨毛的辅助棱镜 P_i 时，可透过磨毛面漫射，得到各方向的光透过缝隙中的液层，从各个方向进入斜面为磨光的测量棱镜 P_r。如前所述，从各方向进入棱镜 P_r 的光线均会发生折射，而它们的折射角均应落在临界折射角 r_c 之内。在 r_c 之内的光线通过阿密西棱镜消除色散，光再经透镜聚焦后，在目镜中显出半明的像。当转动棱镜使目镜中见到的明暗分界线调到目镜中的十字线交叉点时，从读数目镜 1 中读出标尺 S 上的数值，即为被测试样的折射率。

实验测定时常用白光作光源。白光是由各种不同波长的光混合而成。由于波长不同的光在相同介质中的传播速度不同，折射时会发生色散作用，因此，当用白光作入射光时，目镜中的明暗分界线不清楚。为了消除色散，在仪器中装有消色补偿器——阿密西棱镜。测定时转动消色补偿器 4，即可消除色散并得到清楚的明暗分界线。这时测得的液体折射率与应用钠光 D 线（波长为 589.3 nm）所得的液体折射率相同。

3. 阿贝折光仪的校正方法

阿贝折光仪的校正有以下两种方法：

1）用校正螺丝：在折光仪的测量目镜筒上有一个供校准用的螺丝（见附图 4-2）。在校正折光仪时，先在棱镜夹套中通入循环恒温水，然后在狭缝内加入标准液体，并将刻度尺读数调至

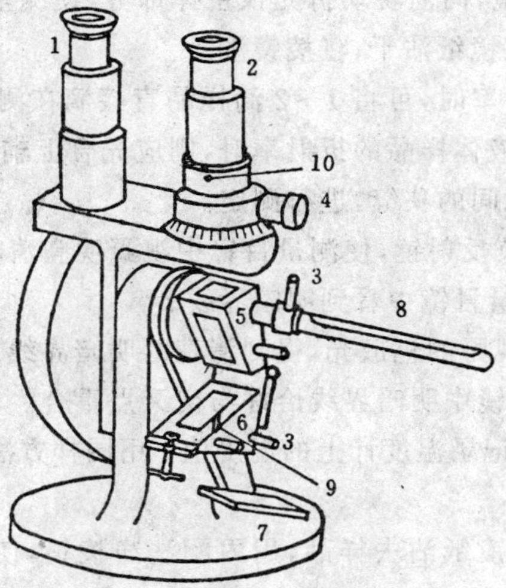

附图 4-2　阿贝折光仪

1—读数目镜；2—测量目镜；3—循环恒温水接头；4—消色补偿器；5—测量棱镜；6—辅助棱镜；7—平面反射镜；8—温度计；9—加样品孔；10—校正螺丝

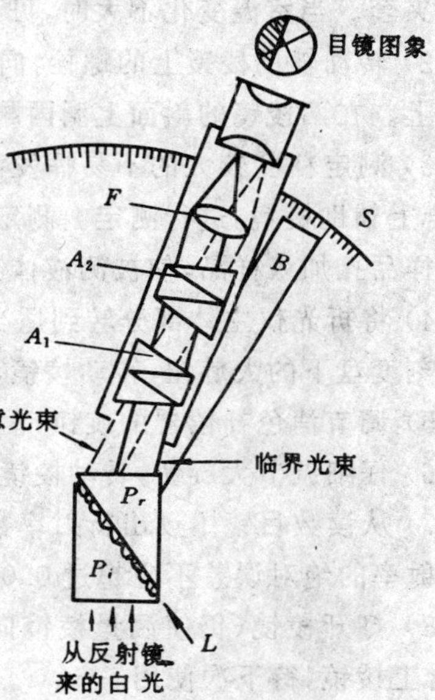

附图 4-3　光的行程

P_r—测量棱镜；P_i——辅助棱镜；A_1，A_2—阿密西棱镜；F—聚焦透镜；B—转动臂；S—标尺；L—被测液体层

该温度下标准液体的已知折射率。若此时从测量目镜中看到明暗界线与交叉点不重合，则可转动校正螺丝，使分界线移动到交叉点。校正时，简单易得的标准液体是蒸馏水。水在各温度下的折射率见附表 4。

附表 4　水的折射率 n_D

温　度/℃	n_D	温　度/℃	n_D
0	1.333 95	22	1.332 83
5	1.333 88	23	1.332 74
10	1.333 68	24	1.332 64
15	1.333 37	25	1.332 54
16	1.333 30	26	1.332 43
17	1.333 23	27	1.332 31
18	1.333 16	28	1.332 19
19	1.333 08	29	1.332 06
20	1.333 00	30	1.331 92
21	1.332 92		

2）用标准玻璃：用一滴 α-溴萘液体将标准玻璃块（仪器附件）光面粘在测量棱镜 5 的光面上，玻璃块侧面的光面向上，不要合上辅助棱镜 6。打开测量棱镜 5 背面小窗的金属盖，使光线从小窗射入。然后将刻度尺上读数调至标准玻璃块上标出的折射率数值，用校正螺丝将测量目镜中的明暗界线调至交叉点。

4. 阿贝折光仪的使用方法

1）将折光仪放在明亮处（注意，要避免阳光直射），装上温度计。将超恒温槽的恒温水通入棱镜夹套。当室温变化不大时，可不接恒温水，在室温下测定。

2）转动辅助棱镜上的螺栓，向下打开棱镜，向前转动折光仪主体部分，使测量棱镜斜面水平向上。在两棱镜的斜面上滴丙酮数滴，用擦镜纸沾干，将棱镜洗净。

3）测定粘度较大的不易挥发液体的折射率时，可将1～2滴样品直接滴在测量棱镜斜面上，合上辅助棱镜，进行测定。测定易挥发性液体样品的折射率时，则应先合上辅助棱镜，由侧面加样品孔加入样品，使被测液体充满两棱镜间的狭缝，进行测定。

4）将折光仪主体部分转到适当位置，调节反射镜，使测量目镜中视野明亮清晰。调节仪器侧面刻度盘下的大旋钮，转动棱镜，直至在测量目镜中看到明暗界线。

5）调节消色补偿器的旋钮，消除目镜中视野的色散光，得到清楚的明暗界线。

6）仔细调节大旋钮，转动棱镜，使测量目镜中明暗界线恰好与交叉点重合。

7）从读数目镜中读出折射率数值。同时记录温度计上的温度值。用同样方法测定同一液体折射率的绝对误差不应超过0.000 2。

8）打开棱镜（仍使测量棱镜向上），用擦镜纸沾去样品，用丙酮洗净棱镜，使丙酮挥发干净，合上棱镜，待下次使用。

9）实验完毕，应将棱镜面洗净，关闭恒温水，将金属套内的水倒净。卸下温度计，将折光仪放入仪器箱内保存。

5. 注意事项

折光仪属精密、贵重的光学仪器，使用时要细心操作，并注意以下几点：

1）棱镜是折光仪的关键部件，要特别注意保护。开闭棱镜时动作要轻，不要用力过大。净化棱镜时必须用擦镜纸沾干，不得往返擦镜面，也不得用其他纸、布或手擦镜面。

2）用滴管从加样品孔滴入样品时，不得将滴管插入孔内，防止滴管破损。如果有破损，并有碎玻璃进入孔内，则应立即打开棱镜，用丙酮冲洗，用擦镜纸轻轻地沾去玻璃，以防止碎玻璃划坏或压坏棱镜镜面。

3）不得测试酸性、碱性或其他有腐蚀性的液体。

4）保持仪器各部件（如目镜、反射镜等）的清洁，防止磨损。

5）折光仪切勿让阳光曝晒。

参 考 文 献

1 原油评价方法．北京:石油化工科学研究院综合所,1973

2 原油评价方法．修订版,北京:中国石油化工总公司原油科技情报站,1995

3 原油评价．北京:中国石油化工总公司原油科技情报站,1995

4 石油和石油产品试验方法．行业标准(上、下册). 北京:中国标准出版社,1994

5 石油和石油产品试验方法．国家标准. 北京:中国标准出版社,1990

6 陆婉珍,汪 卿．近代物理分析方法及其在石油工业中的应用．北京:石油工业出版社,1984

7 Speight J G, Wernick D L. Revue De L'Institut Francais Du Petrole. 1985, 40(1):51

8 石油化工科学研究编．催化裂化工艺分析方法汇编．北京:中国石化出版社,1993

9 陈泽辉等．石油大学学报(自然科学版). 1994,18(5):99

10 标准方法:ASTM D2892, ASTM D5236

11 标准方法:ASTM D5307

12 标准方法:ASTM D2501-91

13 标准方法:ASTM D936, UOP273-B2

14 Freund M 等著,姚国欣等译．石蜡产品的性质、生产和应用．北京:中国石化出版社,1988

15 程之光主编．重质油加工技术．北京:中国石化出版社,1994